Handbuch Soft Skills

v/d\f

vdf Hochschulverlag AG
an der ETH Zürich

DEUTSCHER
MANAGER-VERBAND E. V.

Handbuch Soft Skills

Band I:
Sozialkompetenz

Bibliografische Information Der Deutschen Bibliothek

Die Deutsche Bibliothek verzeichnet diese Publikation in der Deutschen Nationalbibliografie; detaillierte bibliografische Daten sind im Internet über http://dnb.ddb.de abrufbar.

ISBN 3 7281 2878 3

© 2003, vdf Hochschulverlag AG an der ETH Zürich, Zürich/Singen

Einführung

Liebe Leserin, lieber Leser,

in Ihr Humankapital und damit in Ihren beruflichen Erfolg zu investieren, ist eine richtige Entscheidung! Insbesondere Soft Skills sind heute im Management die kritischsten Faktoren für Ihr berufliches Vorwärtskommen.

Die sechzehn Module dieser Reihe teilen sich auf in drei Bücher und damit drei Themenkreise. Dies sind die Kompetenzfelder: Soziale, psychologische und methodische Kompetenz. Ziel ist, Sie in diesen Kompetenzfeldern und somit für die wachsenden Herausforderungen in der Zukunft fit zu machen.

Jedes Modul ist so aufgebaut, dass Sie es nicht nur lesen, sondern aktiv mit ihm arbeiten können. Wir wissen heute, dass Lernen vor allem dann erfolgreich ist, wenn wir möglichst viele Lernkanäle einschalten. Durch die Betätigung beim Schreiben können Sie Gelerntes schneller und langfristiger speichern.

Richtiges Lernen

Wenn Sie den größtmöglichen Nutzen aus diesem Handbuch ziehen wollen, sollten Sie Ihr Lernverhalten optimieren.

Durch das bloße *Lesen* der einzelnen Module haben Sie nicht viel gewonnen. Wussten Sie, dass Sie sich nur durchschnittlich 10% dessen, was Sie lesen, auch tatsächlich dauerhaft merken? Das wäre vom Umfang her vom gesamten Handbuch kaum mehr als ein Modul.

Sie sehen: das wäre Verschwendung von Geld, aber vor allem von wertvoller Zeit, die Sie in das Lesen investiert haben. Egal, wie gut Sie durch das Modul „Effiziente Lesetechniken" beim Lesen Zeit sparen – Sie werden auf jeden Fall Zeit benötigen. Wenn von Ihrem Gelesenen durchschnittlich nur jede zehnte Minute bzw. jeder zehnter Sachverhalt in Ihrem Langzeitgedächtnis ankommt, wäre das sehr schade.

Sie können diese nicht zufriedenstellende Rate immerhin auf 50% erhöhen, das heißt: die Hälfte dessen, was Sie lernen, bleibt auch in Ihrem Langzeitgedächtnis haften. Alles, was Sie tun müssen, ist darüber *reden*. Erzählen Sie anderen darüber, was Sie gelernt haben, werden Sie gewissermaßen selbst zum Lehrer. Bauen Sie Ihr Wissen in Gespräche ein, wann immer es geht. Deshalb ist es sinnvoll, den Text täglich in kleinen Portionen zu lesen. Dann können Sie jeden Tag über etwas Neues reden.

Das Reden über Gelerntes wird Ihnen insbesondere leicht fallen, wenn Sie ein auditiv lernender Mensch sind. Sie denken nicht nur, sondern hören sich selbst beim Reden zu. Auch wenn Sie kein hauptsächlich auditiv lernender Mensch sind, ist diese Vorgehensweise für Sie sehr effektiv.

Wenn Sie 90% dessen, was Sie im Handbuch lernen, auch tatsächlich dauerhaft behalten wollen, müssen Sie das dort Vermittelte *tun* und *leben*. Wenn Sie das in kleinen Portionen Gelernte täglich umsetzen, haben Sie den größten Lerneffekt, weil Sie körperliche und emotionale Lernkanäle öffnen. Die reale Umsetzung ist der größte Lerneffekt, den Sie je erzielen können.

Die Handlung spricht vor allem motorisch lernende Menschen an. Auch hier gilt wieder: Wenn dieser Lerntyp bei Ihnen nicht dominant ist, verstärkt das Tun und Leben von Lerninhalten dennoch Ihren Lerneffekt erheblich.

Wiederholungen

Wichtig ist die Wiederholung. Erst durch sie können Sie eine Routine entwickeln, eine Gewohnheit etablieren.

Sie können auch an einem Tag in der Woche zwei oder drei Stunden lang ein Modul durcharbeiten. Wenn Sie danach denselben Teil portionsweise täglich wiederholen (wenige Minuten bis eine halbe Stunde lang), wird Ihr Lerneffekt enorm sein.

Setzen Sie diese Wiederholung auch im Reden und im Tun um. Nehmen Sie beispielsweise einen oder zwei Monate nach der Bearbeitung eines Moduls diesen wieder vor und verpflichten Sie sich selbst dazu, über das, was Sie darin für besonders wichtig halten, wenigstens zwei oder drei Tage zu reden und so zu handeln. Machen Sie das alle paar Monate. So geht das Wissen in Fleisch und Blut über. Keiner kann es Ihnen dann mehr wegnehmen.

Der Aufbau der Module gewährleistet bereits eine immanente Wiederholung. Einen ersten Schritt zur Wiederholung, aber auch nur diesen, stellen die Zusammenfassungen am Ende eines Kapitels oder Moduls dar, einen zweiten die Selbstkontrollfragen am Ende eines jeden Moduls. Sie sollten wirklich diese Fragen bearbeiten. Dadurch wird Ihr Gehirn gezwungen, den Inhalt wieder ins Gedächtnis zu holen. Die Axiombahnen in Ihrem Gehirn werden dadurch gestärkt, denn je öfter Sie dieselben Gedanken denken, desto eher werden Sie dieses Gelernte im alltäglichen Leben parat haben, wenn Sie es gerade brauchen.

Die Fragen bestehen in der Regel aus zwei Teilen: einem Multiple-Choice-Teil und einem Wissensteil. Im Multiple-Choice-Teil erhalten Sie eine Frage gestellt und drei bis vier mögliche Antworten. Es ist jeweils nur eine Antwort richtig. Hier repetieren Sie Ihr Faktenwissen passiv, weil Sie nur eine gegebene Antwort auswählen müssen. Im Wissensteil werden Ihnen ebenfalls Fragen gestellt. Diese müssen Sie aber selbst beantworten.

Nehmen Sie diese Übung ernst. Sie ist für Ihren Lernerfolg von unschätzbarem Wert. Beantworten Sie die Wissensfragen auf eigenem Papier. Antworten Sie so ausführlich wie möglich, und bemühen Sie sich, die Fragen ohne Nachsehen zu beantworten. Wenn Sie sich unsicher sind, dann schreiben Sie trotzdem bitte erst Ihre Antwort nach Ihrem derzeitigen Kenntnisstand. Wenn Sie merken, dass Ihr Wissen zu lückenhaft ist, können Sie danach die Frage nochmals unter Zuhilfenahme des Moduls beantworten. Das zeigt Ihnen Ihre Lernlücken auf und verbessert schnell Ihre Lerntechnik. Sie werden bei dieser sorgfältigen Vorgehensweise von Modul zu Modul merken, dass es immer seltener vorkommt, dass Sie erhebliche Lücken im Gelernten aufweisen.

Lernziele am Anfang des Moduls und am Anfang eines Kapitels geben Ihnen zunächst eine Übersicht über das nachfolgend zu Vermittelnde. Wenn Sie vor der Vermittlung des Lerninhaltes bereits eine Übersicht über diesen erhalten, wird Ihre Aufmerksamkeit bereits kanalisiert, so dass Ihr Lernerfolg sich erheblich verbessert.

Entscheiden Sie sich aktiv für das, was Ihnen besonders wichtig ist. Nicht jeder Punkt in jedem Modul wird für Sie sehr relevant sein. Treffen Sie die Entscheidung (Modul „Entscheidungsfindung"), was für Sie wichtig ist und was nicht. Teilen Sie diese Bereiche auch in Prioritäten ein (Modul „Zeitmanagement und Zielplanung") und formulieren Sie als Ziel, dass Sie darüber reden und so handeln werden.

Zeitmanagement

So wie Sie auch später über Lerntechniken noch ein komplettes Modul erhalten werden, lernen Sie in diesem Modul bereits wertvolle Erkenntnisse über das Zeitmanagement und die Zielplanung.

Dennoch sollten Sie schon vor Beginn Ihres Durcharbeitens die ersten Entscheidungen für Ihr Lern-Zeitmanagement treffen.

Sie sollten sich eine Art Stundenplan anlegen, in dem Sie wöchentlich ein Minimum an Lernzeit einplanen. Je nach Ihrer Arbeitszeit können das zum Beispiel drei Stunden jede Woche sein. Finden Sie selbst heraus, wie Ihr Lernrhythmus am besten ist, denn dieser ist erfahrungsgemäß sehr individuell. Zwei Mal 1,5 Stunden, drei Mal eine Stunde oder sechs halbe Stunden? Sie sollten allerdings versuchen, nach einem regelmäßigen, festen Plan zu arbeiten. Das beugt schädlichen Unterbrechungen in der Lernzeit vor.

Egal, wie Sie Ihren Plan aufteilen, legen Sie Pausen ein. Empfehlungen über die optimale Lernzeit, nach der eine Pause eingelegt werden sollte, weichen voneinander ab. Ein guter Wert, mit dem Sie optimal liegen, sind 30 Minuten, gefolgt von 5 bis 10 Minuten Pause. In dieser Pause sollten Sie tatsächlich pausieren, das heißt auch keine anderen Informationen (zum Beispiel über das Radio, den Fernseher, ein Buch oder eine Zeitung) aufnehmen. Sie sollten auch nicht Telefonieren oder andere Gespräche führen. Die innere Verarbeitung des Gelernten erfolgt unbewusst. Wenn Sie diese Phase stören, behindert Sie Ihren Lernerfolg erheblich. In dieser Phase sollten Sie weiterhin für frische Luft sorgen und sich vielleicht ein wenig bewegen, beispielsweise einen kleinen Spaziergang machen, und sei es nur, dass Sie im Büro ein wenig auf und ab gehen. Wenn möglich, sollten Sie auch Flüssigkeit zu sich nehmen. Neuere Forschungen haben ergeben, dass die Denkfähigkeit in erheblichem Maße vom Flüssigkeitshaushalt Ihres Körpers abhängt.
Zeitmanagement – das werden Sie wissen – hängt stets mit einer Zielplanung zusammen. Ziel sollte es daher nicht sein, zum Beispiel eine Stunde lang in dem Kursmodul zu

lesen „soweit Sie kommen", sondern innerhalb einer gegebenen Zeit (oder kürzer) einen oder zwei Abschnitte (Kapitel) durchzuarbeiten. Wenn Sie nicht fertig werden, werden Sie beim nächsten Mal Ihr Ziel etwas anpassen. Umgekehrt können Sie Zeit für die Wiederholung nutzen, wenn Sie bereits schneller fertig geworden sind, als Sie eingeplant hatten.

Die Kapitel der einzelnen Module unterscheiden sich im Umfang. Von Modul zu Modul haben Sie auch einfachere und schwierigere Abschnitte. Das liegt zum einem am Abstraktionsgrad, d. h. einige Sachverhalte sind theoretischer, andere praktischer, wobei Sie im gesamten Handbuch keinen Abschnitt finden werden, der Wissen vermittelt, das in der Praxis irrelevant ist. Einige Sachverhalte werden Sie bereits kennen bzw. ansatzweise kennen. Hier werden Sie sicherlich zügiger arbeiten können als bei Textstellen, deren Inhalt für Sie grundsätzlich neu ist.

Wenn Sie diese wenigen, aber wichtigen Lernhinweise beachten und beim Durcharbeiten Ihres Handbuchs kontinuierlich anwenden, werden Sie einen großen Lernerfolg haben.

Wir wünschen Ihnen viel Erfolg und viel Spaß mit diesem Buch!

Inhaltsverzeichnis

Alle Illustrationen: Sina Koall

Inhaltsübersicht der Folgebände:

II. Psychologische Kompetenz

1. Motivation und Selbstmotivation
2. Konzentrations- und Entspannungstechniken
3. Denktechniken und Denkgewohnheiten
4. Effiziente Lerntechniken
5. Effiziente Lesetechniken

III. Methodenkompetenz

1. Zeitmanagement und Zielplanung
2. Kreativität und Problemlösung
3. Entscheidungsfindung
4. Arbeitsmethodik und Projektmanagement
5. Präsentation und Moderation

Kommunikation

1. Grundsätzliches

Die Wissensgesellschaft, in der wir heute leben, ist eine Gesellschaft, in der Wissen eine übergeordnete Rolle spielt. Wenn Wissen von einem Punkt zum anderen transportiert wird, nennen wir das Kommunikation. Kommunikation ist also ein entscheidend wichtiger Faktor für unsere Gesellschaft und unsere persönliche Teilnahme an ihr.

Sie lernen in diesem Abschnitt die Grundlagen der Kommunikation kennen, die wir später vertiefen und vor allem anwenden lernen werden. Innerhalb dieses Kurses werden Sie Informationen erhalten, die wir nach uns nach ergänzen und vertiefen.

Lernziele dieses Abschnitts:
Nachdem Sie diesen Abschnitt durchgearbeitet haben, sollten Sie wissen
- was Kommunikation überhaupt ist,
- weshalb sie so wichtig ist,
- inwiefern Kommunikation aus einem „Was" und einem „Wie" besteht,
- was Kommunikationshürden sind und wie man Sie ausschaltet und
- was psychologische Reziprozität ist und wie Sie diese gewinnbringend einsetzen können.

1.1 Der Ausgangspunkt

1.1.1 Warum ist Kommunikation so wichtig?

An den modernen Menschen werden tagtäglich hohe **Anforderungen** gestellt. Unsere Gesellschaft hat sich von Hand- zu Kopfarbeitern entwickelt, und wer da bestehen will, muss sich gut **ausdrücken** und auf seine Kollegen und Verhandlungspartner den beabsichtigten Einfluss ausüben und **überzeugen** können. Einfach ausgedrückt bedeutet das: Wer als Wissensarbeiter tätig ist, muss auf **erfolgreiche Kommunikation** setzen, ganz egal, ob er nun Manager, Ingenieur oder Angestellter im Büro ist.

Kommunikation spielt ohnehin eine **zentrale Rolle** in unserem Leben. Sie ist eine notwendige Voraussetzung für jede Aktivität, die wir unternehmen, egal ob sie **mündlich,
schriftlich, symbolisch, absichtlich oder unabsichtlich, aktiv oder passiv** ist. Wir
kommunizieren praktisch ständig auf vielerlei Weise. Kommunikation bestimmt unser
Leben, prägt uns und unsere Umwelt. Wir drücken unsere Ängste und Wünsche, unsere
Freude und unseren Ärger, unsere Sympathie oder Antipathie aus, indem wir mit einem
oder mehreren anderen kommunizieren. Unsere Leistungen, Begabungen und Fähigkeiten, aber auch unsere Schwächen werden durch die Art, wie wir kommunizieren, deutlich. Unsere Kommunikationsfähigkeit beeinflusst stark, ob wir beruflich erfolgreich sind,
also ob wir mehr Gehalt bekommen, mehr Aufträge erhalten, befördert werden, von
anderen akzeptiert werden, mehr verantwortungsvolle Aufgabenbereiche übernehmen
dürfen etc. Und natürlich ist Kommunikation aus dem beruflichen Alltag im Allgemeinen
nicht wegzudenken. Wir müssen mit Kollegen zusammenarbeiten, mit Vorgesetzten
sprechen, mit Geschäftspartnern verhandeln und immer wieder unseren Standpunkt
klarmachen, wobei wir versuchen, unsere Interessen durchzusetzen.

Man hat herausgefunden, dass die meisten Menschen zwischen **50 und 75 Prozent** eines Arbeitstages mit der einen oder anderen Form von Kommunikation verbringen, sei sie
nun schriftlich, persönlich oder telefonisch. Etwa 80 Prozent unserer gesamten Kommunikation erfolgt mündlich. Wir können also davon ausgehen, dass auf der einen Seite das,
was wir sagen und auf der anderen Seite **wie** wir etwas sagen, erheblich zu unserem
beruflichen Erfolg beiträgt. Wir werden später noch darauf zu sprechen kommen, dass
das Wie in einer Kommunikation mindestens genauso wichtig ist wie das Was.

Das Gute daran ist, dass sich erfolgreiches Kommunizieren **erlernen** lässt. Es gibt Menschen, die sich alle möglichen Ausreden überlegen, weshalb sie nicht gut kommunizieren können. Kennen Sie einen solchen Menschen? Dann wissen Sie, dass diese Person lediglich zu bequem ist dazuzulernen.

Wie immer im Leben, wenn Sie etwas verbessern wollen, müssen Sie dazu etwas **investieren**. Das Gute an der Kommunikation ist, dass Sie **keine Zeit** (von der wir ja alle bekanntlich keine haben) investieren müssen. Kommunikation findet ohnehin jeden Tag in fast jeder Minute statt. Alles was Sie tun müssen, ist Ihre **Bequemlichkeit** loszuwerden und Ihre **Aufmerksamkeit** auf die Kommunikation lenken. Achten Sie darauf, *was* wirklich gesagt wird, und *wie* es gesagt wird.

Man kann es trainieren, so wie ein Sportler durch effizientes **Training** stets seine Leistungen verbessert. Denn viele Faktoren, von denen Ihre Kommunikation abhängt und von denen Sie wahrscheinlich jetzt noch glauben, sie nicht beeinflussen zu können, werden Sie durch ein wenig Selbstkontrolle und Übungen leicht im Griff haben.

Doch bevor wir mit diesem „Trainingsprogramm" anfangen, möchten wir noch kurz die **Theorie**, die hinter dem Kommunikationsbegriff steht, erläutern. Mit diesem Hintergrundwissen wird es Ihnen noch leichter fallen, da Sie die Vorteile bewusster Kommunikation für sich nutzen werden.

Um alle Ergebnisse eines Abschnittes auf einen Blick wiederholen zu können, finden Sie am Ende jedes großen Kapitels eine kurze Zusammenfassung mit allen zentralen Punkten. Alle Zusammenfassungen sind in sich schlüssig und aufeinander abgestimmt, so dass Sie – wenn Sie den Text später noch einmal zur Hand nehmen – das Wichtigste in Kurzform nachlesen können.

1.1.2 Zur Theorie: Was ist Kommunikation?

Grundsätzlich besteht zwischenmenschliche Kommunikation aus einem **Sender**, der **Nachricht** sowie dem **Empfänger**. Der Sender möchte etwas mitteilen und verschlüsselt sein Anliegen in erkennbaren Zeichen – nämlich der Nachricht. Der Empfänger muss die Zeichen dieser Nachricht entschlüsseln, wenn er sie vollständig und richtig verstehen will.

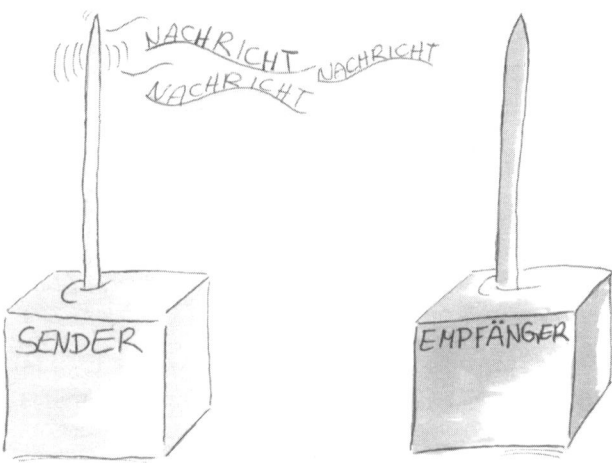

Dabei enthält eine Nachricht stets viele Botschaften gleichzeitig. Das macht zwischenmenschliche Kommunikation zwar ab und zu schwierig, aber dafür auch interessant und spannend. Die Wissenschaft geht inzwischen davon aus, dass eine Nachricht **vier** verschiedene Aspekte besitzt, nämlich

- den **Sachinhalt**,
- die **Selbstoffenbarung** des Senders,
- die **Beziehung** zwischen Sender und Empfänger und
- den **Appell**, den der Sender an den Empfänger richtet.

Es gibt ein bekanntes Beispiel, an dem diese Theorie gerne erklärt wird, und von dem Sie vielleicht schon einmal gehört haben: Ein Mann und eine Frau sitzen im Auto. Die Frau fährt. Der Mann sagt: „Du, da vorne ist grün!" Die Frau erwidert: „Fährst du oder fahre ich?!"

1. Sachinhalt (oder: worüber ich informiere)
Jede Nachricht beinhaltet zunächst eine Sachinformation. Der Sender will den Empfänger über eine bestimmte Sachlage informieren. In unserem Beispiel wäre das, dass die Ampel auf grün steht.

2. Selbstoffenbarung (oder: was ich von mir selbst kundgebe)
In jeder Nachricht stecken neben dem Sachinhalt auch Informationen über den Sender. Bezogen auf das Beispiel im Auto ist das zum Beispiel, dass der Mann anscheinend deutschsprachig ist, Farben erkennen kann, dass er wach ist und das Geschehen aufmerksam verfolgt. Wahrscheinlich hat er es außerdem eilig oder ist an sich ein wenig ungeduldig, vielleicht weil er sich selbst lieber hinter dem Steuer sitzen sehen würde. Sie sehen also: In jeder Nachricht steckt auch ein Stück Selbstoffenbarung, so simpel sie auch ausfallen mag.

3. Beziehung (oder: was ich von dir halte und wie wir zueinander stehen)

Aus der Nachricht geht außerdem hervor, in welcher **Beziehung** der Sender zum Empfänger steht, was er von ihm hält. Oft zeigen dies der Tonfall, die Körpersprache und andere Signale an. Darauf werden wir später noch sehr genau eingehen. Die meisten Menschen besitzen für diese Signale ein sehr gutes Gespür. In unserem Beispiel zeigt der Mann an, dass er der Frau nicht so recht zutraut, den Wagen ohne seine Hilfe optimal zu steuern. Die ruppige Antwort „Fährst du oder fahre ich?!" bezieht sich also auf diese Beziehungsseite der Nachricht, nicht den Sachinhalt, dem die Frau sicherlich zustimmt.

Das bedeutet: Bei jeder Nachricht, die wir senden, drücken wir immer eine bestimmte Art von Beziehung zum Angesprochenen aus. Es ist also wichtig, wie wir sprechen, da dies eine Konsequenz für den Angesprochenen hat.

4. Appell (oder: wozu ich dich veranlassen möchte)

Fast alle Nachrichten haben die Funktion, in irgendeiner Weise zu beeinflussen. Der Appell des Mannes aus unserem Beispiel könnte vielleicht lauten: „Gib ein bisschen mehr Gas, dann schaffen wir es noch bei Grün."

Diese Seite der Nachricht ist manchmal ganz offensichtlich, manchmal aber auch versteckt. Andere wollen uns beeinflussen, auf bestimmte Weise zu denken, fühlen oder zu handeln. Wenn der Sender den Appell mit Absicht verstecken will und die anderen Ebenen der Nachricht (zum Beispiel durch Komplimente, Unterwürfigkeit, Freundlichkeit usw.) darauf ausrichten will, dass der Empfänger den Appell annimmt und ausführt, sprechen wir von Manipulation.

Soviel zur Theorie für den Einstieg. Nun wollen wir uns gleich in das Abenteuer Kommunikation stürzen. Beginnen wir mit den sechs Grundregeln für eine erfolgreiche Kommunikation.

1.2 Sechs Grundregeln für eine erfolgreiche Kommunikation

❶ Alles, was wir tun, ist Kommunikation
Eben haben wir schon angesprochen, dass wir keinesfalls nur mündlich oder schriftlich kommunizieren. Tatsächlich macht das, was wir aussprechen je nach Situation nur sieben bis 24 Prozent der Gesamtinformation aus. Wir senden ständig verbale, nonverbale, beabsichtigte und unbeabsichtigte Botschaften aus. Allein unsere Kleidung, unsere Mimik und Gestik und unsere Körperhaltung beeinflusst die Kommunikation mit dem Gegenüber. Daneben ist unsere Wortwahl und die Art, wie wir sprechen, von zentraler Bedeutung. Oft werden diese Botschaften vollkommen unbewusst gesendet. Dennoch erreichen sie stets den Empfänger.

❷ Die Art, wie eine Nachricht übermittelt wird, ist ebenso wichtig wie die Nachricht selbst
Nachrichten sind mehr als bloße Worte, die ausgesprochen werden. Lautstärke, Tonfall, Blickkontakt, Körperhaltung und viele weitere Faktoren, die über den Inhalt der Nachricht hinausgehen, tragen erheblich zur Interpretation unserer Nachricht durch andere bei.

❸ Für eine erfolgreiche Kommunikation ist nicht die *gesendete*, sondern die richtig *empfangene* Botschaft ausschlaggebend
Wer hat nicht schon erlebt, dass seine Botschaft völlig anders als beabsichtigt ankam? Daher gilt, dass die tatsächliche Kommunikation aus der empfangenen Information besteht – ganz gleich, was wir beabsichtigt hatten auszudrücken. Denn gute Absichten bedeuten noch lange nicht, dass die Verständigung auch wirklich gelungen ist. Die richtig empfangene Botschaft ist also das A und O der erfolgreichen Kommunikation.

❹ In den allermeisten Fällen bestimmt der *Beginn* das Gesprächsergebnis
Der Beginn eines Gesprächs ist für dessen weiteren Verlauf mehr als wichtig. Sie haben bestimmt auch schon einmal erlebt, dass Ihnen die Art, wie jemand sprach, von Anfang an unsympathisch war. Jemand, der sich ungeschickt anstellt, muss damit rechnen, dass seine Zuhörer schon zu Beginn abschalten oder sich verschließen – und dass somit die gesamte Botschaft abgelehnt wird. Der Erfolg eines Gesprächs hängt also davon ab, wie gut sein Einstieg ist.

❺ Erfolgreiche Kommunikation ist immer auf ein Du gerichtet
Erfolgreiche Kommunikation lässt sich mit einem einfachen Satz definieren: gute Informationen zu geben und gute Informationen zu erhalten.
Es versteht sich von selbst, dass jeder seinen Standpunkt klar und überzeugend darzustellen versucht. Doch wenn es dabei bleibt, entsteht keine Kommunikation, sondern lediglich ein Monolog. Wir müssen also lernen, auch dem anderen aufmerksam zuzuhören, wenn das Gespräch erfolgreich sein soll.

❻ Kommunikation ist ein gemeinsamer Tanz
Kommunikation beruht auf Wechselseitigkeit. Sie findet erst dann statt, wenn die gesendete Botschaft ihren Empfänger erreicht. Kommunikation ist deshalb wie ein gemeinsamer Tanz. Erst wenn wir *mit* – nicht nur *zu* – jemandem sprechen, ist die Kommunikation geglückt.

Sie wissen das bestimmt aus eigener Erfahrung: Selbst wenn wir die exakt gleiche Botschaft verschiedenen Menschen mitteilen, so wird sie jedes Mal unterschiedlich ausfallen. Vielleicht, weil wir aus unserer ersten Botschaft gelernt haben und diese nun anders überbringen, zum Beispiel einen Sachverhalt verständlicher erklären. Oder weil wir schlicht in einer anderen Verfassung oder Stimmung sind. Nicht zu vergessen ist natürlich, dass der Empfänger jedes Mal ein anderer Mensch ist und dass keine der Beziehungen, die wir zu den unterschiedlichen Empfängern haben, identisch ist. Außerdem kommt jeder dieser Empfänger aus einem anderen Umfeld und besitzt einen eigenen persönlichen Hintergrund. Deshalb wird jeder der Empfänger unsere Botschaft mehr oder weniger unterschiedlich wahrnehmen und interpretieren. Sie sehen also, Kommunikation ist stets etwas sehr Individuelles.

1.3 Das *Wie* ist mindestens genauso wichtig wie das *Was*

1.3.1 Ihre Stimme hat erheblichen Einfluss auf die Kommunikation

Ihre Stimme ist wie ein Instrument. Welches Instrument spielen Sie mit Ihrer Stimme? Eine tiefe Tuba oder eine hohe Sopranflöte? Eine liebliche Geige oder eine laute Trompete? Oder sind Sie wie ein Schlagzeug, das gerne den Takt vorgibt und dabei ab und zu die Melodie vergisst? Ihre Stimme ist wichtiger, als Sie glauben. Man hat herausgefunden, dass 38 Prozent des Ersteindrucks bei unseren Zuhörern auf der Qualität unserer Stimme beruht. Unterschätzen Sie deshalb nicht, *wie* sie Ihre Worte aussprechen: Stimmlage, Sprechtempo, Betonung und Lautstärke (hoch, tief, laut, leise, moduliert) sind ebenso wichtig wie die Klangfarbe Ihrer Stimme (rau, sanft, ausdruckslos, ansteigend, fallend). Sie tragen erheblich dazu bei, wie Ihre Botschaft beim Empfänger ankommt. Also nicht vergessen: Der Ton macht auch hier die Musik!

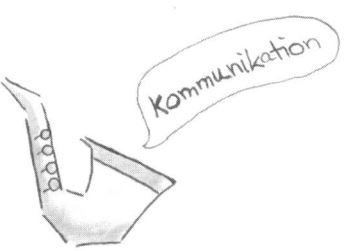

1.3.2 Richtige Betonung schafft Klarheit

Ihnen ist bekannt, dass Betonung wichtig ist. Versuchen Sie einmal, den Satz „*Ich habe ihm nie geschrieben, dass sie ihn verlassen will.*" auf unterschiedliche Arten zu betonen. Schauen Sie sich im untenstehenden Kästchen die verschiedenen Möglichkeiten an:

Betonung	Bedeutung (Beispiel)
Ich habe ihm nie geschrieben, dass sie ihn verlassen will.	Ich nicht, aber jemand anders hat es ihm geschrieben.
Ich **habe** ihm nie geschrieben, dass sie ihn verlassen will.	Ich habe es ihm noch nicht geschrieben, aber ich werde es ihm schreiben. *(bzw. gleiche Bedeutung wie Betonung auf „nie".)*
Ich habe **ihm** nie geschrieben, dass sie ihn verlassen will.	Ihm habe ich es nicht geschrieben, aber jemand anderem.
Ich habe ihm **nie** geschrieben, dass sie ihn verlassen will.	Ich habe ihm das wirklich nie geschrieben.*
Ich habe ihm nie **geschrieben**, dass sie ihn verlassen will.	Ich habe es nicht geschrieben, sondern ich habe es ihm erzählt.
Ich habe ihm nie geschrieben, **dass** sie ihn verlassen will.	Sie spielt zwar mit dem Gedanken, will ihn aber nicht wirklich verlassen.
Ich habe ihm nie geschrieben, dass **sie** ihn verlassen will.	Ich habe ihm geschrieben, dass es umgekehrt ist, und er sie verlassen will.
Ich habe ihm nie geschrieben, dass sie **ihn** verlassen will.	Ich habe ihm nie geschrieben, dass sie ihn, sondern ihren anderen Freund verlassen will.
Ich habe ihm nie geschrieben, dass sie ihn **verlassen** will.	Ich habe ihm nie geschrieben, dass sie ihn verlassen will, sondern dass sie unglücklich ist.
Ich habe ihm nie geschrieben, dass sie ihn verlassen **will**.	Ich habe ihm nie geschrieben, dass sie ihn verlassen will, sondern dass sie nicht anders kann.
* So haben Sie den Satz wahrscheinlich zunächst verstanden.	

Hätten Sie das gedacht? Für einen einzigen Satz von zehn Wörtern gibt es sage und schreibe zehn Bedeutungen, die durch unterschiedliche Betonungen erreicht werden können. Ihnen ist jetzt sicher besonders klar geworden, wie wichtig die richtige Betonung ist. Oft drücken wir durch unsere Betonung auch unbewusst das aus, was wir wirklich denken.

Sie sollten mindestens zweimal täglich Ihr Gesprächsverhalten überprüfen: Achten Sie auf das, was Sie sagen und achten Sie darauf, wie Sie es sagen. Verfolgen Sie die Wirkung Ihrer Worte auf andere. So werden Sie schnell lernen, Betonung, Lautstärke, Stimmlage und Sprechtempo wirkungsvoll einzusetzen. Wenn Sie diese Regel einmal zur Gewohnheit gemacht haben, werden Sie sich ganz automatisch selbst überprüfen.

1.3.3 Setzen Sie Klangfarbe, Stimmlage und Sprechtempo wirkungsvoll ein

Mit der Klangfarbe verleihen Sie Ihrer Stimme Ausdrucksfähigkeit. Durch die Modulation dieser Klangfarbe können Sie Bedeutungsnuancen hervorheben, aber auch Emotionen ausdrücken. Die Stimmlage ist die Fülle und Lautstärke, mit der Sie sprechen. Das

Sprechtempo, also ob Sie langsam oder schnell sprechen, beeinflusst Ihre Botschaft e-
benso wie Klangfarbe und Stimmlage. Überstürzen Sie Ihre Worte nicht, denn dann ist es
für Ihr Gegenüber schwierig, Ihnen zu folgen. Stimmen Sie Ihr Sprechtempo zum einen
auf das Thema und zum anderen auf Ihre Zuhörer ab. Bei einem schwierigen Thema
sollten Sie besonders darauf achten, langsam und deutlich zu sprechen. Achten Sie im
Allgemeinen darauf, fallende Betonungen am Satzende zu erreichen. Was Sie sagen,
klingt so gewichtiger und von vornherein wie eine nahezu unumstößliche Tatsache.

Wie wir sprechen ist uns nicht angeboren, sondern entwickelt sich im Laufe der Zeit, ohne
dass es uns bewusst ist. Wir können unsere Sprechweise auch noch im Erwachsenenalter so verändern, dass wir unseren Äußerungen Nachdruck verleihen und mit unserer
Stimme eine positive Wirkung auf andere haben. Wahrscheinlich sind Sie sich selbst gar
nicht im Klaren darüber, wie sich Ihre Stimme eigentlich anhört. Überprüfen Sie sich und
machen Sie die untenstehende Übung. Mit ein bisschen Training werden Sie alte Fehler
vermeiden.

Stellen Sie einen Kassettenrecorder mit Mikrofon auf. Atmen Sie nun tief ein und
versuchen Sie zunächst, Ihre gesamten Sprechorgane zu entspannen. Lesen Sie laut
einen Text vor und zeichnen Sie ihn auf Kassette auf. Experimentieren Sie mit der
Klangfarbe, Stimmlage, Betonungen, Sprechtempo, Lautstärke und Modulation in Ihrer Stimme, bis Sie mit dem Ergebnis zufrieden sind.

1.3.4 Überwinden Sie Kommunikationshürden

Kommunikationshürden sind Hindernisse, die die Wirksamkeit unserer Kommunikation
einschränken. Das können zum einen Blockaden und Widerstände, die in jedem von
uns stecken, oder Hindernisse in unserer äußeren Umgebung sein. Außerdem gibt es
zwischen uns und unseren Kommunikationspartnern persönliche Gegensätze, die leicht
Missverständnisse entstehen lassen.

Die oben angesprochenen Blockaden und Widerstände werden auch **Kommunikati-onsfilter** genannt. Sie sind maßgeblich von unserem Kulturkreis, unserem Elternhaus, unseren Erfahrungen, Denkstrukturen und unserer Weltanschauung im Allgemeinen geprägt. Außerdem strebt unser Gehirn immer danach, eine gewisse Ordnung herzu-stellen. So werden neue Erlebnisse nach alten Denkstrukturen interpretiert. Je älter wir werden und je größer damit unser Erfahrungsschatz wird, desto mehr werden unsere Denkstrukturen verfestigt. Dabei sind uns unsere Denkstrukturen meistens nicht einmal bewusst, da sie unter unserer Wahrnehmungsschwelle arbeiten.

Jeder von uns tendiert dazu, Informationen zu **ignorieren**, die sich mit den eigenen Denkstrukturen nicht in Einklang bringen lassen. Diese Kommunikationsfilter sind für eine erfolgreiche Kommunikation jedoch tödlich. Ein einfaches Beispiel: Wenn Sie da-von überzeugt sind, dass Kollege XY Sie nicht mag, werden Sie alle Handlungen und Worte dieses Kollegen so interpretieren, dass es in Ihr Denkschema passt, selbst wenn Ihr Kollege nett und freundlich zu Ihnen ist. Dadurch, dass Sie sich ständig in Ihrer An-nahme bestätigt fühlen, werden Sie sich bald so verhalten, dass Ihr Kollege wirklich allen Grund hat, Sie nicht zu mögen.

Außerdem müssen Sie bedenken, dass nicht nur Ihre, sondern auch die Kommunikation der anderen durch solche Filter und Vorurteile geprägt ist. Wenn beide Gesprächspart-ner Ihre Vorurteile und eingefahrenen Denkstrukturen nicht abschalten können, wird das Gespräch wohl nicht gerade günstig verlaufen. Zunächst ist es wichtig, dass Sie die Stereotypen und Raster, die Sie im Lauf der Zeit gebildet haben, erkennen. Erst dann können Sie etwas verändern.

Stellen Sie sich folgende Situation im Büro vor:

Frau A ist 50 Jahre alt und arbeitet Teilzeit. Sie erledigt Ihre Aufträge gewissenhaft und ordentlich. Ihr Vorgesetzter betraut Sie mit der Aufgabe, die neue Auszubildende B anzu-weisen. Die Auszubildende ist 19 Jahre alt, blond und sehr hübsch. Frau A hat – aus welchen Gründen auch immer – das Vorurteil, dass junge hübsche Frauen faul und dumm sind. Die Auszubildende B wiederum hält ältere Damen für Schreckschrauben, an denen das wirkliche Leben vorbeigeht, und ist davon überzeugt, dass Teilzeitarbeit nur etwas für Muttis ist, die eigentlich lieber hinter dem Herd stehen als arbeiten zu gehen.

Glauben Sie, dass zwischen beiden eine erfolgreiche Kommunikation zustande kommt? Wohl eher nicht, zumindest nicht, wenn die beiden ihre Vorurteile nicht überwinden kön-nen. Bei genauerem Hinsehen würde sich nämlich herausstellen, dass Frau A eine sehr witzige ältere Dame ist, die keineswegs dem Klischee entspricht, das sich die junge Frau zurechtgelegt hatte. Auf der anderen Seite ist die Auszubildende entgegen der Annahme von Frau A sehr fleißig und intelligent.

Sie sehen also: Mit Toleranz, Fingerspitzengefühl und der Überwindung ihrer Kommunikationsfilter kann aus noch so unterschiedlichen Menschen ein gutes Team werden. Sie müssen sich beide nur darüber im Klaren sein.

> Überprüfen Sie sich während eines Gesprächs, welche Denkmuster Sie anwenden. Machen Sie sich die Filter klar, die Ihre Kommunikation negativ beeinträchtigen. Fragen Sie sich: Sind meine Annahmen richtig? Verfalle ich mit meinem Denken in Klischees und Stereotypen?
> Welche Denkstrukturen beeinflussen mich gerade? Versuchen Sie, Ihre Vorurteile schrittweise abzubauen und Ihre vorgefassten Meinungen anhand neuer Erfahrungen zu überdenken und zu revidieren.

Ganz abgesehen von unseren eigenen Denkmustern gibt es noch viele andere Kommunikationsfilter, die eine erfolgreiche Kommunikation behindern können. Dazu gehört zum Beispiel, dass manche Menschen allgemein schlecht zuhören können, ihre Gedanken abschweifen oder dass sie schnell voreilige Schlüsse ziehen. Weitere negative Faktoren wie Stress, Zerstreutheit, Müdigkeit oder äußere Einflüsse wie Lärm und Ablenkung machen ein geglücktes Gespräch nahezu unmöglich.

> Versuchen Sie stets, Lärm und andere Ablenkungen abzublocken. Richten Sie Ihre gesamte Aufmerksamkeit auf Ihren Gesprächspartner. Resümieren Sie für sich im Stillen die wesentlichen Punkte des eben Besprochenen.

1.4 Antipathien sind für eine erfolgreiche Kommunikation tödlich

Sie haben das sicher schon selbst erlebt. Mit manchen Menschen sprechen wir gerne, wir fühlen uns in ihrer Gegenwart wohl, mit anderen Menschen scheuen wir den Kontakt und damit das Gespräch. Das kann viele Gründe haben: Geschlecht, Alter, Herkunft, Bildung, Persönlichkeit und allgemeine Werte spielen mit in die Vorstellungen, die wir von uns und anderen haben, hinein.

> Legen Sie nicht alles auf die Goldwaage und nehmen Sie Kritik nicht persönlich. Gestatten Sie Ihrem Gegenüber, auch mal schlechte Laune zu haben. Akzeptieren Sie Ihre Kommunikationspartner so, wie sie sind. Urteilen Sie nicht über Sie, denn Sie möchten auch nicht, dass über Sie geurteilt wird. Und vor allem: Seien Sie gelassen. Dann sind Sie auf dem besten Weg zu einer erfolgreiche Kommunikation.

1.5 Das Aktions-Reaktions-Spiel

Aktion erzeugt Reaktion, oder anders ausgedrückt: Verhalten erzeugt Gegenverhalten. Dieses Phänomen nennen Psychologen **psychologische Reziprozität**. Höfliche Menschen werden in den allermeisten Fällen ebenso höflich behandelt. Dagegen wird auf unhöfliche Fragen nicht selten eine unhöfliche Antwort folgen. Rücksichtsvollen Menschen wird man im Allgemeinen rücksichtsvoll begegnen, rücksichtslose Menschen wird man rücksichtslos behandeln. Jemand, der andere akzeptiert, wird meistens selbst akzeptiert und umgekehrt: Wer andere nicht akzeptiert, wird selbst nicht akzeptiert.

Natürlich haben wir auch schon erlebt, dass jemand ausgesprochen freundlich zu uns war, obwohl wir es gar nicht erwartet hatten. Darüber haben wir uns sicher sehr gefreut. Auf der anderen Seite ist es Ihnen bestimmt schon passiert, dass Sie unhöflich bedient oder von Ihrem Gesprächspartner regelrecht „angebellt" wurden. Das hat sich sicher, zumindest für einen Moment, auf Ihre Laune gelegt. Vielleicht haben Sie dann durch dieses negative Erlebnis eine völlig andere Person schlecht behandelt, obwohl sie eigentlich nett zu Ihnen war. Überlegen Sie einmal, wann das das letzte Mal vorgekommen ist.

→ Mit ein wenig Selbstcourage können Sie diesen negativen Kreislauf durchbrechen. Machen Sie sich klar, dass die anderen Ihr Verhalten nur dann beeinflussen können, wenn Sie das auch selbst zulassen.

> Kontrollieren Sie sich ständig. Nehmen Sie die schlechte Laune der anderen nicht zum Anlass, selbst schlecht gelaunt zu sein. Seien Sie freundlich und höflich, und man wird auch freundlich und höflich zu Ihnen sein. Stellen Sie sich auf Ihren Gesprächspartner ein. So können Sie jedes Gespräch positiv beeinflussen. Denn Ihr Gegenüber wird immer dazu neigen, Gleiches mit Gleichem zu vergelten. Erst dann werden Sie wirklich die Kontrolle über Ihre Kommunikation haben.
> **Re-agieren Sie nicht nur, sondern agieren Sie hauptsächlich!**

1.6 Vergessen Sie nie die Perspektive der anderen

> Versuchen Sie immer, sich in die Perspektive Ihres Kommunikationspartners hineinzuversetzen.

Je beherzter Sie diese Regel anwenden, desto leichter wird es Ihnen fallen, mit anderen Menschen zu kommunizieren. Je einfühlsamer Sie sich gegenüber der Perspektive Ihres Gesprächspartners zeigen, desto eher werden Sie beide die gleiche Sprache sprechen und Ihr Gegenüber auch für Ihre eigene Perspektive sensibilisieren. Gerade Menschen, die sich in Bezug auf Herkunft, Alter, Rasse, Lebenserfahrungen usw. stark von Ihnen unterscheiden, sollten Sie besonders viel Einfühlungsvermögen entgegenbringen. Selbst wenn Sie anderer Meinung sind, sollten Sie stets versuchen, das Problem aus der Perspektive Ihres Gegenübers zu sehen. Warum reagiert der so? Gestehen Sie ihm das Recht zu, seine Meinung äußern zu dürfen. Erst dann ist der Rahmen für eine positive Kommunikation gewährleistet und erst dann werden auch Sie Ihre Sicht der Dinge wirkungsvoll mitteilen können.

1.7 Konflikte ausschalten

Gerade in größeren Betrieben sind Konflikte nicht selten an der Tagesordnung. Sie resultieren oft genug aus Meinungsverschiedenheiten, allgemeinen Unstimmigkeiten, Rivalität oder persönlichen Abneigungen gegen bestimmte Personen. Konflikte am Arbeitsplatz sind ebenso wie zu Hause schlechte Begleiter: Sie verbreiten miese Stimmung, Stress, Unkollegialität, ineffizientes Arbeiten und im schlimmsten Fall psychische und körperliche Krankheiten.

Deshalb sollten Sie immer daran interessiert sein, Konflikte überlegt zu lösen oder – viel besser – es von Anfang an gar nicht so weit kommen lassen.

Konflikte lösen heißt, für alle zu einer befriedigenden Lösung zu kommen. Um dies zu erreichen, müssen Sie stets alle Probleme und Schwierigkeiten offen darlegen. Wenn Sie die Ursache des Problems gefunden haben, können Sie es gemeinsam mit den anderen erörtern und lösen. Nichts ist schlimmer, als jemandem in diesem Fall seine

eigene Lösung aufzuzwingen. Denn bei der nächsten Gelegenheit werden Sie Ihr igno-
rantes Verhalten mit doppelter Münze heimgezahlt bekommen.

Rezepte zur Konfliktlösung gibt es einige. An anderer Stelle wird Ihnen dazu ein eigener
Abriss geboten. Grundsätzlich sollten Sie immer an einer Lösung, mit der alle zufrieden
sind, interessiert sein. Das ist der erste und wichtigste Schritt.

1.8 Kommunikation beruht auf Gegenseitigkeit

Weiter oben haben wir schon gelernt, dass der „Kommunikationstanz" ein komplizierter
Prozess ist, der von beiden Partnern meist unbewusst in bestimmte Richtungen gelenkt
wird. Um erfolgreich zu kommunizieren, müssen wir gute und klare Informationen senden. Dieser Austausch beruht immer auf Gegenseitigkeit und vor allem auf **gemeinsamer Achtung und Respekt voreinander**. Achten Sie Ihre Mitmenschen also und senden Sie Ihnen stets gute, verständliche Informationen. Stellen Sie sich dabei auf Ihren
Gesprächspartner ein und hören Sie ihm zu. Stellen Sie gezielte Fragen, um ebenso
gute Informationen zurückzubekommen.

Nach diesen Grundlagen befassen wir uns in den beiden folgenden Abschnitten damit,
wie man gute Informationen sendet (2.) und empfängt (3.).

Zusammenfassung Kapitel 1

–   Gute Kommunikation wird Sie in der modernen Wissensgesellschaft in allen Lebens-
    bereichen – besonders im Berufsleben – entscheidend weiterbringen. Wenn Sie inte-
    ressiert sind, in diesen Lebensbereichen voranzukommen, sollten Sie bereit sein,
    etwas dafür zu investieren, vor allem Ihre Aufmerksamkeit und die Aufgabe Ihrer Be-
    quemlichkeit.
–   Grundsätzlich besteht zwischenmenschliche Kommunikation aus dem Sender, der
    Nachricht und dem Empfänger. Jede Nachricht hat vier Seiten: Den Sachinhalt, die
    Selbstoffenbarung des Senders, die Beziehung zwischen Sender und Empfänger
    sowie den Appell, den der Sender an den Empfänger richtet.
–   **Alles**, was wir tun, ist Kommunikation. Kommunikation ist mehr als das bloße Aus-
    senden und Empfangen von Wörtern. Gestik, Mimik, Körpersprache, Betonung,
    Lautstärke usw. spielen dabei ebenfalls eine wichtige Rolle.
–   Für eine erfolgreiche Kommunikation ist nicht die gesendete, sondern die richtig
    empfangene Botschaft ausschlaggebend. Schicken Sie Ihre Informationen also so,
    dass Sie von anderen auch verstanden werden. Tun Sie alles, um die Botschaften
    Ihrer Kommunikationspartner selbst richtig zu empfangen. Denn gelungene Kommu-
    nikation beruht immer auf Gegenseitigkeit.
–   Nicht nur, *was* wir sagen, sondern auch *wie* wir es sagen, beeinflusst das Kommuni-
    kations-Ergebnis entscheidend. Stimm- und Tonlage, Betonung, Klangfarbe und
    Sprechtempo sind wichtige Faktoren, mit der wir den Inhalt unserer Botschaft ent-
    scheidend unterstützen können. Achten Sie auch bei anderen Personen darauf,
    weshalb Ihnen ihr „Wie" der Kommunikation zusagt oder missfällt.

– Versuchen Sie stets, negative Kommunikationsfilter zu überwinden bzw. auszuschalten. Das können einerseits eigene Denkmuster und Vorurteile und andererseits äußere Faktoren wie Lärm, Stress und Müdigkeit sein. Nur, wenn Sie Ihrem Gesprächspartner wirklich offen gegenübertreten und immer aufmerksam sind, kann Ihre Kommunikation auf kurze und lange Sicht Erfolg bringen.

– Nehmen Sie **Kritik** niemals persönlich. Vermeiden Sie Antipathien, denn diese sind für ein positives Gesprächsergebnis tödlich. Formulieren Sie immer auf neutrale Weise, klagen Sie nicht an und verurteilen Sie nicht, denn Sie möchten auch nicht, dass man dasselbe mit Ihnen tut. Seien Sie höflich, freundlich und rücksichtsvoll, dann wird man Sie in den allermeisten Fällen auch ebenso behandeln. Und vergessen Sie nicht: Nur wenn Sie selbst es zulassen, kann die schlechte Laune der anderen Sie beeinflussen.

– Versuchen Sie darüber hinaus immer, sich in die **Perspektive** Ihres Kommunikationspartners hineinzuversetzen. Dieses Verständnis wird Ihr Gegenüber Ihnen danken. So schaffen Sie den Rahmen für einen positiven Gesprächsverlauf.

2. Wie man gute Informationen sendet

Wir hatten festgestellt, dass Kommunikation aus dem Sender, der Nachricht und dem Empfänger besteht. In diesem Abschnitt geht es darum, Sie in Ihrer Rolle als Sender zu analysieren. Was ist wichtig, wenn man Informationen sendet?

Lernziele dieses Abschnitts:
Nachdem Sie diesen Abschnitt durchgearbeitet haben, sollten Sie wissen
- welche elf Dinge man bei der Kommunikation auf jeden Fall vermeiden sollte,
- warum der Anfang eines Gesprächs besonders wichtig ist,
- wie unterschiedliche Formulierungen zwar inhaltlich dasselbe meinen, beim Empfänger aber ganz anders ankommen können,
- dass die Perspektive entscheidet; ein Sachverhalt ist bei der Kommunikation niemals objektiv, sondern hängt von den Erfahrungen des Kommunizierenden ab,
- was gute und was schlechte Fragen sind,
- weshalb Feedback so wichtig ist,
- wie man Konfliktgespräche führt,
- wie man es lernt, NEIN zu sagen, wenn man es auch möchte,
- wie man mit den unterschiedlichen Persönlichkeitstypen unterschiedlich kommuniziert.

Sie sehen, viele einzelne Punkte, die, Ihnen einen Vorsprung in der Kommunikation bringen wenn Sie sie sich bewusst machen und aneignen.

2.1 Die elf Todsünden der Kommunikation

Grundsätzlich gilt: benehmen Sie sich niemals herablassend, befehlen Sie anderen nie, ver- und beurteilen Sie andere nicht, denn Sie möchten von den anderen sicher auch nicht ver- und beurteilt werden.

❶ Andere bewerten
Vermeiden Sie es, andere zu bewerten. Denn wenn wir uns ein Urteil über einen anderen erlauben, kann es leicht den Anschein haben, als ob wir uns für etwas Besseres halten. Das ist bei allgemeinen Beurteilungen wie „Du hast einfach kein Talent für Sprachen" oder „Du musst lernen, besser zu arbeiten" besonders fatal. Die Botschaft, die wir eigentlich senden wollen, kommt beim Empfänger nicht an, weil er sich von oben herab behandelt fühlt. Oder Sie kommt bei ihm an und verstärkt das negative Gefühl, das Sie eigentlich gern aus der Welt schaffen würden. Wenn Sie Ihrem Kollegen sagen, dass er keine Briefe formulieren kann, dann wird er es Ihnen glauben. Wenn Sie ihm hingegen einen Vorschlag für eine Formulierung machen, wird er es beim nächsten Mal besser machen.

Sagen Sie also *nie*, was Sie *nicht wollen* oder was der andere *falsch macht*, sondern sprechen Sie darüber was Sie **wollen** oder **was** der andere **besser machen** kann und **wie** er es besser machen kann.

Sagen Sie deswegen immer **konkret, was** Ihnen gefällt bzw. **warum** es Ihnen nicht gefällt. Begründen Sie stets Ihre Aussagen und benutzen Sie neutrale bzw. positive Wörter und Formulierungen. Zeigen Sie Ihrem Gegenüber, dass Sie ihn respektieren.

❷ Trösten, ohne auf das Problem des anderen wirklich einzugehen

Sicher meint es mancher gut, wenn er einen Kollegen trösten will. Oft wirkt ein missglückter Tröstungsversuch aber überheblich, ignorant oder gar beleidigend. Sie signalisieren dem Kommunikationspartner, dass Sie meinen, in der Lage zu sein, über ihn und seine Situation besser Bescheid zu wissen als er selbst.

❸ Alles psychologisch analysieren und andere etikettieren

Ein noch schlimmerer Fehler ist, andere zu etikettieren. Aussagen wie: „Du hast doch ein Problem mit Deinem Ego!", „Du hast eben nie gelernt, Autorität anzuerkennen", „Dein Problem ist ..." oder „Das sagst Du nur, weil Du einen Komplex hast", sind für eine erfolgreiche Kommunikation tödlich. Sie maßen sich an, über das Leben eines anderen Menschen Bescheid zu wissen und stufen ihn mit Ihren höchstwahrscheinlich unzutreffenden Aussagen herunter. Ein gutes Gespräch wird so sofort im Keim erstickt, ganz zu schweigen von den zwischenmenschlichen Problemen, die ein solches Beurteilen nach sich zieht.

Etikettieren Sie andere Menschen und deren Verhalten niemals. Wenn Ihnen etwas, was Ihr Gesprächspartner getan oder gesagt hat, missfällt, legen Sie Ihre Sicht ruhig und deutlich **ohne** Bewertung dar. Bleiben Sie immer bei den Tatsachen. Sonst kann Ihre Argumentation leicht unfair werden.

❹ Ironische Bemerkungen machen

Ironie kann Menschen leicht verletzen. Oft werden ironische Bemerkungen zu Sticheleien und verhindern ein offenes Gespräch. Sagen Sie deshalb das, was Sie wirklich meinen, anstatt Ironie anzuwenden. Die Idee, Ironie sei eine gebildete, humorvolle Art, ist nur korrekt, wenn Sie nicht gegen andere Personen gerichtet ist. Verwechseln Sie auch nie Ironie und Sarkasmus, den es unter allen Umständen zu verhindern gilt.

❺ Unangebrachte Fragen stellen

Vermeiden Sie es, andere Menschen mit unangebrachten Fragen zu bombardieren und sie regelrecht zu „verhören". Fragetechnik ist das Nonplusultra. Wir werden später noch genauer darauf zu sprechen kommen. Vorab gilt aber, wenn sich Ihr Gesprächspartner durch schlecht gestellte Fragen unwohl fühl (also zum Beispiel wie in einem Verhör), machen Sie etwas falsch. Stellen Sie keine Fragen, die in der jeweiligen Situation nichts zu suchen haben, da sie nicht zum Thema gehören, zu persönlich oder sogar beleidigend sind (Beispiel: „Fällt es Dir deswegen schwerer, in den vierten Stock zu laufen, weil du dicker geworden bist?").

Stellen Sie bei einer Frage, wie beim Gespräch im Allgemeinen, auf jeden Fall Blickkontakt her. Zeigen Sie Ihrem Gesprächspartner – zum Beispiel durch gelegentliches Nicken – dass Sie interessiert zuhören. Nehmen Sie mit Ihrer Antwort oder Ihrer Frage Bezug auf das, was Ihr Kommunikationspartner soeben formuliert hat. Außerdem können Sie das eben Gesagte kurz zusammenfassen und so zu Ihrer nächsten Frage oder Aussage überleiten. Und falls Sie viele Fragen an jemanden haben: Machen Sie von Anfang an deutlich, dass Sie einiges fragen wollen. Bitten Sie um Erlaubnis, diese vielen Fragen loszuwerden. („Darf ich Ihnen ein paar Fragen stellen?")

❻ Anderen Befehlen

Wenn Sie jemandem befehlen, bedeutet das nicht nur, dass Sie ihm keine Möglichkeit zur weiteren Diskussion geben („Sie müssen ..." oder „Fangen Sie endlich an!"), sondern dass Sie nicht in der Lage sind, Ihren Gegenüber auf andere Art so zu beeinflussen, dass er das tut, was Sie möchten. Befehle sind wie Waffen, gute Kommunikation aber kann mit einer angenehmen Schmeicheleinheit zu demselben Ergebnis führen.

Ihr Gegenüber fühlt sich durch einen Befehl eingeengt und nicht genug beachtet. Das wird er Ihnen entweder durch eine ebenso aggressive Antwort oder widerstrebenden Gehorsam zu verstehen geben.

Sie können Ihren Kommunikationspartner aber auch durch logische Argumente und Aussagen und der Annahme, der andere sei Ihrer Meinung, derart überrumpeln, dass er Ihnen zustimmt, ohne Ihre Informationen überhaupt bewusst aufgenommen zu haben.

Benutzen Sie die Worte *Bitte* und *Danke* möglichst häufig. Streichen Sie Wörter wie *Verlangen* und *Fordern* aus Ihrem Wortschatz und fragen Sie sich, ob Sie gern so angesprochen werden würden – unabhängig davon in welcher Position Sie sich befinden. Fragen Sie doch stattdessen. „Schaffen Sie das hier bis Mittag fertig zu machen?"

Drücken Sie sich immer so aus, dass der andere sofort versteht, was Sie wünschen bzw. was unterlassen werden soll. Konzentrieren Sie sich dabei auf das Ergebnis. Überprüfen Sie sich, ob Sie den anderen in Ihre Richtung zwingen oder ihn einschüchtern. Auf lange Sicht ist es sicher besser, gemeinsam zu arbeiten. Zwang und Angst sind ein schlechter Teambegleiter.

❼ Andere bedrohen
„Wenn Sie das nicht sofort in Angriff nehmen, dann ...“
Ein nicht gerade motivierender Satz. Und unfreundlich und herablassend dazu. Drohen ist wie Befehlen, und das kann man auf verschiedene Arten. Entweder direkt, wie im obigen Beispiel oder versteckter, zum Beispiel durch „Entweder-Oder-Botschaften“. Drohungen sind wahre Kommunikationskiller. Sie erreichen mit Ihren Drohungen **stets** nur das Gegenteil. Die Kollegialität verschlechtert sich, das gute Arbeitsklima ist dahin, und niemand wird gerne etwas für Sie tun, wenn Sie Ihre Interessen durch Drohungen durchsetzen. So geht Ihr Schuss schneller nach hinten los, als Sie glauben.
Vielleicht bekommt Ihr Gegenüber ja ein schlechtes Gewissen, wenn Sie ihn lediglich durch eine Frage an das zu Erledigende erinnern. „Haben Sie eigentlich schon die Sache X erledigt, damit ich sie mir einmal ansehen kann?“

❽ Ungebetene Ratschläge geben
Vermeiden Sie es, Ihrem Gesprächspartner ungebetene Ratschläge zu erteilen. Sie wissen auch nicht alles, geben Sie das zu. Und selbst wenn Sie das glauben, nicht jeder will das hören, was Sie vielleicht besser wissen. Wenn Ihre Sätze mit „Sie sollten ...“, „Sie müssten ...“ oder „Probieren Sie doch ...“ beginnen, wird man leicht von Ihnen denken, dass Sie andere bevormunden wollen. Stellen Sie doch einfach eine Frage:
„Kann man das nicht auch so machen?“

Als Grundregel gilt: Erteilen Sie keine Ratschläge, außer Sie werden ausdrücklich darum gebeten. Wenn Sie jemandem Ihren Rat aufdrängen, wird er wahrscheinlich auf keinen fruchtbaren Boden fallen.

Falls Sie wirklich einmal einen Ratschlag geben wollen, ohne dass Sie darum gebeten wurde, fragen Sie als allererstes um Erlaubnis: „Sind Sie damit einverstanden, wenn ich Ihnen einen Vorschlag mache?" oder „Darf ich Ihnen sagen, wie ich die Sache anpacken würde?"

Am besten eignen sich aber Fragen.

---

❾ Vage sein

Sagen Sie immer explizit und konkret, was Sie meinen. In den seltensten Fällen kann Ihr Gegenüber Ihre Gedanken lesen. Deswegen: Sagen Sie klar, was Sie ausdrücken wollen. Nur so verdeutlichen Sie Ihrem Kommunikationspartner, dass Sie wirklich hinter dem stehen, was Sie meinen.

Zur Selbstkontrolle: **Meine ich, was ich sage und sage ich, was ich meine?**
Klare Ausführungen sind den meisten Menschen lieber als vage Aussagen, hinter denen der Sprecher anscheinend nicht einmal selbst steht.

---

❿ Informationen zurückhalten

Unsere Gesellschaft ist eine Wissens- und Informationsgesellschaft. Um erfolgreich zu arbeiten, muss der Informationsfluss immer gut funktionieren. Nur so kann eine gute Teamleistung zustande kommen. Wer bewusst Informationen zurückhält, verhält sich unkollegial. Bei der nächsten Gelegenheit wird er es sein, dem wertvolle Informationen vorenthalten werden. Verwechseln Sie dies nicht mit der Aufforderung zu zu großer Redseligkeit. Geheimnisse dürfen natürlich nicht weitergegeben werden, und vieles ist es auch gar nicht wert, weitergegeben zu werden. Wägen Sie immer ab.

Geben Sie Informationen, die einem anderen nützlich sein könnten, immer weiter. Oft werden die anderen Sie dafür mit Informationen belohnen, die für Sie selbst nützlich und wichtig sind.

❶❶   Ablenken
Lenken Sie nicht vom Thema ab und antworten Sie nicht in Klischees. Sie wollen doch ein erfolgreiches Gespräch über ein spezifisches Thema führen, und nicht einfach das Problem und dessen Lösung auf etwas anderes verlagern.
Zeigen Sie Einfühlungsvermögen, wenn jemand mit etwas sehr Persönlichem an Sie herantritt. Lenken Sie auch hier nicht kaltschnäuzig ab, sondern hören Sie zu. Ihr Kollege zeigt Ihnen, indem er mit seinem Problem an Sie herantritt, dass er Sie schätzt und Ihnen vertraut.
Andererseits ist Ablenken auch ein gutes Rhetorikmittel, wenn Sie Informationen nicht preisgeben wollen oder dürfen.

Überlegen Sie einmal, wie oft Ihnen diese Fehler schon bei anderen aufgefallen sind, oder wie häufig Sie selbst den einen oder anderen oben genannten Punkt begannen haben.
Überprüfen Sie sich! Wenn Sie Gefahr laufen, eine der elf „Todsünden" zu begehen, atmen Sie tief durch, konzentrieren Sie sich und überlegen Sie sich Ihre nächsten Sätze sehr genau.

2.2 Der Einstieg bestimmt das Ergebnis

Wir haben schon festgehalten, dass ein guter Gesprächsbeginn die Basis für ein erfolgreiches Ergebnis ist. Mal Hand aufs Herz: Wie oft überlegen Sie wirklich genau, wie Sie ein Gespräch beginnen. Wahrscheinlich geht es Ihnen wie den meisten vielbeschäftigten Menschen: Nicht so oft, wie Sie es eigentlich tun sollten. Dabei reichen ein paar Minuten schon aus, um den Anfang und damit auch das gesamte Gespräch positiv zu gestalten.
Fragen Sie sich zunächst:
– *Was will ich erreichen (**Ziel**)? Warum führe ich das Gespräch (**Grund/Zweck**)? Wie soll das Gespräch verlaufen (**Verlauf**)?*

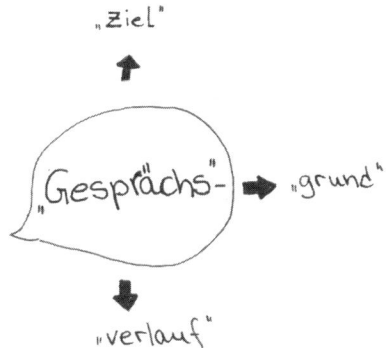

Mit diesen Fragen geben Sie Ihrem Gespräch einen Rahmen. Seien Sie ehrlich zu sich selbst. Der Gesprächsrahmen sorgt dafür, dass Sie Ihr Ziel nicht aus den Augen verlieren und von vornherein auf Fragen oder Anregungen Ihres Gegenübers vorbereitet sind. Schaffen Sie mit Ihren Sätzen ebenfalls Rahmen, in denen Sie genau festlegen, was bzw. was nicht angesprochen werden soll, was Sie beabsichtigen und was Sie als problematisch empfinden. Fassen Sie sich dabei kurz und deutlich. Ihre Zuhörer werden es Ihnen danken.

Einige Beispiele für „einrahmende" Aussagen		
Eingrenzen	Feststellen, was erreicht werden soll:	„Heute werden wir uns nicht über unsere Absatzzahlen unterhalten, die übrigens ganz vorzüglich sind, sondern über unser neues Teamprojekt zur Kundenzufriedenheitsforschung."
Wiederholen und neu anknüpfen	Wichtige Ereignisse und Ergebnisse zusammenfassen und erneut aufgreifen:	„Letztes Mal hatten wir schon festgehalten, dass ... Das ist für die heutige Besprechung wieder besonders wichtig."
Absichten ausdrücken	Sprechen Sie Ihre Erwartungen an die Besprechung deutlich aus und stellen Sie fest, welche Erwartungen die anderen haben:	„Monika, heute möchte ich gerne den vorläufigen Projektplan für den nächsten Monat festlegen. Bist du damit einverstanden?"
Vorgehensweise darstellen	Geben Sie einen kurzen Überblick über das, was Sie besprechen möchten: oder Skizzieren Sie den von Ihnen gewünschten Verlauf der Besprechung:	„Ich möchte gerne mit Ihnen unsere Auslandseinsätze planen. Ich schlage vor, dass wir zunächst Organisatorisches wie Unterbringung, Zeitraum etc. besprechen und uns dann Erfahrungsberichte von Frau X und Herrn Y anhören." „Ich schlage vor, dass wir mit Z beginnen, X anschließen und dann zu Y kommen. Oder schlägt jemand eine andere Reihenfolge vor?"
Probleme ansprechen	Benennen Sie deutlich die Bereiche, in denen das Problem auftritt. Fassen Sie Daten und Fakten nach ihren jeweiligen Bereichen zusammen:	„Frau Müller, ich möchte mich mit Ihnen über Ihre Berichte unterhalten. Ich habe hier verschiedene Ausdrucke der von Ihnen erstellten Dokumente. Sieben von zehn waren fehlerhaft. Ich möchte diese Fehler nun mit Ihnen besprechen, um die Ursache der Fehlerquelle beheben."
Sie können auch eine Kombination der verschiedenen Ansätze verwenden. So wird Ihre Kommunikation garantiert noch wirkungsvoller.		

2.3 Verwenden Sie die angemessenen Wörter

Nicht nur Dichter und Denker müssen immer darauf bedacht sein, die richtige Wortwahl zu treffen. Auch Sie müssen tagtäglich darauf achten, Wörter angemessen zu gebrauchen. Seien Sie sich stets über die Macht der Wörter bewusst, und achten Sie darauf, sie nie wahllos oder gewohnheitsmäßig zu gebrauchen. Wie wir im vorhergehenden Kapitel schon gelernt haben, sollten Sie immer versuchen, Ihrer Aussage einen passenden Rahmen zu geben. Optimal ist meistens eine Beschreibung, also keine Wertung. Versuchen Sie immer, neutrale und objektive Wörter zu verwenden, die nicht gleich bewerten oder etwas Negatives implizieren. Auch der Tonfall ist wichtig. Halten Sie diesen ebenfalls stets neutral-freundlich, dann kommen Ihre Informationen bestimmt gut an.

Versetzen Sie sich in die folgende Situation. Was wäre Ihnen lieber, dass man es zu Ihnen sagt:
A: *„Herr Müller, Sie müssen endlich professioneller arbeiten! Nie liefern Sie das, was das Team von Ihnen erwartet."* oder
B: *„Herr Müller, ich habe das Gefühl, dass gerade in letzter Zeit unsere Teamarbeit nicht so gut war, wie sie sein könnte. Haben Sie ein paar Minuten Zeit, damit wir uns darüber gemeinsam unterhalten?"*

Wahrscheinlich würde die erste Aussage Sie sogar sehr verletzen, also Ihre Beziehung zum Sender vorübergehend oder längerfristig trüben. Außerdem hätten Sie nach dieser ruppigen Anklage wahrscheinlich gar keine Lust mehr, dieser unsensiblen Person weiterhin Ihre Aufmerksamkeit zu schenken.

Wie Ihnen sicher aufgefallen ist, beinhaltet Beispiel A einige „Todsünden": Zunächst beginnt das Gespräch mit einem Befehl („Sie müssen"). Professioneller ist ein sehr vages Wort; es kann vieles bedeuten, und es ist damit schwer nachvollziehbar, was der Sprecher eigentlich genau meint. Der zweite Satz beinhaltet eine eindeutige Anklage („Nie liefern Sie ..."). Außerdem ist es wahrscheinlich nicht wahr, dass Herr Müller wirklich „nie" den Erwartungshorizont erfüllen kann. Dass der Sprecher zudem zwei Parteien (Herrn Müller und „das Team") nennt, kann leicht den Eindruck erwecken, dass es sich hier um Gegner handelt, und dass Herr Müller kein Mitglied des „Teams" ist. So fühlt der Angesprochene sich sicher bedroht und ausgegrenzt. Darüber hinaus ist die gesamte Aussage im Allgemeinen sehr negativ formuliert.

Anders verhält es sich im Beispiel B: Die Formulierung ist positiv. Der Sprecher zeigt an, dass er an eine positive Veränderung glaubt („wie sie sein *könnte*"). Er bezieht Herrn Müller in die Teamarbeit mit ein („unsere"), und gibt nicht ihm die Schuld an der Erfolglosigkeit. Der Sprecher bewertet also nicht und verwendet objektive Wörter. Er gibt dem nachfolgenden Gespräch einen Rahmen, indem er kurz auf das Thema hinweist, und Herrn Müller dann fragt, ob er damit einverstanden ist, darüber zu reden. So wahrt er Respekt und Höflichkeit und signalisiert dem Angesprochenen, dass er auch auf seine Wünsche eingeht. In Beispiel A ist das keineswegs der Fall.

Nach diesem gelungenen Einstieg kann der Sprecher fortfahren. ZUM BEISPIEL kann er sagen, dass Herr Müller für das Team wertvoll ist und seine gute Arbeit geschätzt wird. Wenn Herr Müller konkret nachweisbare Fehler gemacht hat, kann man ihn ohne Argwohn die Fakten auf den Tisch legen. Natürlich soll nichts „schöngeredet" werden.

Das Beste ist immer: Sich auf die **Fakten** beziehen, **freundlich** bleiben, **niemals persönlich** oder **verletzend** werden und die allgemeinen Gebote der erfolgreichen Kommunikation beachten. Abschließend kann man beispielsweise noch darauf hinweisen, dass man überzeugt ist, gemeinsam vorwärts zu kommen und bestehende Probleme abzubauen. Das wirkt motivierend, im Gegensatz zu den demotivierenden Anschuldigungen, die der Sprecher in Beispiel A vorgetragen hat.

Hier sind noch einige Beispiele, wie man neutral argumentiert:

Du hast Unrecht.	Ich bin da anderer Meinung.
Diese Tabelle ist kompletter Mist!	Ich möchte gerne wissen, wie diese Tabelle entstanden ist.
Du bist total verantwortungslos!	Mir ist aufgefallen, dass Du seit heute Morgen Zeitung liest, obwohl unser gemeinsames Projekt bis 17 Uhr fertig sein muss.

2.4 Sprechen Sie immer nur für sich selbst

Zu einer erfolgreichen Kommunikation gehört, dass Sie Ihren eigenen Standpunkt behaupten können, und die anderen sofort erkennen, was Sie meinen.
Wenn Sie „**ich**" sagen, werden Sie sehr deutlich. Sie verstecken sich nicht hinter den anderen („Viele sind der Ansicht, dass ..."), sondern machen eine konkrete, ich-bezogene Aussage („Ich denke, dass ..."; „Mir scheint es ..."). Damit machen Sie Ihrem Gegenüber klar, dass Sie zu Ihrer Botschaft stehen, und sich im Zweifelsfall nicht herausreden („Das haben ja die anderen gesagt!") oder sich um eventuelle Konsequenzen herummogeln wollen.

2.4.1 Von der Kunst, die richtigen Fragen zu stellen

Warum stellen wir eigentlich Fragen? Und welche Art von Fragen gibt es?
Sicher haben Sie sich schon über dumme und beleidigende Fragen geärgert, und sicher haben Sie gute und wichtige Fragen einen entscheidenden Schritt weitergebracht. Fest steht nämlich: Ohne (gute) Fragen wäre das Informationszeitalter undenkbar. Fragen bewirken einen Informationsfluss. Sie erinnern sich: Wenn Wissen von A nach B transportiert wird, heißt das Kommunikation. Das Instrument, mit dem Sie Wissen aus A herauskitzeln, heißt Frage. Eine Frage ist das beste Mittel an die Informationen zu gelangen, die man gern hätte, um darauf persönliches Wissen zu transformieren.

Deshalb ist es besonders wichtig, gute und wichtige Fragen zu stellen.

Wir stellen Fragen aus vielerlei Gründen: Um Informationen zu erhalten, um die Meinung der anderen zu hören, um sich zu versichern, dass die anderen einem zustimmen, um sich zu vergewissern, um eine Beziehung und Vertrauen zum Angesprochenen aufzubauen oder um schlicht eine Unterhaltung anzuregen.

Beispiele:
„Können Sie mir überhaupt erklären, wie das zusammenhängt?" Dies wird Ihnen wenig Informationen über die Zusammenhänge bringen, wenn Sie wirklich daran interessiert sind. Diese Frage führt zum Abschalten wegen implizitem Zweifel an Kompetenz.
„Nun erklären Sie mal schnell, wie das funktioniert." Entweder überfordern Sie den Gefragten, weil die Sache nicht in zwei Minuten zu erklären ist, oder Sie signalisieren so viel Desinteresse durch die Frage, dass Sie bestenfalls eine oberflächliche Antwort erwarten können.
„Wenn Sie mit Ihrem Bericht fertig sind, muss ich Ihnen mal was erzählen." Entweder ist der andere gewarnt sich kurz zu fassen oder er versteht es sofort als Desinteresse.
Wollen Sie wirklich eine gute Information erhalten, werden Sie voraussichtlich besser wie folgt formulieren:
„Dieser Zusammenhang interessiert mich wirklich (schon lange oder immer), können Sie mir das heute / jetzt einmal erklären?"
„Mir erscheint die Sache sehr komplex. Mit Ihrer Erfahrung können Sie das sicher auch jemandem wie mir erklären, der nicht täglich damit zu tun hat."
„Ihr Bericht interessiert mich wirklich. Über die Dinge, die sich inzwischen hier ereignet haben, kann ich Sie in Ruhe anschließend informieren."

2.4.2 Stellen Sie „echte" Fragen

Während eines Gesprächs gibt es genügend Möglichkeiten, sogenannte „Scheinfragen" zu stellen. Man kann sie grob in folgende Kategorien einordnen:

❶ Suggestivfragen
Suggestivfragen schränken die Antwortmöglichkeiten ein. Sie verleiten leicht dazu, dem Fragenden die von ihm gewünschte (suggerierte) Antwort zu geben, z. B:

> *„Finden Sie nicht (auch), dass ..."*
> *„Würden Sie nicht lieber ..."*
> *„..., stimmt's?"*
> *„Sie stimmen mir doch sicher zu, dass..."*

Mit Suggestivfragen drückt der Sprecher aus, was *er* meint und welche Ansichten er vertritt. Er fragt also nicht wirklich, sondern stellt eine Scheinfrage. Meist bleibt dem anderen keine andere Wahl als „Ja" zu sagen oder sich mit einem „Nein" ganz offensichtlich gegen Sie zu stellen.

❷ Schuldandeutende Fragen
Damit weist der Sprecher indirekt auf eine Schwäche seines Gegenübers oder einen Fehler, den dieser gemacht hat, hin. Solche Fragen sollten Sie schon aus der Überzeugung, Ihre zwischenmenschlichen Beziehungen so positiv wie möglich zu gestalten, auf keinen Fall stellen.

> *„Wann sind Sie heute Morgen eigentlich zur Arbeit gekommen?"* (Sie wissen, dass der Angesprochene zu spät kam und deswegen schon einige Male eine Rüge einstecken musste.)
> *„Hatten Sie nicht behauptet, dass ..."* („Sehen Sie, Sie hatten damals Unrecht, und ich hatte Recht!")
> *„Wenn ich mich recht erinnere, hattest du nicht diesen Vorschlag gemacht?"* („Das Projekt, das nach deinem Vorschlag durchgeführt wurde, ist total schiefgegangen!")

❸ Hypothetische Fragen

Durch hypothetische Fragen machen wir eine Aussage, ohne dass es auf den ersten Blick klar wird. Wir sagen zum Beispiel zu einem Kollegen:

„Wenn du Abteilungsleiter wärst, würdest du nicht ...“
    und meinen damit:
„Wenn ich Abteilungsleiter wäre, würde ich ... (das und das tun).“

Vorsicht, mit dieser Art Fragen „outen“ Sie sich leicht. Zählen Sie nicht darauf, dass Ihr Kommunikationspartner die als Frage verschleierte Aussage nicht erkennt. Schon allein deswegen sollten Sie nicht hypothetisch fragen.

Mit hypothetischen Fragen können Sie aber auch andere Personen dazu bewegen, über bestimmte hypothetische Tatsachen nachzudenken.

„Mal angenommen, Sie würden sich dieses Auto hier kaufen, wie würden Sie sich damit fühlen / wo würden Sie als erstes hinfahren / würden Sie damit zur Arbeit fahren?“

Sie sehen, es geht gar nicht so sehr um die Frage als vielmehr um den ersten Teil („Mal angenommen“). Die Formulierung mit „Mal angenommen“ kann schnell enttarnt werden, da dies eine typische hypothetische Formulierung des Alltags ist.

Die Formulierung können Sie auch mit dem Konjunktiv Präteritum vornehmen: „Was würdest Du tun, wenn Du aus der Firma entlassen werden würdest?“

❹ Imperativfragen
Damit verkleiden Sie Befehle und Forderungen in scheinbare Fragen.

> *„Haben Sie schon mit ... angefangen?"*
> *„Wann bist du mit ... fertig?"*
> *„Haben Sie in Sachen ... schon etwas unternommen?"*

In Wirklichkeit meinen wir:

> *„Ich glaube, Sie sollten das sofort erledigen."*
> *„Ich hoffe, dass du das endlich fertiggestellt hast."*
> *„Ich hoffe, Sie haben sich um ... gekümmert."*

Deshalb gilt: Fragen Sie lieber direkt und höflich und bitten Sie. Das bringt Sie und Ihr Team bestimmt weiter als Befehle, die als Fragen verkleidet sind. (Bedenken Sie hier auch die „Todsünden" der Kommunikation.)

❺ Verschleiernde Fragen
Wenn wir unsere eigenen Ansichten und Wünsche verschleiern wollen, fragen wir den anderen, was er denkt oder tun möchte. (Dabei hoffen wir, dass seine mit unserer Ansicht übereinstimmt.)

> *„Wohin möchten Sie zum Mittagessen gehen?"*
> *„Wie sollten wir deiner Meinung nach vorgehen?"*
> *„Was möchten Sie machen?"*

Wir meinen damit:

> *„Ich möchte zum Mittagessen zu XY gehen."*
> *„Ich würde folgendermaßen vorgehen."*
> *„Machen wir das."*

❻ „Doppelte" Suggestivfragen
Diese Frageart ist wahrscheinlich die unfairste von allen. Meist richten Vorgesetzte diese Fragen an Untergebene; mancher Manager beherrscht es jedoch auch, sein gleichgestelltes Gegenüber durch diese unehrliche Frageart zu beeinflussen. Und das funktioniert so: Zunächst fragt man etwas, wozu der Angesprochene ohne weiteres zustimmen kann oder man macht ihm scheinbar ein Kompliment. Dann schiebt man eine weitere Suggestivfrage nach, die eine eindeutige Anklage, einen Befehl etc. beinhaltet:

> *„Finden Sie nicht auch, dass der gekonnte Umgang mit Computerprogrammen wichtig ist?... Warum haben Sie dann über eine Stunde für diese Tabelle gebraucht?"*

Viele Menschen spüren intuitiv, dass sich hinter dieser unfairen Frageart mehr verbirgt, als es auf den ersten Blick scheint. Dies ist sicher kein guter Nährboden für eine gelungene Kommunikation. Darüber hinaus können wir unseren Gesprächspartner leicht verletzen, ihn unbehaglich stimmen oder Barrieren im Allgemeinen aufbauen, die wirklich nicht sein müssten. Stellen Sie deswegen keine Pseudofragen. Ihr Gesprächspartner wird es Ihnen danken.

❼ Alternativfragen

Mit Alternativfragen können Sie Ihrem Gesprächspartner zwei mögliche Lösungen für ein Problem o. ä. zur Diskussion stellen, unabhängig davon ob das Problem gelöst werden soll.

Am Frühstückstisch in einem Hotel werden Sie gefragt:
„Möchten Sie Ihr Ei lieber hart oder weich gekocht haben?"
Antwort zum Beispiel „weich"
Wenn Sie nach dem Essen des Eies festgestellt haben, dass Sie eigentlich morgens gar keine Eier mögen, stellen Sie fest, dass Sie „Opfer" einer Alternativfrage wurden.

2.4.3 Bitten ist besser als befehlen

Wir haben schon erörtert, dass Befehle nur Widerstand und Missgunst hervorrufen. Deswegen sollten Sie Ihre Mitmenschen immer bitten, etwas zu tun, und ihnen nichts befehlen oder von Ihnen etwas verlangen oder fordern. Natürlich heißt das nicht, dass Sie die anderen untertänigst bitten sollen, Ihnen diesen oder jenen Gefallen zu tun. Machen Sie Ihrem Gegenüber einfach freundlich klar, welche Konsequenz es hat (oder haben könnte), wenn er Ihrer Bitte nicht nachkommt. Bedrohen Sie ihn wie besprochen keinesfalls – sonst kann der Schuss leicht nach hinten losgehen. Sagen Sie zum Beispiel: „Ich müsste diesen Bericht wirklich bis 18 Uhr fertig haben. Der Auftraggeber hat gedroht, sich nach einem neuen Partner umzusehen, wenn er den Bericht nicht bis morgen um neun Uhr zugestellt bekommt. Könntest Du bitte die Erstellung der Grafiken übernehmen?" So zeigen Sie Ihrem Gesprächspartner an, dass Sie seine Arbeit schätzen und er für das Team wichtig ist. Sie teilen ihm außerdem mit, was passiert, wenn er seine Aufgabe nicht ernst nimmt. Diese Konsequenz sollte aber nicht Ihren Gesprächspartner persönlich treffen (sonst ist es eine Drohung), sondern die „Sache" allgemein oder Ihre Abteilung oder dergleichen. So kann der Angesprochene seine Entscheidung, Ihnen zu helfen, auf der Basis ausreichender und guter Information treffen.

Weitere Beispiele, wie man anständig bittet und (in den meisten Fällen) zu einem positiven Ergebnis gelangt	
Befehl	Bitte
„Mach das gefälligst bis Mittag fertig!"	„Es ist wirklich wichtig, dass das bis Mittag fertig wird. Meinst du, du könntest das schaffen?"
„Mach das nicht so!"	„Ich glaube, du würdest dich leichter tun, wenn du es soundso machen würdest."
„Ich hasse es, wenn du den roten Stift verwendest."	„Ich hätte es lieber, wenn du statt den roten den blauen Stift verwenden würdest. Könntest du das bitte tun?"
„Alles muss man hier selbst machen! Nie hilft einem jemand."	„Ich habe heute wirklich sehr viel zu tun. Meinst du, wir könnten das Projekt gemeinsam fertig stellen? Da wäre mir sehr geholfen."

Sie werden sehen, dass Bitten auf Dauer viel, viel mehr bringt als Befehlen: Bessere Ergebnisse, bessere Teamarbeit, bessere Stimmung. Kurzum: Effizienteres und angenehmeres Arbeiten!

2.5 Feedback – unerlässlich für eine erfolgreiche Kommunikation

Erfolgreiche Kommunikation zeichnet sich unter anderem auch dadurch aus, Feedback zu geben. Es gibt drei Arten von Feedback: **positives**, **negatives** oder **gar keines**.

Positives kann **allgemein** oder **spezifisch** sein.

Wenn Sie z. B sagen: „Sie sind ein sehr kompetenter Mitarbeiter!", so geben sie allgemein-positives Feedback. Ihr Kollege spürt, wenn Sie es ehrlich meinen und freut sich über dieses Lob. Positives Feedback wird Ihre Beziehung festigen und positive Energien freisetzen.

Spezifisch-positives Feedback steckt zum Beispiel in Aussagen wie: „Ich schätze es sehr, dass du diese Aufgabe wieder so zuverlässig erledigt hast." oder „Es ist wirklich toll, dass Sie auch bei schwierigen Kunden wie dem gerade eben immer geduldig sind und die Ruhe bewahren." Wenn Sie spezifisch-positives Feedback einsetzen, wird das Ihren Gesprächspartner dazu motivieren, das von Ihnen positiv erwähnte Verhalten öfter einzusetzen und zu verstärken.

> Geben Sie spezifisch-positives Feedback unmittelbar, wenn Ihnen eine bestimmte Handlung oder Arbeit gut gefallen hat. So werden Ihre Mitarbeiter und Kollegen dieses Verhalten wiederholen und damit auf lange Sicht gute Leistungen steigern. Allgemein-positives Feedback verbessert die Stimmung im Team und festigt zwischenmenschliche Beziehungen.

Negatives Feedback kann ebenfalls **allgemein** oder **spezifisch** sein.

Allgemein-negatives Feedback sind zum Beispiel Aussagen wie „Du bist total faul!" oder „Mach deine Arbeit gefälligst ordentlicher!" Durch ein solches Feedback fühlt sich der Angesprochene unwohl, ist nicht selten beleidigt und wird in nächster Zeit wahrscheinlich nicht besonders gut auf die Person zu sprechen sein, die ihn dermaßen rau behandelt hat. Durch ein allgemein-negatives Feedback sprechen Sie Ihr Gegenüber **persönlich negativ** an, da die negative Äußerung **losgelöst** ist von einer **Sache**. Mit allgemein-negativem Feedback werden also vor allem Beziehungen zerstört.

Ein spezifisch-negatives Feedback zeigt dem Gegenüber lediglich an, was er nicht tun soll, zum Beispiel: „Du hast die Unterlagen schon wieder durcheinander gebracht!" oder „Du hast heute schon die fünfte Zigarettenpause gemacht!" Wenn spezifisch-negatives Feedback nicht sehr vorsichtig eingesetzt wird, verfehlt es seinen Zweck, nämlich das Verhalten des Betroffenen zu ändern. Sie werden dann vielmehr das Gegenteil erreichen.

> Verwenden Sie niemals allgemein-negatives Feedback. Seien Sie auch mit spezifisch-negativem Feedback sehr vorsichtig. Wenn eine spezifisch-negative Aussage unumgänglich ist, denken Sie daran, in der Ich-Form zu sprechen, und schieben Sie, sobald eine Besserung sichtbar ist, sofort ein spezifisch-positives Feedback hinterher. Denn Sie wollen ja, dass der eben erreichte Zustand bestehen bleibt.

Kein Feedback zu geben ist mindestens genauso schlimm wie negatives Feedback. Unsere Kollegen fühlen sich dadurch ignoriert und nicht ernst genommen. Sie denken, dass sie und ihre Arbeit nicht ernst genommen werden. Das wirkt besonders auf lange Sicht demotivierend. Negatives Feedback lässt dann nicht mehr lange auf sich warten ...

Beim Feedback geben sollten Sie außerdem folgende Regeln beachten:

❶ Seien Sie spezifisch
Verwenden Sie immer spezifische Wörter, um sicher zu gehen, dass Ihre Kritik auch ankommt. Sagen Sie nicht: „Du bist so unhöflich!", sondern lieber: „Mir ist aufgefallen, dass du schon öfter die Türe hinter dir zufallen lassen hast, ohne dich umzudrehen, ob noch jemand hinter dir ist. Die Tür wäre mir schon ein paar Mal beinahe auf die Nase gekracht."

So sprechen Sie das Verhalten konkret an und vermeiden einen persönlichen Angriff. Vielleicht ist es Ihrem Kollegen noch nie aufgefallen, dass er immer die Türe hinter sich zufallen lässt. So haben Sie ihn dezent und freundlich darauf hingewiesen, was Sie stört. Außerdem wird der Kollege wohl einsehen, dass es niemand gerne hätte, wenn ihm die Türe auf die Nase fällt.

❷ Beziehen Sie sich nur auf das Verhalten des Angesprochenen, nicht auf Ihre persönliche Deutung
Dieser Punkt knüpft an den oberen an: Wenn Sie zum Beispiel sagen: „Sie sind unkollegial, weil Ihnen die anderen egal sind", so weiß Ihr Gesprächspartner mit höchster Wahrscheinlichkeit nicht, warum Sie ihm so ein allgemein-negatives Feedback geben. Er fühlt sich vielleicht ungerecht behandelt und wird alles weitere, was aus Ihrer Rich-

tung kommt, abblocken. Wenn Sie allerdings sagen: „Mir ist aufgefallen, dass andere Ihnen oft genug bei Ihrer Arbeit helfen. Wenn Sie allerdings mit Ihrer Arbeit fertig sind, und die anderen Ihre Hilfe gut brauchen könnten, machen Sie immer eine ausgedehnte Kaffeepause." So haben Sie Ihre Kritik neutral geäußert und sich auf die Tatsachen bezogen, ohne irgendeine (vielleicht ungerechte und auf jeden Fall unangebrachte) Deutung Ihrerseits mit einfließen zu lassen. Mit Kritik, die auf diese Weise geäußert wird, wird Ihr Kommunikationspartner sicherlich besser zurechtkommen als mit Vorwürfen und Beschuldigungen.

❸ Seien Sie konstruktiv

Wenn Ihr Feedback wirklich etwas bewirken soll, muss es **konstruktiv** sein. Wenn Sie immer alles toll finden, obwohl viele Sachen in Ihrer Abteilung schief laufen, wird man Ihnen Ihr positives Feedback irgendwann nicht mehr abkaufen, auch wenn es ab und zu wirklich angebracht ist. Auf der anderen Seite verscherzen Sie es sich natürlich von vornherein, wenn Sie nie jemanden loben, selbst wenn Ihre Mitarbeiter es verdient hätten. Als Konsequenz unserer bisherigen Punkte ergibt sich dadurch folgendes: Geben Sie, sobald sich die Möglichkeit eröffnet, positives Feedback. Sparen Sie aber auch nicht an spezifisch-negativem Feedback, wenn es wirklich nötig ist. So werden Ihre Kollegen schnell merken, dass Sie **objektiv** und konstruktiv sind. Außerdem ist bekanntlich niemand perfekt, also wird sich der eine oder andere negative Kommentar einfach nicht vermeiden lassen. Machen Sie den anderen deutlich, dass Sie – auch durch ungern gehörte negative (aber konstruktive) Kritik – zum Wohl des Teams und zur Leistungssteigerung beitragen wollen. Denn das kann Ihnen nun wirklich niemand übel nehmen.

❹ Seien Sie realistisch

Wenn Sie Feedback geben, muss Ihnen klar sein, dass Sie nur solche Dinge ansprechen können, die Ihr Gesprächspartner auch wirklich **ändern** kann. Sie werden niemanden, der extrem schüchtern ist, dazu bringen, von heute auf morgen völlig offen auf Leute zuzugehen, auch wenn Sie es noch so gut meinen. (Im Stil von: „Du musst mit den Kunden einfach viel lockerer umgehen...") Sie müssen Ihre Kollegen mit Ihren Stärken und Schwächen richtig einschätzen können, denn sonst kann es leicht sein, dass Sie einen Ihrer Mitmenschen durch eigentlich gut gemeintes Feedback vergrämen.

Außerdem sollten Sie gerade negatives Feedback immer sofort geben. Wenn Sie damit ein halbes Jahr warten, können Sie sich wahrscheinlich beide nicht einmal mehr genau an die angesprochene Situation erinnern. Wichtiges Feedback verliert so leicht sein Gewicht und seine Gültigkeit. Besprechen Sie deshalb gerade schwierige Angelegenheiten immer sofort – das ist meistens am besten und gewinnbringendsten für alle Beteiligten.

Feedback ist ein sehr wichtiges Führungsinstrument – darüber sollten Sie sich im Klaren sein. Richtig eingesetzt kann es zu einer allgemeinen Leistungssteigerung führen und wie von selbst zwischenmenschliche Beziehungen verbessern.

2.6 Konfliktgespräche sinnvoll führen

Ab und zu sind Konfliktgespräche unvermeidlich, zum Beispiel dann, wenn die Leistungen oder das Verhalten Ihres Mitarbeiters nicht den vereinbarten Zielen entspricht. Konfliktgespräche sind nicht schlecht oder böse, sondern Problemlösungsgespräche – zumindest wenn sie sinnvoll gestaltet werden. Dazu können Sie in erheblichem Maße beitragen.

> Führen Sie ein Konfliktgespräch niemals, wenn Sie **wütend** sind. Sonst werden Sie nur unsachlich und beleidigen Ihren Gesprächspartner. Damit erreichen Sie das Gegenteil von dem, was Sie eigentlich angestrebt hatten: Sie machen die Lösung eines Problems zunichte. Fragen Sie sich, ob Sie wirklich hören wollen, was der andere zu sagen hat, oder ob Sie lediglich Ihrem Ärger Luft machen wollen.

Auch hier ist wichtig, dass Sie dem anderen nichts unterstellen und Vorwürfe vermeiden. Hören Sie sich ganz einfach an, was er zu der Sache zu sagen hat. Fragen Sie immer wieder freundlich nach und hören Sie wohlwollend und geduldig zu. Vermeiden Sie „Warum?"-Fragen. Ihre Fragen sollten mit „Wie", „Was", „Welche" etc. beginnen. So regen Sie Ihren Gesprächspartner dazu an, selbst gute Lösungen für das Problem zu finden.

Zeigen Sie Ihrem Kommunikationspartner, dass Sie ihn und seinen Standpunkt **akzeptieren**, auch wenn Sie anderer Meinung sind. Nur so kommen Sie der Ursache des Problems auf den Grund. Es könnte sein, dass Ihr Mitarbeiter einige Ideen hat, aber unsicher ist, sie auszusprechen. Oder dass es anderweitig Probleme gibt, von denen Sie gar nichts wissen. Eine weitere Möglichkeit ist, dass Ihr Mitarbeiter den Grund für das Problem selbst nicht erkennt.

Egal, wie die Situation im Einzelfall ist: Wenn Sie die genauen (Hinter)gründe kennen, können Sie gemeinsam an einer **Lösung** arbeiten. Was nützt es Ihnen, wenn Sie verärgert sind, und Ihren Mitarbeiter anschnauzen? Die Lösung des Problems haben Sie damit sicher nicht herbeigeführt, sondern nur weiteren Ärger, negatives Denken und schlechte Stimmung. Fragen Sie sich: Bin ich an dem Problem interessiert oder an seiner Lösung?

Seien Sie auch selbstkritisch: Fragen Sie sich, ob Sie den Mitarbeiter am richtigen Platz einsetzen, seine Fähigkeiten richtig einschätzen und ob Sie ihm die richtigen Informationen zukommen lassen.

Ansonsten gelten für Kritikgespräche die Regeln für die allgemeine Kommunikation in besonderem Maße. Denn durch eine falsche Frage, eine patzige Antwort, eine Unterstellung, eine Verallgemeinerung oder einen Vorwurf landet Ihre Kommunikation hier ganz besonders schnell in der Sackgasse.

2.7 Nein-sagen lernen

Manchen Menschen fällt es leicht, „nein" zu sagen, andere wiederum tun sich schwer damit, ihren Mitmenschen „einen Korb" zu geben. Vielleicht haben Sie sich selbst schon einmal über Ihre eigene **Gutmütigkeit** geärgert, jedem immer bei seiner Arbeit behilflich zu sein, wenn er Sie darum bittet. Dabei haben Sie sicher oft selbst zurückgesteckt und sind mit Ihrer eigenen Arbeit unter Zeitdruck geraten.

Wenn Sie leicht dazu neigen, es immer allen recht machen zu wollen, auf andere Rücksicht nehmen und hilfsbereit sind, wenn es Ihnen schwer fällt, andere zu kritisieren und Sie nach Möglichkeit versuchen, Konflikte und Streit zu vermeiden, sind Sie mit fast hundertprozentiger Sicherheit jemand, dem das Nein-Sagen äußerst schwer fällt.

Wichtig ist, dass Sie Ihr Verhalten auch wirklich ändern wollen. Wenn Sie unter permanentem Zeitdruck leiden, weil Sie Ihren Kollegen keinen Wunsch abschlagen können, wird es höchste Zeit, Ihre „Antwort-Politik" kritisch zu hinterfragen. In den nachfolgenden Zeilen stellen wir Ihnen die häufigsten Irrtümer vor, von denen Menschen überzeugt sind, die so schwer „nein" sagen können.

- *„Wenn ich nein sage, wird der andere mich ablehnen."*
  Das ist nur Ihre Vermutung. Sie haben wahrscheinlich noch nie ausprobiert, ob der andere Sie wirklich ablehnen würde, weil Sie bisher immer „ja" gesagt haben. Und außerdem: Ist eine Freundschaft, die nur darauf basiert, dass der eine möglichst große Vorteile hat, wirklich eine Freundschaft?

- *„Es ist meine Schuld, wenn der andere enttäuscht ist oder in Schwierigkeiten kommt."*
  Das ist zwar möglich, andererseits hätte er sich ja rechtzeitig um Alternativen kümmern können. Wenn er seine Arbeit so plant, dass er immer auf fremde Hilfe angewiesen ist, um sein Pensum rechtzeitig zu schaffen, ist das ein Armutszeugnis! Es ist sein Problem, wenn Sie ihm nicht helfen, und nicht Ihres!

- *„Ich bin herzlos und egoistisch wenn ich nein sage. Dann fühle ich mich mies und habe ein schlechtes Gewissen."*
Nicht Sie sind egoistisch, sondern die anderen, die Ihre Hilfsbereitschaft ausnutzen! Machen Sie sich selbst und Ihren Kollegen klar, dass es weder herzlos noch egoistisch ist, wenn Sie sicherstellen, dass Ihre eigenen Wünsche nicht zu kurz kommen. Deswegen müssen Sie noch lange kein schlechtes Gewissen haben.

- *„Wenn ich nein sage, wird der andere bestimmt aggressiv und es gibt Streit. Ich will aber nicht streiten."*
Natürlich sind Konflikte nie besonders angenehm. Falls Ihr Gesprächspartner ausfallend werden sollte, können Sie ihm klipp und klar sagen, dass Sie so nicht weiterreden. Und es muss ja gar nicht so weit kommen: Vielleicht gewinnt der andere sogar Respekt vor Ihnen, wenn Sie Ihre Ablehnung ruhig und sachlich vortragen. Er erkennt dann, dass Sie sich nicht alles gefallen lassen und sich kompetent durchsetzen können.

- *„Wenn ich nein sage, verliere ich schnell das Wohlwollen meiner Kollegen, meiner Vorgesetzten und am Ende vielleicht sogar meine Stelle."*
Wenn Sie grundsätzlich immer und zu allem „nein" sagen, könnte sich diese Befürchtung sogar bewahrheiten. Doch Sie sagen ja nicht immer „nein", sondern nur, wenn es nötig und **richtig** ist. So werden die anderen lernen, Sie zu achten und Ihre Wünsche und Bedürfnisse ernst zu nehmen.

- *„Wenn ich nein sage, komme ich mir unkollegial vor. Die anderen brauchen mich doch."*
Für die anderen ist es sehr bequem, immer jemanden an der Hand zu haben, der alles für sie erledigt. In Wirklichkeit tun Sie weder sich noch Ihren Kollegen einen Gefallen, weil Sie sie daran hindern, selbst nach Lösungen zu suchen und Verantwortung zu übernehmen.

- *„Wenn ich nein sage, wird man mir meine Wünsche auch nicht erfüllen."*
Viele Leute geben nicht besonders gerne. Viele Ihrer Mitmenschen nehmen Ihre Hilfsbereitschaft sowieso als gegeben hin und denken gar nicht daran, dass auch Sie Wünsche haben. Machen Sie deshalb beim nächsten „ja" deutlich, dass Ihre Antwort auf Gegenseitigkeit beruhen sollte. Seien Sie aber nicht opportunistisch und halten Sie nur nach Ihren Nutzen Ausschau. Wenn Sie mit dem Nein-Sagen etwas Schwierigkeiten hatten, dürfte das aber kein Problem für Sie sein.

Die Gegenargumente auf die oben beschriebenen Fragen leuchten Ihnen sicher ein. Machen Sie sich außerdem klar, dass Sie durch Nein-Sagen mehr Zeit für Ihre eigene Arbeit haben werden, ein größeres Selbstbewusstsein entwickeln und wissen, wer von Ihren Kollegen Ihnen wirklich wohl gesonnen ist und wer nicht.

Und nun noch einige Tipps:

- Antworten Sie niemals spontan mit „ja", wenn Sie sich nicht absolut sicher sind.
- Lassen Sie sich nicht überrumpeln. Antworten Sie zum Beispiel: „Das kann ich Ihnen im Moment nicht sagen. Ich muss erst einmal meine Termine prüfen und gebe Ihnen dann in zehn Minuten Bescheid." Denken Sie in Ruhe darüber nach, bevor Sie zusagen.
- Fragen Sie sich, welche Vor- und Nachteile es für Sie hat, „nein" zu sagen. Treffen Sie aufgrund dieser Frage Ihre Entscheidung: Wenn Sie sich gute Chancen ausrechnen, befördert zu werden, wenn Sie ein weiteres Projekt annehmen, sollten Sie natürlich „ja" sagen (Sie werden dazu im Rahmen der Karriereplanung außerhalb dieses Kurses das Thema Selbstverantwortung und Engagement noch näher beleuchten.) Wenn Ihre Kollegin Sie aber zum hundertsten Mal bittet, Ihnen mit dem Bericht für die Kunden zu helfen, obwohl das eigentlich nicht Ihre Aufgabe ist, sagen Sie konsequent „nein".

Rechnen Sie damit, dass einigen Kollegen Ihre neue Art, auf manche Wünsche mit Ablehnung zu reagieren, nicht gefallen wird. Denn das bisherige Verhältnis war natürlich viel bequemer für sie. Lassen Sie sich durch verärgerte Reaktionen nicht entmutigen. Erklären Sie Ihre Gründe, warum Sie „nein" sagen, immer gut, denn eine gut erläuterte Ablehnung wird von den meisten Menschen akzeptiert und verschafft Ihnen sogar Respekt.

Zusammenfassung Kapitel 2

– Es gibt **elf Todsünden** der Kommunikation, die Sie auf keinen Fall anwenden dürfen: > Andere bewerten > Trösten, ohne auf das Problem des anderen wirklich einzuge-hen > Alles psychologisch analysieren und andere etikettieren > Ironische Bemer-kungen machen > Unangebrachte Fragen stellen > Anderen befehlen > Andere be-drohen > Ungebetene Ratschläge geben > Vage sein > Informationen zurückhalten > Ablenken

– Machen Sie sich klar, dass der **Einstieg** für das Gesprächsergebnis ungeheuer wichtig ist. Mit einem guten Einstieg haben Sie schon halb gewonnen. Überlegen Sie sich deshalb im voraus genau, was Sie mit einem Gespräch erreichen und wie Sie es be-ginnen wollen. Geben Sie Ihrem Gespräch einen verbalen Rahmen, in dem Sie die zu Beginn die Inhalte festlegen: „Heute möchte ich mit Ihnen über XY diskutieren."

– Verwenden Sie die **angemessenen Worte**. Halten Sie Ihre Wortwahl neutral-freundlich und stimmen Sie sie auf Ihren Kommunikationspartner ab. Vermeiden Sie Unterstellungen und Vorwürfe. Das führt zu nichts außer schlechter Stimmung und Leistungsabfall.

– Sprechen Sie immer **nur für sich selbst**. Verwenden Sie dazu Ich-Aussagen.

– Üben Sie sich in der Kunst, die **richtigen Fragen** zu stellen. Vermeiden Sie Sugges-tivfragen, schuldandeutende Fragen, hypothetische Fragen, Imperativfragen, ver-schleiernde Fragen und sogenannte „doppelte" Suggestivfragen: „Finden Sie nicht auch, dass schnelles Tippen heutzutage unerlässlich ist? ... Warum brauchen Sie dann so lange?"

– **Bitten** ist besser als befehlen. Mit Befehlen erreichen Sie zwar kurzfristig, dass Ihre Arbeit ausgeführt wird, längerfristig steuern Sie damit jedoch auf ein Desaster zu. Fragen Sie deshalb freundlich, erläutern Sie Konsequenzen, wenn man Ihrer Bitte nicht nachkommt und lassen Sie Ihren Kollegen auf der Basis ausreichender Infor-mationen selbst entscheiden.

– **Feedback** ist für eine erfolgreiche Kommunikation unerlässlich. Sparen Sie nicht mit allgemein- positivem und spezifisch-positivem Feedback. Vermeiden Sie allgemein-negatives Feedback und verwenden Sie spezifisch-negatives Feedback nur sehr vorsichtig, mit neutralen Wörtern und ohne hämischen Unterton.

– Vermeiden Sie auch bei **Konfliktgesprächen** Vorwürfe, Unterstellungen und persönli-che Deutungen. Lassen Sie sich durch „Wie"- „Was"- und „Welche"-Fragen die Ursa-che des Problems erklären. Zeigen Sie Ihrem Gesprächspartner, dass Sie ihn und sei-nen Standpunkt respektieren und gemeinsam an einer guten Lösung arbeiten wollen.

– Wenn es Ihnen schwer fällt, „nein" zu sagen, sollten Sie sich klarmachen, dass Sie sich selbst damit keinen Gefallen tun, immer zu allem „ja" zu sagen. Lassen Sie Ihre Gutmütigkeit und Hilfsbereitschaft nicht ausnützen! Wenn die anderen Sie nur mö-gen, weil sie immer alles von Ihnen bekommen, ist das eine schlechte Basis für Freundschaft. Wenn Sie Ihr „nein" gut begründen, verschaffen Sie sich Respekt für Ihre Person und Ihre eigenen Bedürfnisse.

3. Wie man gute Informationen empfängt

Nachdem wir in Kapitel 2 besprochen haben, wie Sie in Ihrer Rolle als Sender von Nachrichten optimal agieren, wenden wir uns nun Ihrer Rolle als Empfänger, also in der Regel als Zuhörer zu.

> **Lernziele dieses Abschnitts:**
> Nachdem Sie diesen Abschnitt durchgearbeitet haben, sollten Sie wissen
> – wie Sie Ihrem Gesprächspartner als guter Zuhörer entgegentreten,
> – was aktives Zuhören genau bedeutet,
> – wie Sie mit Zuhören die besten Informationen empfangen können, die Sie benötigen.

3.1 Schenken Sie dem Sprecher Ihre ganze Aufmerksamkeit

Mangelnde Aufmerksamkeit beim Kommunikationsprozess ist die Quelle vieler Missverständnisse und Schwierigkeiten. Der erste Schritt, um gute Informationen zu erhalten, besteht darin, sich voll und ganz auf den Sprecher zu konzentrieren. Schauen Sie also nicht erst auf, wenn etwas Wichtiges in den Raum gestellt wird. Wenn Sie dem Sprecher Ihre ganze Aufmerksamkeit schenken, wird es Ihnen auch leichter fallen, die Dinge aus seiner Perspektive zu sehen, um ihm eine faire und adäquate Antwort zu geben. Es wäre fatal, ihn zu unterbrechen, sich bereits eine Erwiderung zurechtzulegen, während der andere noch spricht oder voreilige Schlüsse zu ziehen, weil man gar nicht mitdenkt und nur das hört, was man selbst hören will bzw. vom anderen erwartet. Der Sprecher merkt sofort, wenn Sie nicht bei der Sache sind. Dann wird er sich wenig ermuntert fühlen, gute Informationen zu geben. Außerdem können Sie damit rechnen, dass er Ihnen ebenso wenig zuhören wird wie Sie ihm.

Stellen Sie zunächst sicher, dass Sie auch wirklich Zeit haben. Wenn nicht, vertagen Sie das Gespräch. Signalisieren Sie Ihrem Kommunikationspartner Aufmerksamkeit, indem Sie Blickkontakt herstellen, locker und offen, aber dennoch respektvoll sitzen und sich ihm zuwenden. Nicken Sie ab und zu, damit er sich vergewissern kann, dass Sie noch bei der Sache sind.

Fällen Sie niemals Urteile. Bewerten Sie nicht, sondern versuchen Sie zu verstehen. Sonst würde dieses Gespräch mit Sicherheit wesentlich mehr Schaden anrichten als Nutzen stiften (vergleichen Sie dazu auch die erste kommunikative Todsünde aus Kapitel 2.1).

Hören Sie immer aufmerksam zu, um die Motive und den Persönlichkeitstyp des Sprechers zu entdecken und optimal darauf reagieren zu können. Die Konzentration auf den Sender, der Blickkontakt usw. öffnet auch die Möglichkeit bzw. ist Voraussetzung für die Wahrnehmung von Gestik und Mimik. Nur so kann nachvollzogen werden, welche Bedeutung der Sender der Botschaft beimisst, wie eindringlich oder wie unsicher er ist, je nach dem Grad der Übereinstimmung von verbaler und nonverbaler Botschaft. Wenn Ihnen etwas nicht ganz klar ist, fragen Sie lieber nach, etwa: „Habe ich Sie richtig verstanden, dass …" Der Sprecher wird daraus schließen, dass Sie ihm wirklich zuhören und seine Mitteilungen für Sie interessant und aufschlussreich sind. So wird er weiter der Maxime, gute Informationen zu senden, nacheifern.

3.2 Von der Kunst des Zuhörens

Machen Sie sich klar, dass Zuhören und Anhören zwei verschiedene Sachen sind. Richtig zuhören können ist eine Kunst. Sie schließt nicht nur – wie beim *An*hören – die Ohren, sondern auch die Augen und vor allem das Herz mit ein. Wahres Zuhören verlangt von uns, dass wir uns selbst, unsere Erwartungen und Wünsche, Vorurteile und Meinungen beiseite legen. Nur so können wir uns wirklich in die Perspektive unseres Gesprächspartners hineinversetzen.

Zuhören ist eine anspruchsvolle Fähigkeit, die ohne viel Übung kaum zu erreichen ist. Allein die gute Absicht genügt da nicht. Zuhören ist manchmal anstrengend, kostet viel Mühe und Selbstdisziplin, ist aber für eine erfolgreiche Kommunikation unerlässlich. Es kann Missverständnisse und Konflikte vermeiden und gute Beziehungen auf- und ausbauen. Noch dazu ist Zuhören eine wichtige Führungseigenschaft, die oft unterschätzt wird. Erst wenn gute Informationen auch wirklich empfangen werden und auf ihnen aufgebaut wird, ist eine gute Teamarbeit möglich.

> Deswegen sollten Sie Ihrem Kommunikationspartner stets die Botschaft: „Ich möchte alles, was du zu sagen hast, hören und verstehen." vermitteln. Unterbrechen Sie in Sprechpausen nicht. Ihr Mitarbeiter braucht sie zum Nachdenken und rekapitulieren. Fassen Sie eventuelle Rückmeldungen sehr kurz, damit Ihre Konzentration auf den Sprecher gerichtet bleibt.

3.3 Stellen Sie die richtigen Fragen

In Kapitel 2.4 haben wir schon ein wenig über das Fragen erfahren. Unsere Kenntnisse wollen wir an dieser Stelle ausbauen. Denn es ist überaus wichtig, Fragen zu stellen. Einerseits, um unserem Kommunikationspartner zu helfen, gute Informationen zu senden, andererseits um seine Wünsche, Bedürfnisse, Hoffnungen und Ängste, aber auch seinen Persönlichkeitstyp zu ermitteln.

Wer fragt, der führt, besagt ein bekannter Ausspruch, und in der Tat wissen wir seit den antiken Philosophen, dass die größten und wichtigsten Erkenntnisse erst durch Fragen gewonnen wurden.

Zunächst ist die Unterscheidung zwischen **offenen** und **geschlossenen Fragen** wichtig.

Auf **geschlossene** Fragen kann der Befragte nur mit „ja", „nein" oder einer kurzen faktischen Angabe antworten. Beispiele: „Warst du im Sommer im Urlaub?", „Gefällt Ihnen Ihre Arbeit?" oder „Haben Sie schon mit Montreal telefoniert?" Alternativfragen, die Sie schon kennen gelernt haben, sind ebenfalls geschlossene Fragen.

Offene Fragen, also Fragen, auf die der andere ausführlicher antworten kann – und Ihnen damit wertvolle Informationen vermittelt – sind, bezogen auf unsere ersten Beispiele, „Wo warst du im Sommer im Urlaub?", „Erzählen Sie doch, was Ihnen am meisten an Ihrer Arbeit gefällt." und „Was hat unsere Dependance in Montreal denn zu dem neuen Werbekonzept gesagt?"

Wie Sie an den Beispielen sicher schon erkannt haben, hat die offene Frage keine feste Form, fängt aber oft mit Fragewörtern wie „wer", „was", „wo", „warum" oder „wie" an. Eine offene Frage kann auch eine Aussage oder Aufforderung wie „Erzählen Sie doch, was Ihnen an Ihrer Arbeit am meisten gefällt." sein. Wichtig ist außerdem, dass eine offene Frage niemals schon die Antwort vorwegnehmen sollte (vgl. Suggestivfragen). Sagen Sie besser: „Was könnte man an dem neuen Konzept noch verbessern?" als „Wie gefällt Ihnen unser neues Konzept?"

Wenn es eine Wertung für offene und geschlossene Fragen gibt, so sollten Sie sich mit den offenen Fragen anfreunden. Der durchschnittliche Kommunizierende, zu denen Sie ja nicht mehr gehören, verwendet zum unausgewogen größeren Teil die schlechten geschlossenen Fragen.

> Üben Sie offene Fragen. Fast jede geschlossene Frage können Sie in eine offene Frage umformulieren. So signalisieren Sie Ihr Interesse und erhalten regelmäßig viel mehr Informationen. Das Wichtigste ist jedoch, dass sich Ihr Kommunikationspartner unbewusst wesentlich wohler mit Ihnen fühlt.

Geschlossene Fragen sind nur dann sinnvoll, wenn Sie das Gespräch in eine bestimmte Richtung lenken wollen. Dies wird öfter im Gespräch mit Verhandlungspartnern als mit Kollegen der Fall sein. Fragen Sie dann zum Beispiel: „Könnten wir die Sitzung nicht doch auf Morgen verschieben?" (Weil Sie wollen, dass sie verschoben wird!)

Aber Achtung, nicht jede offene Frage ist gut.

Im Allgemeinen sollten Sie Fragen vermeiden, die mit „Warum" anfangen, da so leicht ein Verhörcharakter entsteht oder der Angesprochene sich kritisiert fühlt und auf Abwehr schaltet (etwa: „Warum hast du dieses und jenes getan?"). Andererseits lädt diese Frage den Befragten ein, seine Motive zu erläutern („Warum möchtest Du das?").

Wenn Sie eine effiziente Kommunikation führen wollen, was Sie immer dann tun sollten, wenn Sie konkrete Ziele verfolgen (also überall außer am Stammtisch), dann sollten Sie ein Gespräch ebenfalls nicht mit der gefährlichen, von den Amerikanern gelernten Frage „Wie geht es Ihnen / Dir?" einleiten.

Die Amerikaner verwenden diese Frage nicht umsonst nur als Floskel, auf die sie in der Regel nicht antworten, sondern nur mit selber Frage erwidern.

Mit der sehr offenen Frage „Wie geht es Ihnen?" können Sie Ihren Gesprächspartner einladen, sich Ihnen gegenüber über die schlimmsten Übel dieser Welt auszuleeren, welche Krankheiten gerade herrschen, wie schlecht die Politik und die Wirtschaft sind und so weiter. Vergessen Sie nicht, dass sehr viele Menschen negativ eingestellt sind. Auf eine dermaßen offene Frage wie „Wie geht es Ihnen?" erhalten Sie also ein gutes Abbild der persönlichen Einstellung. Andererseits gehen Sie das überdurchschnittliche Risiko ein, durch diese an sich nett gemeinte Frage eine **starke negative Grundstimmung** aufzubauen, und das Gespräch zusätzlich **stark in die Länge zu ziehen**. Im schlimmsten Fall kann es Ihnen passieren, dass Sie das Gespräch nochmals vertagen müssen.

Wenn Sie sich wirklich nach dem Wohlbefinden des Gesprächspartners erkundigen wollen, tun Sie sich und Ihrem Gegenüber einen großen Gefallen, wenn Sie Ihre Frage auf die **positiven Aspekte** fokussieren, zum Beispiel „Was gab es letzte Woche besonders Gutes?", „Was ist heute besonders gut gelaufen?", „Du siehst so gut gelaunt aus. Was ist geschehen?" oder dergleichen.

Sie sollten Ihre Fragen von vornherein immer bedacht einsetzen, also niemals unnötige Fragen stellen. Auf Suggestivfragen sind wir in Kapitel 4.1.1 schon eingegangen. Kommen wir noch einmal kurz darauf zurück:

Suggestivfragen
Eine Suggestivfrage beinhaltet praktisch schon die Antwort. Der Gefragte kann dem Sprecher kaum ausweichen und hat damit keine Chance, seinen eigenen Standpunkt

darzustellen. Typische Suggestivfragen sind zum Beispiel: „Das werden Sie doch bis heute Nachmittag fertig tippen, oder?", „Dir schmeckt das Essen doch, Schatz?" oder „Würden Sie sich nach London versetzen lassen, wenn ich es Ihnen anbieten würde?"

Wie schon erwähnt, bringt diese Art von Fragen überhaupt nichts – und schon gar keinen Informationsfluss. Unterlassen Sie Suggestivfragen lieber, wenn Sie an einer positiven Kommunikation interessiert sind. Sie können allerdings solche Fragen in Verhandlungen verwenden, um in die Richtung Ihres Zieles zu lenken. Das verlangt ebenfalls gute Übung.

Mehrfachfragen
Das ist eine Frage, die gleich mehrere Fragen auf einmal enthält. Das wird für den Gefragten schnell zum Verwirrspiel, weil er nicht weiß, was er zuerst beantworten soll. Meist wird auf diese Weise nur die letzte Frage beantwortet, weil die noch am „frischesten" im Gedächtnis ist. Die vorher gestellten Fragen erscheinen so schnell bedeutungslos. Befriedigende Informationen wird man auf diese Weise also nicht erhalten.

Einige Beispiele für Mehrfachfragen:

„Wann bist du aus Mexiko wieder zurückgekommen? War die Reise anstrengend? Hast du bei dem Treffen etwas erreicht? Habt Ihr euch auf die wichtigsten Punkte des neuen Konzepts geeinigt? Musst du dieses Jahr noch einmal dorthin?"

„Sie sind mir in letzter Zeit so still und traurig vorgekommen. Haben Sie familiäre Probleme? Ist es etwas Finanzielles? Oder bedrückt Sie etwas anderes? Oder fühlen Sie sich in unserer Abteilung nicht wohl? Sind Sie überarbeitet? Oder bewerte ich die Situation über?"

Gerade das letzte Beispiel dürfte Ihnen verdeutlichen, dass der Angesprochene, wenn er jemals dazu bereit gewesen wäre zu sprechen, durch diesen Schwall an Fragen bestimmt keine Motivation hat, über sein Seelenleben zu plaudern.

Eine Aneinanderreihung von geschlossenen Fragen schafft zudem schnell eine Situation, die einem Verhör auf dem Polizeirevier gleicht – und wer empfindet diese Situation schon als angenehm? Fassen Sie lieber die eben gehörte Antwort kurz zusammen, bevor Sie zur nächsten Frage übergehen. Dann schließen Sie Verhörcharakter von vornherein aus.

Beziehen wir uns wieder auf das oben genannte Beispiel: „War die Reise anstrengend?" – „Nicht allzu sehr; inzwischen sitzt man in den Flugzeugen ja bequem, und der Transfer zum Hotel hat reibungslos geklappt." – „Das war dann ja ein guter Ausgangspunkt für das Meeting. Wie ist es dir denn dort ergangen?" – „Es ist alles wunderbar gelaufen. Wir waren uns in den allermeisten Punkten sofort einig. Die anderen Verhandlungspunkte haben wir gründlich diskutiert und sind so zu einer guten Lösung für alle gekommen ..."

Wenn Sie diese kleine Regel beherzigen, werden Sie oft genug wesentlich mehr Informationen erhalten, als wenn Sie geschlossene Frageketten aufführen. Außerdem wird Ihr Kommunikationspartner sich wohl fühlen und schon deshalb von sich aus mehr wertvolle Botschaften senden als bei einem Gespräch mit Verhörcharakter.

Darüber hinaus sollten Sie Ihre Fragen immer auf neutrale Weise und in neutralem Ton stellen. Der Angesprochene wird es intuitiv merken, wenn Ihre Stimme einen provokativen Unterton hat, oder wenn Sie ihn bereits mit Ihrer Frage verurteilen, ohne auf seine Antwort wirklich einzugehen.

Zum Beispiel Kollegin A zu Kollegin B höhnisch: „Warum haben Sie das File denn nicht in der Version sowieso abgespeichert? Wollen Sie, dass nicht alle Zugang zu den Daten haben?" Das wird Kollegin B verärgern und vielleicht sogar verletzen. Die bessere Variante: Ich-Aussage-Erklärung-Bitte: „Ich konnte leider das File XY nicht öffnen. Auf meinem PC ist Ihre Version noch nicht installiert. Könnten Sie es bitte in der anderen Version speichern?"

3.4 Verwenden Sie allgemeine, sondierende und nonverbale Fragen

Allgemeine Fragen
Eine allgemeine Frage führt in ein Thema ein bzw. legt dieses fest.

„Matthias, du hast gerade die Schwierigkeiten im Finanzplan erwähnt. Könntest du mir diese Schwierigkeiten bitte erläutern?"

> Sie sollten sich immer schon am Anfang Ihres Gesprächs darüber im Klaren sein, was Sie eigentlich erfahren möchten und in welche Richtung die Konversation gehen soll. Mit der allgemeinen Frage zum Einstieg machen Sie den ersten Schritt in Richtung Ziel.

Sondierende Fragen
Das sind Fragen, die das Thema weiter vertiefen, über das Sie mehr erfahren möchten.

„Wie sind Sie weiter fortgefahren?"
„Wie kam es dazu?"
„Wie empfanden Sie die Situation?"
„Erzähl' uns mehr davon."
„Was ist dann passiert?"

Achten Sie auch hier darauf, beim Thema zu bleiben. Eine Frage, die mit „Übrigens" anfängt, dürfte so gut wie immer vom Thema wegführen. Heben Sie sich diese Frage lieber für später auf und versuchen Sie weiter, mehr zu erfahren.

Nonverbale Fragen
Wie der Name schon andeutet (non-verbal = „nicht mit Worten"), geht es hier nicht um Wörter. Fragen Sie zum Beispiel, indem Sie die Augenbrauen hochziehen, eine abwartende Pause machen oder ein fragendes „Mmh?" (also mit steigender Betonung, anders als das zustimmende, abklingende „Mmh") einsetzen. So werden Sie die Leute ermuntern, fortzufahren.

Helfen Sie anderen dabei, ihre Aussagen präzise zu gestalten
Sie haben sicher schon einmal erlebt, dass Ihr Gesprächspartner eine vage Aussage gemacht hat, mit der Sie wenig oder gar nichts anfangen konnten, wie zum Beispiel:

„Sie ist so unzuverlässig!"
„Das kann ich nicht akzeptieren!"
„Das ist viel zu wenig!"

Wenn Sie ihm helfen, seine Aussage zu präzisieren, werden Sie mit Sicherheit bald wissen, was der andere gemeint hat. Fragen Sie also sinngemäß: „Was heißt (der vage Begriff) konkret?" Oder: „Was meinen Sie mit (dem vagen Begriff) genau?" Fragen Sie also gewissermaßen nach der Definition.

Hierzu wieder die oben genannten Beispiele:
„Sie ist so unzuverlässig!"
Ihre Antwort*: „Wie zeigt sich das konkret?"*

„Das kann ich nicht akzeptieren!"
Ihre Antwort: *„Können Sie mir bitte genauer erklären, warum es für Sie nicht akzeptabel ist?"*

„Das ist viel zu wenig!"
Ihre Antwort: *„Mir ist nicht ganz klar, was Sie mit „viel zu wenig" meinen. Wie kann ich es denn verbessern, dass es Ihren Erwartungen entspricht?"*
Oder: *„Auf welche Weise ist es viel zu wenig?"*

Bitten Sie bei heiklen Fragen um Erlaubnis
Ab und zu sind heikle Fragen unumgänglich. Bitten Sie immer um Erlaubnis, bevor Sie beispielsweise bei einer persönlichen Angelegenheit mit der Tür ins Haus fallen. Erklären Sie die Notwendigkeit der Frage, seien Sie einfühlsam und höflich.

„Vor einem eventuellen Auslandseinsatz müsen wir immer in Erfahrung bringen, ob die Familie des Betroffenen einverstanden ist. Ist es Ihnen Recht, wenn ich dazu ein paar Fragen stelle? ..."

Überprüfen Sie sich auch hier immer wieder, keinen schnippischen und provokativen, sondern einen neutralen, freundlichen Ton anzuschlagen. Wenn Ihr Kommunikationspartner merkt, dass Sie mit und nicht gegen Ihn reden wollen, werden Sie schnell zu einer gemeinsamen Lösung finden.

Im Allgemeinen sollten Ihre Fragen immer darauf abzielen, gute Informationen zu erhalten und diese weiterzugeben. Vergewissern Sie sich mit Ihren Fragen, ob eine klare Kommunikation stattgefunden hat, bevor Sie fortfahren. So sparen Sie sich Zeit, Frust und Ärger!

Auf Fragetechnik werden wir auch später, wenn es um Verhandlungstechnik geht, noch einmal sehr genau eingehen.

Zusammenfassung Kapitel 3

- Gute Informationen zu **empfangen** ist ebenso wichtig, wie gute Informationen zu senden. Schenken Sie deshalb Ihrem Kommunikationspartner Ihre volle Aufmerksamkeit. Hören Sie ihm wohlwollend zu, unterbrechen Sie ihn nicht und fragen Sie gezielt nach, um mehr Informationen zu erhalten.
- Verwenden Sie **geschlossene Fragen** nur, um dem Gespräch eine bestimmte Richtung zu geben. Stellen Sie ansonsten offene Fragen, um mehr Informationen zu erhalten. Vermeiden Sie „Warum"-Fragen. Die klingen schnell provokativ und wie bei einem Verhör.
- Verzichten Sie außerdem auf **Suggestivfragen** und **Mehrfachfragen**. Verwenden Sie lieber allgemeine Fragen (führen auf ein Thema hin), sondierende Fragen (vertiefen das Thema) und nonverbale Fragen (ermuntern zum Weitersprechen).
- **Helfen** Sie anderen dabei, ihre Aussagen **präzise** zu gestalten. Fragen Sie freundlich nach und bitten Sie um eine Erklärung.
- Bitten Sie bei **heiklen Fragen** um Erlaubnis. Der andere kann sich so leichter darauf einstellen und wird unverkrampft reagieren.
- Gebrauchen Sie intelligente Fragen als **Führungsinstrument**. Sie sollten immer darauf abzielen, gute Informationen zu erhalten und diese weiterzugeben. Stellen Sie durch Rückfragen sicher, ob Sie Ihren Kommunikationspartner richtig verstanden haben.

4. Wie Sie sich am besten schriftlich ausdrücken

Neben der **mündlichen** Kommunikation, die die am meisten praktizierte Kommunikationsform darstellt, steht die **schriftliche Kommunikation**, auf die wir hier kurz eingehen wollen. Sie senden und empfangen schriftlich. Das hier Gesagte gilt in erster Linie für den Schreiber.

Die schriftliche Kommunikation stellt vielleicht eine noch größere Herausforderung an den Sender dar. Es ergibt sich **kein sofortiges Feedback** während der Kommunikation und man kann also nicht reagieren auf ein im Gespräch erkennbares Unverständnis oder eine negative Reaktion.
Für die schriftliche Kommunikation müssen Sie sich also darauf konzentrieren, Ihren Punkt klar und deutlich zu formulieren und dabei das Interesse des anderen zu wecken. Dafür sollten Sie sich über dessen Situation klar werden. Welche Informationen oder Vorkenntnisse stehen ihm zur Verfügung. Welche Details müssen Sie also erklären oder umgekehrt, womit würden Sie ihn langweilen? Ist Ihr Brief oder Ihr Memo auch noch klar genug, wenn es ein Dritter, der Teamkollege, oder der Vorgesetzte des Empfängers liest? Ist der Inhalt objektiv oder machen Sie sich mit der einen oder anderen Aussage angreifbar? Soll der Text rein informativ sein oder suchen Sie Zustimmung für ein Anliegen?

Lernziele dieses Abschnitts:
Nachdem Sie diesen Abschnitt durchgearbeitet haben, sollten Sie wissen
– wie man inhaltlich und formal schreibt und
– wie man seinen Text leserfreundlich gliedert.

4.1 Fassen Sie sich kurz, klar, konkret und gut verständlich

Für die schriftliche Kommunikation gelten ähnliche Grundregeln wie für das Gespräch: Fassen Sie sich kurz, klar, konkret und gut verständlich. Viele Geschäftsleute arbeiten ständig unter Zeitdruck. Sie werden kaum einen Brief einige Male lesen, um ihn zu verstehen. Fassen Sie Schriftliches deshalb so ab, dass es leicht lesbar und gut verständlich ist. Verwenden Sie also lieber knappere Sätze, als Sätze, die die halbe Seite einnehmen. Das gleiche gilt für Wörter: Lieber kurze, geläufige Wörter als „Endloswörter", mit denen niemand etwas anfangen kann. (Oder lesen Sie etwa gerne: Arbeitsplatzbrandschutzmaßnahmenbefragung?) Perfekte Grammatik und Rechtschreibung sind natürlich Voraussetzung.

Wenn Sie in Ihrem Text ein längeres Wort, das als einziges die korrekte Bedeutung trifft, verwenden müssen, ist das in Ordnung. Streichen Sie also nur die überflüssigen langen Wörter. Gebrauchen Sie ansonsten wie bei der mündlichen Kommunikation prägnante und bedeutungsvolle Wörter – nichts ist schlimmer als vage Aussagen, mit denen der Empfänger nichts anfangen kann. Fremdwörter, die nicht im allgemeinen Sprachgebrauch vorkommen, sollten Sie so weit wie möglich vermeiden. Sie werden den Leser eher langweilen als ihn dadurch zu beeindrucken.

Stellen Sie Ihre Hauptargumente deutlich heraus; lassen Sie den Leser Ihr Anliegen nicht „erraten", sondern seien Sie konkret. Schreiben Sie sich dazu am besten den Zweck Ihres Schreibens auf ein Schmierblatt. So wird es Ihnen leichter fallen, schnurstracks auf Ihr Ziel zuzugehen, ohne beim Schreiben abzuschweifen. Eine optische Hervorhebung oder gar Gliederung Ihrer Gedanken kann auch nicht schaden.

An komplexen Satzkonstruktionen können sich vielleicht Sprachwissenschaftler erfreuen, andere Leute jedoch eher selten. Eine gute Satzlänge liegt im Allgemeinen unter **18 Wörtern**. Sie können zur Auflockerung gerne auch kurze Sätze, die weniger als zehn Wörter haben, einsetzen. Wenn Sie die Komplexität reduzieren, erhöhen Sie gleichzeitig die Verständlichkeit. Das soll natürlich nicht heißen, dass Sie ab jetzt nur noch Hauptsätze aneinander reihen. Kontrollieren Sie sich einfach, dass Ihre Texte wirklich hundertprozentig verständlich sind – auch für Menschen, die sich weniger lang mit einer bestimmten Thematik beschäftigt haben als Sie selbst. Stellen Sie immer sicher, dass der Leser alle Informationen erhält – nicht mehr und auch nicht weniger.

Machen Sie sich darüber hinaus klar, dass der Kommunikationsstil des Textes immer auf den Leser abgestimmt sein sollte. Schreiben Sie einen Brief an Freunde, einen Ihnen unbekannten Personalchef oder einen flüchtigen Geschäftspartner? Soll der Ton eher herzlich oder förmlich sein? Das sind Fragen, die Sie sich selbst **vor** dem Schreiben beantworten müssen.

4.2 Der Text

Stellen Sie das Wesentliche in einem eigenen Absatz voran. Der erste Blick geht immer an den Anfang des Textes. Setzen Sie kurze Absätze ein, um den Text visuell aufzulockern. Erstellen Sie ein leserfreundliches Layout, keine „Textwüsten". (Setzen Sie hierzu Absätze, (eventuelle) Grafiken sowie eine sofort erkennbare Grobgliederung ein.) Kündigen Sie in Ihrer **Einleitung** (nicht länger als ein oder zwei Sätze!) an, was Sie mitteilen wollen. Legen Sie im **Hauptteil** Ihre Punkte und Anliegen dar. Resümieren Sie diese gegebenenfalls im **Schluss** und deuten Sie die daraus hervorgehenden Konsequenzen und Schritte an.

Bieten Sie Überschriften und Zusammenfassungen, soweit Ihnen das der Texttyp ermöglicht. Fassen Sie die Quintessenz eines langen Berichts zum Beispiel auf einer Seite zusammen. Bei einem etwa einseitigen Memo können Sie durch einen treffenden Untertitel eine gelungene Zusammenfassung erreichen.

Und zum Schluss: Lesen Sie alles noch einmal sorgfältig durch. Gibt es etwas Überflüssiges, das Sie noch streichen könnten? Oder fehlt an einer Stelle der Zusammenhang, der noch hergestellt werden muss? Überprüfen Sie außerdem Grammatik und Rechtschreibung aufs Genaueste. Sie werden sicher noch den einen oder anderen Fehler entdecken, der Ihnen sonst nicht aufgefallen wäre.

Vielleicht kann Ihnen auch ein Kollege helfen. Lassen Sie ihn doch einen Blick über den Text werfen und einen Kommentar abgeben.

Machen Sie sich immer klar, dass **Sie wissen**, was Sie sagen wollen, der **Leser jedoch nicht**. Tun Sie alles, um Ihren Text selbst, aber auch sein Layout **leserfreundlich** zu gestalten. So werden Sie erreichen, dass der Adressat Ihre Botschaft auch wirklich empfängt. Denn nur eine richtig empfangene Botschaft ist auch eine gute Botschaft.

Zusammenfassung Kapitel 4

- Fassen Sie sich auch schriftlich **kurz, klar, konkret und gut verständlich**. Verwenden Sie prägnante Wörter und machen Sie sich vor dem Schreiben das Anliegen Ihres Textes klar. Dann können Sie es beim Abfassen Ihr Ziel leichter im Auge behalten und schweifen nicht ab.
- Setzen Sie **Absätze, Über-** und **Teilüberschriften** wirkungsvoll ein. Bieten Sie kurze Zusammenfassungen an, die das Wichtigste noch einmal herausstellen.
- Sagen Sie am **Anfang** in ein oder zwei Sätzen, warum Sie diesen Text schreiben. Legen Sie im Hauptteil Ihre Anliegen dar. Resümieren Sie diese gegebenenfalls im Schluss und deuten Sie die daraus hervorgehenden Konsequenzen und Schritte an.
- Überprüfen Sie am Schluss Ihren Text auf **Vollständigkeit** und **Verständlichkeit**. Beheben Sie eventuelle Grammatik- und Rechtschreibfehler. Stellen Sie sicher, ob Ihr Anliegen wirklich deutlich formuliert worden ist und beim Empfänger richtig ankommt.

5. Telefonieren

Lernziele dieses Abschnitts:
Nachdem Sie diesen Abschnitt durchgearbeitet haben, sollten Sie wissen
– wann das Telefonat eine bessere Alternative zum Brief ist,
– wie Sie sich optimal auf ein Telefonat vorbereiten und
– wie Sie ein aktives und ein passives Telefonat führen.

Viele Menschen unterschätzen die Wirkung des Telefons zur erfolgreichen Kommunikation in allen Lebensbereichen unserer heutigen Zeit.
Obwohl die meisten Anliegen am schnellsten und effektivsten durch das Telefonat erledigt werden können, haben viele Menschen Hemmungen zum Telefonhörer zu greifen. Die größte Angst ist, auf Anhieb nicht die richtigen Worte zu finden, sich zu versprechen und dadurch einen schlechten Eindruck zu hinterlassen.

Andererseits können Telefonate zu unbedacht, das heißt zu ungeplant begonnen werden, obwohl sie wichtig sind. Doch mit etwas Übung und gründlicher Vorbereitung kann jeder zum Telefonprofi werden. Machen Sie das Telefon zu Ihrem stärksten Partner.

Das Telefon ist bei weitem das beste Instrument zur Kontaktaufnahme. Ob Sie sich für einen Job bewerben, einem Unternehmen ihre Produkte verkaufen oder Geschäftstermine vereinbaren wollen, das Telefon ist das oft geeignete Mittel, um Ihre kommunikativen Fähigkeiten unter Beweis zu stellen.

5.1 Brief oder Telefon?

Häufig greift man spontan zum Telefonhörer oder Stift, ohne sich Gedanken zu machen, was man eigentlich mit der Kontaktaufnahme erreichen möchte.

Ist es nun sinnvoller das Telefon oder den Brief zu benutzen? Entscheiden Sie nicht aus dem Bauch heraus, sondern überlegen Sie sich vorher genau, was Sie erreichen wollen. Je nach Anlass ist es daher angebracht, entweder das Telefon oder den Brief als Kommunikationsmittel zu gebrauchen.

Sie sollten zum **Stift** oder zur **Tastatur** greifen, wenn...

– die Sachlage komplex und detailliert ist,
– diese Informationen **an Dritte** weitergegeben werden können / sollen,
– Sie später eventuell **nachweisen** müssen, dass Sie Kontakt aufgenommen haben und mit welchem Inhalt.

Benutzen Sie das Telefon, wenn . . .

– ein **persönliches** Wort zur Klärung von Missverständnissen erforderlich ist
– Sie durch **Sympathie** Beziehungen aufbauen möchten
– es sich um eine **dringende Mitteilung** handelt
– Sie auf vorangegangene Briefe **keine Reaktion** erhalten haben.

5.2 Die Vorbereitung

Das wichtigste bei einem Telefonat ist die gründliche Vorbereitung. Je intensiver Sie sich vor einem Telefongespräch vorbereitet haben, desto gelöster und überzeugender können Sie sprechen. Beweisen Sie ihrem Gesprächspartner, dass Sie kompetent sind, indem Sie **gut vorbereitet** in das Gespräch gehen.

Sammeln Sie möglichst viele Informationen über ihren Telefonpartner. Es würde nicht viel Sinn machen, wenn Sie bei H. Müller anrufen, um ihr Kosmetika zu verkaufen, wenn H. Müller nicht Hannelore sondern Hans heißt. So banal dieses Beispiel ist, so soll es Ihnen zeigen, dass Sie alle grundlegenden Daten über Ihren Gesprächspartner zusammentragen sollten, die für das Gespräch wichtig sind, und zwar *bevor* Sie mit ihm telefonieren.

Wenn Sie häufig Telefonate mit gleichem Inhalt führen, sollten Sie sich eine Checkliste anfertigen. Diese können Sie als Grundliste beibehalten und später Notizen und Verbesserungen mit einfügen.

Diese Checkliste könnte folgendermaßen aussehen

1. Warum rufe ich diese Person / Firma an?
2. Wer ist mein Ansprechpartner?
   (Name, Position, Anrede, Abteilung)
3. Wann rufe ich am besten an?
   (Uhrzeit, Tag)
4. Was ist das Maximalziel*?
5. Was ist das Minimalziel*?
6. Mit welchem Satz eröffne ich das Telefonat?
   (Gesprächsaufhänger)
7. Sind Termine einzuhalten ?
8. Bis wann sind diese Termine einzuhalten?
9. Hat mein Gesprächspartner bereits Informationen vorab von mir bekommen?
10. Welche Fragen werde ich stellen?
11. Welche Fragen wird mein Gesprächspartner voraussichtlich stellen?
12. Wie lauten die bestmöglichen Antworten auf die Fragen des Gesprächspartners?

---

* im Abschnitt „Das aktive Telefonat" wird darauf näher eingegangen.

5.3 Gesprächsnotizen

Machen Sie sich während des Telefongesprächs immer Notizen. Legen Sie sich zu diesem Zweck Papier und Stift bereit. Auf ihren Gesprächspartner machen Sie keinen guten Eindruck, wenn Sie erst nach einem Zettel suchen müssen und er warten muß. Sie können durch Notizen besser auf das Gespräch eingehen, vergessen nichts und können fachgerechte Fragen stellen. Es ist keine Schande auf diese schriftliche Hilfestellung zurückzugreifen, sondern vielmehr ein Zeichen von Professionalität.

Am besten legen Sie sich neben Ihr Telefon einen Notizblock und einen Stift. Dadurch haben Sie immer die Möglichkeit mitzuschreiben, egal ob Sie angerufen werden oder selber anrufen.
Handelt es sich um äußerst wichtige Notizen, zum Beispiel Namen und Anschriften, dann teilen Sie ihrem Gesprächspartner mit, dass Sie sich diese notieren.

Sprechen Sie das zu Notierende nach, dadurch senken Sie das Redetempo ihres Telefonpartners, was Ihnen die Mitschrift erleichtern, andererseits kontrollieren Sie und Ihr Gesprächspartner, ob Sie das richtige aufschreiben.

Wenn Sie den Namen ihres Gesprächspartners nicht verstanden haben oder nicht wissen, wie die richtige Schreibweise des Namen lautet, lassen Sie sich diesen buchstabieren. Verwenden Sie zum Buchstabieren das gängige Buchstabierverzeichnis.

Deutsch				Englisch			
A	Anton	P	Paula	A	Alfred	P	Peter
B	Berta	Q	Quelle	B	Benjamin	Q	Queen
C	Cäsar	R	Richard	C	Charles	R	Robert
D	Dora	S	Siegfried	D	David	S	Samuel
E	Emil	T	Theodor	E	Edward	T	Tommy
F	Friedrich	U	Ulrich	F	Frederick	U	Uncle
G	Gustav	V	Victor	G	George	V	Victor
H	Heinrich	W	Wilhelm	H	Harry	W	William
I	Ida	X	Xantippe	I	Isaak	X	Xray
J	Julius	Y	Ypsilon	J	Jack	Y	Yellow
K	Kaufmann	Z	Zeppelin	K	King	Z	Zebra
L	Ludwig	Ä	Ärger	L	London		
M	Martha	CH	Charlotte	M	Mary		
N	Nordpol	Ö	Ökonom	N	Nellie		
O	Otto	SCH	Schule	O	Oliver		
		Ü	Übermut				

5.4 Das passive Telefonat (Sie werden angerufen)

Denken Sie daran: Die ersten Sekunden entscheiden über Sympathie und Antipathie. Wie auch immer Sie sich am Telefon melden, entnervt und gehetzt oder freundlich und offen, das Telefon ist eines ihrer größten Werbemittel – positiv wie auch negativ.

Achten Sie auf folgende Punkte:
- Stürmen Sie nicht ungebremst ans Telefon, atmen Sie noch einmal tief durch, bevor Sie zum Telefonhörer greifen.
- Lassen Sie das Telefon aber nicht zu lange klingeln, nach dem fünften Klingeln ist der Anrufer meist schon verärgert.
- Richten Sie ihre volle Aufmerksamkeit auf den Anrufer. Unterbrechen Sie ihre Arbeit und vergewissern Sie sich, das Sie möglichst nicht gestört werden.
- Vermeiden Sie Hintergrundgeräusche, wie zum Beispiel laute Musik.
- Notieren Sie sich den Namen Ihres Gesprächspartners, damit Sie diesen nicht vergessen.
- Seien Sie positiv und freundlich. Wenn Sie sich positiv fühlen, wird dies auch durch ihre Stimme ausgedrückt.
- Achten Sie auf ihre Körperhaltung. Setzen Sie sich bequem aber gerade hin. Sie werden erstaunt sein, wie die Körperhaltung die Stimmlage beeinflußt.
- Sollten Sie tatsächlich einmal so sehr im Streß sein oder mißgelaunt, bitten Sie eine andere Person ans Telefon zu gehen. Sie können dann zu einem günstigeren Zeitpunkt zurückrufen.

5.5 Das aktive Telefonat (Sie rufen an)

Im Gegensatz zum passiven Telefonat sind Sie beim aktiven Telefonat gegenüber Ihrem Telefonpartner im Vorteil.

Sie wissen, warum Sie anrufen und was ihr Ziel ist. Ihr Telefonpartner weiß dies zunächst nicht. Deshalb achten Sie darauf, dass Sie sich am Telefon deutlich melden. Nichts ist schlimmer als ein Anruf, bei dem man schon von Beginn an nicht versteht, mit wem man es eigentlich zu tun hat.
Melden Sie sich aus diesem Grund deutlich und freundlich am Telefon. Sprechen Sie Ihren Namen langsam, laut und verständlich, damit ihr Ansprechpartner Sie versteht.

Nachdem Sie sich vorgestellt haben, ist es wichtig eine Verbindung zum Gesprächspartner aufzubauen. Teilen Sie ihrem Telefonpartner zuerst mit, Worum es in dem Telefonat geht.

Setzen Sie sich ein Ziel, das Sie durch ihr Telefonat erreichen wollen. Am besten setzten Sie sich ein Maximal- und ein Minimalziel. Wenn Sie ihr Maximalziel, zum Beispiel den Job für den Sie sich bewerben wollten nicht bekommen, versuchen Sie ihr Minimalziel zu erreichen, das Sie sich vorher gesetzt haben. Dies kann zum Beispiel ein guter Rat für die nächste Bewerbung oder eine Empfehlung für eine andere Arbeitsstelle sein.

5.5.1 Die Gesprächseröffnung

Eröffnen Sie das Gespräch mit einem positiven Statement oder einer Gemeinsamkeit. Wichtig dabei ist, dass der Gesprächspartner möglichst gleich zu Beginn erfährt, welchen Nutzen er von ihrem Anruf hat.
Beziehen Sie sich, wenn möglich, auf Ereignisse, auf die Sie sich berufen können. Dies kann zum Beispiel eine Messe oder Berichte in Fachzeitschriften sein.
Fragen Sie ihren Gesprächspartner, ob er im Moment auch für Sie Zeit hat. Es macht keinen Sinn, wenn ihr Gesprächspartner keine Zeit hat und Ihnen nicht seine volle Aufmerksamkeit schenken kann. Sie können Ihr Telefonat noch so ausgiebig vorbereitet haben, Ihr Gespräch wird nicht seine volle Wirkung zum Ausdruck bringen können.

Vereinbaren Sie unbedingt eine konkrete Zeit für den Rückruf!

5.5.2 Der Gesprächsverlauf

Bauen Sie einen Kommunikationsvorgang zu ihrem Gesprächspartner auf.
Suchen Sie Gemeinsamkeiten, die Sie mit in das Gespräch einbringen können.

„Ach, Sie waren letztes Jahr in Spanien? Ich habe dort drei Jahre gelebt!"

Hierdurch schaffen Sie eine positive und kreative Atmosphäre. Werden Sie aber nicht zu ausschweifend in ihren Schilderungen. Die bloße Erwähnung von Gemeinsamkeiten reicht meist aus. Sonst kann es zu künstlich wirken.

Lassen Sie Ihren Telefonpartner zu Wort kommen und schenken Sie ihm Ihre volle Aufmerksamkeit. Geben Sie ihm ein positives Feedback und bringen Sie sich durch gelegentliches „aha" oder „ich verstehe" in das Gespräch mit ein. Das zeigt, dass Sie voll und ganz bei der Sache sind.
Vermeiden Sie aber übertriebene Ausdrücke; diese wirken sehr störend und hinterlassen einen schlechten Eindruck.

Sprechen Sie nicht zu hektisch, dadurch versprechen Sie sich schneller und können den Faden verlieren. Außerdem geben Sie Ihrem Zuhörer keine Chance, sich entspannt auf Ihr Gespräch einzulassen und zu begreifen, was Sie ihm überhaupt mitteilen wollen. Ihr Telefonpartner soll schließlich verstehen, was Sie ihm sagen wollen – deshalb, sprechen Sie langsam. Durch kurze Pausen in ihren Sätzen kann Ihr Gesprächspartner Ihren Gedankengängen besser folgen und bekommt die Chance, Fragen an Sie zu richten.

Gehen Sie auf die Fragen und Bedürfnisse ihres Telefonpartners ein, versuchen Sie ihm bei der Lösung von Problemen zu helfen und zeigen Sie ihm Alternativen auf. Versuchen Sie Vertrauen aufzubauen.
Machen Sie verständlich, dass Ihnen nicht nur Ihre Interessen wichtig sind, sondern auch seine. Zeigen Sie ihm, dass er ihnen wichtig ist. Vertrauen kann leicht durch falsche Behauptungen zerstört werden, deshalb seien Sie ehrlich und aufrichtig. Werden Sie einmal beim Flunkern erwischt, bekommen Sie diesen Makel nie wieder los, selbst dann nicht, wenn Sie vorher nie gelogen haben. Negatives prägt sich eher ein als positives.

5.5.3 Mit Namen anreden

Namen sind etwas sehr Persönliches! Die Verwendung von Namen ist ein nicht zu unterschätzender Pluspunkt. Die wohldosierte Verwendung von Namen kann die Aufmerksamkeit ihres Gesprächspartners wecken. Am ehesten funktioniert dies am Anfang eines Satzes.

„Herr Klemens, ich bin sicher, dass...“

Leitfaden:

– Nennen sie zuerst den Firmennamen und nach einer kurzen Pause ihren eigenen Namen.
– Haben Sie den Namen ihres Anrufes nicht verstanden? Fragen Sie noch einmal nach, lassen sich den Namen noch einmal nennen und ggf. buchstabieren.
– Erinnerungstaktik: Machen sie es ihrem Gesprächspartner so einfach wie möglich, ihren Namen zu behalten. Entweder wiederholen Sie ihren Namen nach der James-Bond-Methode:
　　„Mein Name ist Fischer, Wolfgang Fischer.....“

oder sie geben eine bildliche Überbrückungshilfe:
　　„Mein Name ist Schütt, wie Schutt, nur mit ü.....“

– Einprägetaktik: Machen Sie kleine Pausen im Satz.
　　„Mein Name ist...Schutt...“
Diese kurzen Pausen, helfen dem Zuhörer, sich ihren Namen besser einzuprägen.

Wenn Ihr Name nicht leicht zu verstehen ist, buchstabieren Sie ihn. Verwenden Sie dazu das unter „Gesprächsnotizen“ aufgeführte Buchstabenverzeichnis.

5.6 Reden ist Silber – Schweigen ist Gold

Gut zuhören zu können ist im Alltag unerlässlich, genauso verhält es sich beim Telefonieren. Dabei beschränkt sich das Zuhören nicht auf ein passives Schweigen. Wichtig ist das aktive Zuhören.

Das passive Zuhören bezieht sich lediglich auf die reine Informationsaufnahme ohne jegliche Einbringung in das Telefonat, wohingegen sich das aktive Zuhören durch Impulse der Kommunikation auszeichnet.

Aktives Zuhören bedeutet:
- Bestätigen Sie die Ausführungen ihres Telefonpartners, indem Sie Worte gebrauchen wie: „interessant" , „ja" , „ah" , „aha", „verstehe".
- Lassen Sie ihren Gesprächspartner aussprechen.
- Hören Sie aufmerksam zu. Spricht ihr Gesprächspartner ein Thema an, zu dem Sie etwas beizutragen haben?
- Lassen Sie ihren Gesprächspartner seine Sätze ganz ausformulieren. Fallen sie ihm nicht ins Wort.
- Versuchen Sie bei späteren Aussagen die Ausdrücke ihres Gesprächspartners aufzugreifen. Das signalisiert, dass sie genau zugehört haben.

5.7 Die Unhöflichkeitsfalle

Jeder von uns hat sich wohl schon einmal beim Telefonieren geärgert. Entweder war der gewünschte Gesprächspartner nicht zu erreichen, der Gesprächspartner schweigsam, reserviert oder unhöflich.

Denken Sie immer daran, es ist nicht nur wichtig *was* Sie sagen, sondern auch *wie* Sie es sagen!

Vermeiden Sie Sätze, in denen Sie negative Wörter verwenden, wie zum Beispiel „Ich will Ihnen keine falsche Auskunft geben. Ich muss mal schauen".
Verwenden Sie statt dessen lieber positive Sätze, wie „Ich möchte Ihnen eine richtige Auskunft geben, deshalb werde ich mich informieren. Ich werde gerne einmal nachschauen."
Dadurch strahlen Sie Zuversicht aus und geben ihrem Gesprächspartner ein gutes Gefühl. Zeigen Sie ihrem Gesprächspartner durch ihre Sprache, dass Sie bereit sind ihm zu helfen.

Leitfaden für mehr Höflichkeit:
- Vermeiden Sie den Eindruck, dass der Anrufer Sie stört und Sie eigentlich gar keine Zeit für ihn haben.
- Geben Sie ihrem Gesprächspartner das Gefühl, dass Ihnen seine Anliegen wichtig sind.
- Gehen Sie auf die Bedürfnisse des Telefonpartners ein.
- Unterbrechen Sie ihren Telefonpartner nicht, lassen Sie ihn aussprechen.
- Lächeln Sie, dadurch wird ihre innere Einstellung viel positiver!

5.8 Telefonieren mit Stimme

Mit unserer Stimme können wir das Telefonat wesentlich bestimmen. Nur durch ein optimales Einsetzten der Stimme können wir das Telefon perfekt nutzen. Unterstützen Sie deshalb Aussagen mit ihrer Stimme.

Ihr Gesprächspartner muss das Gefühl haben, mit einer kompetenten, zuverlässigen und freundlichen Person zu sprechen. Gefühle verbreiten sich über die Stimme, Fakten über das Produkt oder den Firmennamen. Deshalb ist die Stimme eine der tragenden Säulen des Telefonats.

So können Sie ihre Stimme variieren:

Tempo	Lautstärke	Stimmlage
schnell	laut	hoch
langsam	leise	tief

Generell gilt:

– Am Telefon sollten Sie lieber **langsam** sprechen, da Sie ihre Aussagen nicht durch Gestik unterstützen können.
– Achten Sie darauf, dass ihre Stimmlage **nicht zu monoton** ist. Durch Betonung bestimmter Wörter bringen Sie mehr Spannung in ihre Aussage und der Zuhörer kann ihnen aufmerksamer folgen. Zu viel Betonung ist aber auch falsch.
– Unterhalten Sie sich in normaler Zimmerlautstärke miteinander, es sei denn die Verbindung ist schlecht, was heutzutage jedoch selten vorkommt.
– Geben Sie acht auf eine saubere Aussprache. Verschlucken sie keine Endsilben. Hinderlich sind ebenfalls starke Dialekte, besonders, wenn der Gesprächspartner außerhalb des Heimatkreises ist.

5.9 Negativ-Telefonate

Schlechte Nachrichten lassen sich manchmal nicht vermeiden. Auch wenn diese Telefonate unangenehm sind, müssen sie erledigt werden.

Als erste Regel gilt: Kommen Sie **schnell** zum Thema! Es nützt nichts, um den heißen Brei herum zu reden. Die Hiobsbotschaft müssen Sie sowieso Ihrem Telefonpartner mitteilen.
Dem Überbringer schlechter Nachrichten werden meistens negative Empfindungen entgegengebracht. Nehmen Sie diese negativen Äußerungen nicht zu persönlich, im Eifer des Gefechts sagt man manchmal Sachen die nicht so gemeint sind. Bleiben Sie trotzdem immer höflich und gelassen, auch wenn dies schwer fällt. Versuchen Sie für ihren Telefonpartner Verständnis zu zeigen und teilen Sie ihm dies auch mit.

„Ich kann verstehen, dass Sie wütend sind Herr Müller....“, „Mir ist bewußt, dass...“

Machen Sie Ihrem Telefonpartner verständlich, was Sie alles getan haben, um diese negative Situation zu ändern. Schieben Sie jedoch die Schuld nicht auf andere. Das ist unfair und macht einen schlechten Eindruck. Geben Sie zu, wenn Sie Fehler gemacht haben. Zeigen Sie Ihrem Gesprächspartner durch Problemlösungen, dass Ihnen seine Probleme wichtig sind. Bagatellisieren Sie diese nicht, dies nimmt man Ihnen schnell übel.

Ist Ihr Telefonpartner trotz der negativen Nachricht verständnisvoll und einsichtig, dann bedanken Sie sich für sein Verständnis. Diese Geste ist leider noch viel zu wenig verbreitet.

Zusammenfassung 5. Kapitel

- Greifen Sie nicht unüberlegt zum Hörer. **Planen** sie sich vorher, was Sie mit Ihrem Telefonat erreichen wollen.
- Vermeiden Sie störende **Hintergrundgeräusche**, wie zum Beispiel laute Musik.
- Legen sie sich immer **Papier und Stift** zurecht, damit Sie schnell mitschreiben können, ohne lange nach Schreibutensilien suchen zu müssen.
- Machen sie sich **Telefonnotizen**.
- Nennen Sie ihren **Namen** laut und deutlich.
- Vermeiden sie **unpräzise Aussagen**, zum Beispiel „Ich benötige diese Unterlagen *bald.*" Besser: „Ich benötige diese Unterlagen *morgen Mittag!*"
- Lassen Sie ihren Gesprächspartner zu Wort kommen und hören Sie **aufmerksam und aktiv** zu.
- Sprechen Sie ihren Telefonpartner mit **Namen** an.
- Lassen Sie Anrufer nicht zu lange in der **Warteschleife** hängen.
- Halten Sie versprochene **Rückrufe** ein. Vereinbaren Sie für den Rückruf einen festen **Termin**

Multiple-Choice-Fragen

1. Woraus besteht zwischenmenschliche Kommunikation grundsätzlich?
a) Sender, Nachricht, Empfänger.
b) Sender, Nachricht, Empfänger, Antenne.
c) Sender, Nachricht, Empfänger, Wellen.
d) Sender, Nachricht, Empfänger, Beziehung.

2. Wie ist eine Nachricht aufgebaut?
a) Sender, Sachinhalt, Selbstoffenbarung, Appell.
b) Sachinhalt, Empfänger, Selbstoffenbarung, Appell.
c) Sachinhalt, Selbstoffenbarung, Beziehung, Appell.
d) Aufgabe, Sachinhalt, Selbstoffenbarung, Appell.

3. Welche Komponente ist für die erfolgreiche Kommunikation ausschlaggebend?
a) Die Beziehung.
b) Die richtig empfangene Botschaft.
c) Die gesendete Botschaft.

4. Was sind Kommunikationshürden?
a) Hindernisse, die die Wirksamkeit unserer Kommunikation einschränken.
b) Sportliche Betätigung, um besser kommunizieren zu können.
c) Hürden, die man nehmen muss, um das Gespräch erfolgreich zu gestalten.

5. Was sollten Sie bei Menschen, die sich stark von Ihnen unterscheiden (zum Beispiel durch Alter, Herkunft etc.) am ehesten beachten?
a) Immer höflich sein.
b) Sich in deren Perspektive hineinzuversetzen.
c) Niemals einen Konflikt anzetteln.

6. Was gehört (unter anderem) zu den elf Todsünden der Kommunikation?
a) Andere bewerten, unangebrachte Fragen stellen, andere respektieren, andere bedrohen.
b) Andere bewerten, ironisch sein, anderen befehlen, Informationen zurückhalten.
c) Vage sein, ungebetene Ratschläge erteilen, alles psychologisch analysieren, eingeschnappt sein.

7. Wie wichtig ist der Einstieg eines Gesprächs für das Ergebnis?
a) Wichtig wie alles andere auch.
b) Nicht ganz unwichtig, aber auch nicht entscheidend.
c) Eigentlich gar nicht wichtig, da es nur auf gute Argumente ankommt.
d) Entscheidend, also sehr wichtig.

8. Wie sieht das Allgemeinrezept einer gelungenen Wortwahl aus?
a) Dem Gesprächspartner gegenüber angemessen, positiv (oder zumindest neutral), niemals abwertend.
b) Positiv (bzw. neutral), sehr förmlich, niemals abwertend.
c) Humorvoll, individuell, positiv.

9. Welche Art von Aussagen sollte man stets verwenden, besonders wenn man seine Meinung bzw. Kritik äußert?
a) Du-Aussagen.
b) Er-Aussagen.
c) Ich-Aussagen.
d) Wir-Aussagen.

10. Welche Fragetypen gehören zu den sogenannten Scheinfragen?
a) Suggestivfragen, Entscheidungsfragen, schuldandeutende Fragen, Imperativfragen.
b) Sondierende Fragen, hypothetische Fragen, Suggestivfragen, verschleiernde Fragen.
c) Nonverbale Fragen, hypothetische Fragen, Imperativfragen, schuldandeutende Fragen.
d) Schuldandeutende Fragen, Suggestivfragen, Imperativfragen, verschleiernde Fragen.

11. Welche Regeln gelten beim Geben von Feedback in besonderem Maße?
a) Sich auf die Tatsachen beziehen, spezifisch sein, konstruktiv sein, realistisch sein.
b) Spezifisch sein, sich auf die Tatsachen beziehen, konstruktiv sein, höflich sein.
c) Konstruktiv sein, realistisch sein, sich auf die Tatsachen beziehen, lächeln.

12. Wann sollte man Konfliktgespräche niemals führen?
a) Wenn man neu in einer Firma ist.
b) Wenn man wütend ist.
c) Wenn man müde ist.

13. Wonach unterteilen sich die grundlegenden Bedürfnisse des Menschen?
a) Leistung, Macht, Aussehen.
b) Geld, Leistung, Macht.
c) Leistung, Zugehörigkeit, Macht.
d) Zugehörigkeit, Macht, Geld.

14. Wie lauten die vier Methoden der Informationsverarbeitung?
a) Denken, Handeln, Fühlen, Intuition.
b) Denken, Fühlen, Intuition, Empfinden.
c) Denken, Fühlen, Intuition, Vorstellen.

15. Was ist eine geschlossene Frage?
a) Eine Frage, die logisch in sich geschlossen ist.
b) Eine Frage, in der alle Informationen eingeschlossen sind.
c) Eine Frage, die man mit "ja" oder "nein" oder einer kurzen faktischen Angabe beantworten kann.

16. Welche Fragearten fördern die gelungene Kommunikation?
a) Allgemeine Fragen, hypothetische Fragen, sondierende Fragen.
b) Allgemeine Fragen, sondierende Fragen, nonverbale Fragen.
c) Mehrfachfragen, allgemeine Fragen, sondierende Fragen.

17. Auf welche Wortwahl sollte man bei der schriftlichen Kommunikation zurück-greifen?
a) Möglichst viele Fremdwörter verwenden.
b) Möglichst lange Sätze bauen.
c) Ausführlich darstellen, was man zu sagen hat.
d) Alles kurz, konkret und gut verständlich halten.

18. Was ist für den Leser bei schriftlichen Texten besonders hilfreich?
a) Zusammenfassungen.
b) Ein möglichst kreatives Layout mit vielen Farben.
c) Ein paar humorvolle Bemerkungen, die das Ganze auflockern.

19. Was bewirken lange Wörter und Fremdwörter?
a) Dass der Leser verunsichert und gelangweilt wird.
b) Dass der Leser von Ihrer großen Bildung beeindruckt ist.
c) Dass der Leser einen positiven Eindruck von Ihnen erhält.

20. Wann sollten Sie das Telefon zur Kommunikation nutzen?
a) Wenn die Sachlage komplex und detailliert ist.
b) Wenn Sie durch Sympathie Beziehungen aufbauen möchten.
c) Wenn diese Informationen an dritte weitergegeben werden.

21. Was ist bei einem Telefonat eines der wichtigsten Punkte?
a) Die gründliche Vorbereitung.
b) Hintergrundmusik.
c) Viel sprechen.

22. Was sollten Sie bei der Vorbereitung unbedingt tun?
a) Sie sollten sich vorher aufwärmen.
b) Sie sollten sich eine Checkliste erstellen.
c) Sie sollten Hintergrundmusik anstellen.
d) Sie sollten die Füße auf den Tisch legen und sich entspannen.

23. Was sollten Sie während eines Telefonats unbedingt tun?
a) Immer wieder einmal laut lachen.
b) Sich Gesprächsnotizen machen.
c) Zur Entspannung aus dem Fenster schauen.

24. Sie werden angerufen, was machen Sie?
a) Sie stürmen zum Telefon und nehmen den Hörer ab.
b) Sie stellen die Musik leiser.
c) Sie lassen das Telefon lange klingeln und bereiten sich auf das Telefonat vor.

25. Sie rufen jemanden an, was tun Sie?
a) Sie reden erst einmal um den heißen Brei, damit der Telefonpartner neugierig wird.
b) Sie setzten sich ein Maximal- und ein Minimalziel, welches Sie durch ihr Telefonat erreichen wollen.
c) Sie erwähnen möglichst nicht den Namen Ihres Gesprächspartners, da dieser sich bedrängt fühlen könnte.

26. Was ist beim Gesprächsverlauf zu beachten?
a) Sie sollten möglichst viel reden, damit Ihr Telefonpartner Sie sympathisch findet
b) Sie sollten ihrem Gesprächspartner ihre volle Aufmerksamkeit schenken
c) Zeigen Sie ihrem Gesprächspartner keine Problemlösungen, er kann sich am besten selber um seine Problem kümmern.

27. Welcher dieser Punkte ist ein Telefontrick?
a) Sie nennen Ihren Gesprächspartner ab und zu bei seinem Namen.
b) Sie nennen Ihren Gesprächspartner möglichst oft bei seinem Namen.
c) Sie stimmen Ihrem Telefonpartner häufig mit „ähm", „ähä" oder „gell" zu.

28. Welche Taktik können Sie beim Nennen Ihres Namens verwenden?
a) die Überrumpelungstaktik.
b) die Erinnerungstaktik.
c) die Verschwiegenheitstaktik.
d) die Vermeidungstaktik.

29. Wie sollte ihre Stimme am Telefon sein?
a) Sie sollten möglichst monoton sprechen, damit der Telefonpartner ihnen gut zuhören kann.
b) Sie sollten möglichst laut sprechen, damit ihr Gesprächspartner Sie gut versteht.
c) Sie sollten beim Telefonieren langsamer sprechen als normalerweise.
d) Sie sollten möglichst im Dialekt sprechen, damit wirken Sie sympathischer

Wissensfragen

1. Warum ist Kommunikation so wichtig?

2. Aus welchen drei Komponenten besteht Kommunikation (theoretisch)?

3. Wie ist eine Nachricht aufgebaut?

4. Wie lauten die sechs Grundregeln für eine erfolgreiche Kommunikation? Erläutern Sie diese kurz!

5. Nennen Sie die beiden Faktoren, die besonders großen Einfluss darauf haben, wie Sie etwas sagen!

6. Was sind Kommunikationshürden? Wie entstehen sie und welche Wirkung haben sie?

7. Warum sollte man sich immer in die Perspektive der anderen hineinversetzen?

8. Nennen Sie die elf Todsünden der Kommunikation und erklären Sie diese!

9. Wie sollte man den Einstieg eines Gesprächs gestalten?

10. Warum ist eine angemessene Wortwahl so wichtig? Geben Sie ein oder zwei Beispiele, wie man neutral argumentiert!

11. Nennen Sie die sechs verschiedenen Kategorien der "Scheinfragen", geben Sie jeweils ein kurzes Beispiel und beschreiben Sie in je einem kleinen Satz deren Wirkung!

12. Welche drei "Hauptarten" von Feedback gibt es? Wie sehen die beiden Untergruppen aus?

13. Warum sollte man ab und zu mal "nein" sagen?

14. Welche grobe Unterscheidung zwischen den verschiedenen Fragearten gibt es? Nennen Sie je ein Beispiel und erläutern Sie die Funktion der beiden Fragearten!

15. Erklären Sie mit jeweils einem Beispiel die Termini "allgemeine Fragen", "sondierende Fragen" und "nonverbale Fragen"!

16. Was sollte man bei der schriftlichen Kommunikation besonders beachten?

17. Was ist ein passives Telefonat?

18. Was sollten Sie möglichst in der Nähe ihres Telefons zu liegen haben?

19. Was sollten Sie tun, wenn Sie häufig Telefonate mit gleichem Inhalt führen?

20. Warum sollten Sie sich Gesprächsnotizen machen?

21. Wie sollten Sie sich am besten am Telefon melden?

22. Womit sollten Sie ein Gespräch eröffnen?

23. Was ist der Unterschied zwischen aktivem und passivem Zuhören?

24. Wie sollten Sie sich in das Gespräch mit einbringen?

Rhetorik und Verhandlungstechnik

1. Grundlagen

Lernziele dieses Abschnitts:
Nachdem Sie die Kapitel 1 und 2 durchgearbeitet haben, sollten Sie wissen
- worum es bei der Rhetorik und Verhandlungstechnik überhaupt geht,
- wodurch sich eine gelungene Rhetorik auszeichnet,
- wie man klassischer Weise eine erfolgreiche Verhandlung aufbaut.

Die allgemeinen Grundsätze der Kommunikation haben Sie im Systemteil „Kommunikation" kennen gelernt. Diese Grundsätze sollten Sie sich auch im nun folgenden speziellen Teil zur Verhandlungstechnik und Rhetorik immer wieder vor Augen führen. Dazu können Sie gerne zurückblättern, Zusammenfassungen studieren und Merksätze lesen. Denn die Grundregeln der Kommunikation sind in hohem Maße die Grundregeln für die erfolgreiche Verhandlung im Beruf.

Warum Sie es sich zur Aufgabe machen sollten, ein wahrer König der Verhandlungstechnik und Rhetorik zu werden, ist schnell erklärt: Nur so können Sie Ihren Standpunkt darlegen, Ihre Ziele durchsetzen, eigene Ideen einbringen und im Allgemeinen beruflich weiterkommen. Was nützt es Ihnen, wenn Sie zwar stets gute Arbeit abliefern, jedoch tatenlos zusehen müssen, wie Ihr Kollege XY die Lorbeeren dafür einheimst und schneller weiterkommt. – weil Herr XY es versteht, Ihren Chef davon zu überzeugen, ihn, und nicht Sie, zu befördern?

Oder wenn Sie Ihrem Verhandlungspartner aus London telefonisch klar machen müssen, dass das gemeinsame Projekt nicht wie geplant am 15., sondern erst am 18. des Monats fertig sein wird – ohne ihn zu verärgern und Ihr Gesicht zu verlieren?

Genau genommen verhandeln Sie eigentlich den ganzen Tag: Mit Ihren Kollegen, mit Ihrem Chef, mit Angestellten aus anderen Firmen oder Niederlassungen, mit denen Sie zusammenarbeiten, mit Kunden, mit Ihrer Familie etc.

Nehmen wir zum Einstieg ein kurzes konkretes Beispiel, das Ihnen verdeutlichen soll, was Sie mit Rhetorik erreichen können:

Außer zur Informationsgewinnung kann die im Systemteil „Kommunikation" bereits angesprochene Fragetechnik auch genutzt werden, um einen anderen zu steuern. Lesen Sie als kleinen Einschub folgendes Beispiel, um zu verstehen, welchen Einfluss Sie mit Fragen ausüben können.

Sie möchten ins Restaurant, aber Ihr Partner hat eigentlich gar keine Lust und keinen Appetit. Statt ihn zu fragen:
  „Wollen wir essen gehen?" (Antwort garantiert „nein"!)
könnten Sie ablenkend fragen:
  „Wohin möchten wir essen gehen?" (Die Antwort lautet entweder „Zum Italiener" oder „Ach, ich habe gar keinen Hunger.").

Am geschicktesten Fragen Sie aber:
  „Wollen wir lieber zum Italiener gehen oder zum Griechen?"

Mit dieser Alternativfrage steht schon fest, dass Sie essen gehen werden. Diese Frage, ob überhaupt, steht also nicht mehr zur Diskussion. Jetzt muss sich Ihr Partner nur noch entscheiden zu welchen der beiden bereits bequem servierten Alternativen er sich entscheiden muss. Das Wort „essen" haben Sie bereits weggelassen, damit Ihr Partner nicht daran erinnert wird, dass er eigentlich gar keinen Appetit hat.

Wenn Sie nicht nur essen gehen wollen, sondern auch noch wissen, wohin Sie gehen wollen, würden Sie sogar mit einer Suggestivfrage fragen:
  „Wir wollen doch lieber zum Italiener als zum Griechen, oder?"

Sie sehen, mit Fragen bekommen Sie nicht nur Informationen, sondern können auch die Gedanken des anderen steuern. Daher ist Fragetechnik ein wichtiges Thema. Nur wenn Sie sich in diesem Bereich sensibilisieren, können Sie unlautere Absichten Ihres Gesprächspartners erkennen und erfolgreich begegnen.

Rhetorik und seine Regeln, Taktiken und Strategien müssen Sie also immer aus zwei Perspektiven betrachten: Wie kann ich das anwenden? Und wie reagiere ich, wenn mein Gesprächspartner so vorgeht?

2. Wichtige Regeln für ein erfolgreiches Verhandeln

Es gibt vier Grundregeln, die Sie bei jeder Verhandlung unbedingt beachten sollten.

❶ Bereiten Sie sich immer gründlicher vor als die Gegenseite

Als Grundsatz gilt: Treffen Sie alle Vorbereitungen schriftlich. Das zwingt Sie zu einer detaillierteren Vorbereitung. Sie müssen alles genau durchdenken, können sich um nichts „herummogeln" und haben schon mal ein Konzept in der Hand, auf das Sie sich auf alle Fälle stützen können.

Tragen Sie alle Fakten, Beweise, Referenzen etc. zusammen, die für und gegen Ihren Standpunkt sprechen. So können Sie die Gegenargumente schon einmal durchdenken und sich gute Antworten überlegen. Außerdem entwickeln Sie ein gewisses Verständnis für den Standpunkt Ihres Verhandlungspartners. Nehmen Sie die Unterlagen, auf denen die Argumente, die für Sie sprechen, dokumentiert sind, mit in die Verhandlung. Legen Sie schriftlich Ihre Minimal- und Maximalziele fest.

Versuchen Sie außerdem schon im voraus herauszufinden, wie Ihr Verhandlungspartner zur Sache steht. Wieviel Handlungsspielraum hat er, wie ist seine Position in der Firma und wie dringend braucht er eine Einigung mit Ihnen? Was für ein Persönlichkeitstyp ist er?

Kleiden Sie sich angemessen. Je konservativer und dunkler Sie sich kleiden, desto mehr Respekt flößen Sie Ihrem Gegenüber ein. Kleiden Sie sich als Dame so, dass ein männlicher Verhandlungspartner auf keinen Fall auf die Idee kommen kann, mit Ihnen zu flirten oder Sie durch Komplimente in Verlegenheit zu bringen. Achten Sie – und das gilt nun wieder für beide Geschlechter – besonders dann, wenn Ihr Verhandlungspartner wesentlich älter ist, darauf, sich nicht zu lässig zu kleiden.

❷ Bemühen Sie sich um eine stressfreie und angenehme Atmosphäre

Vermeiden Sie alles, was Ihren Verhandlungspartner ärgern oder provozieren könnte. Weisen Sie ihn nicht zurecht, belehren Sie ihn nicht und bleiben Sie immer freundlich. Achten Sie aber darauf, dass der andere Sie nicht durch allzu kumpelhaftes Verhalten manipulieren kann. Lassen Sie sich auch nicht in eine gemütliche Sitzecke locken, sondern wahren Sie die geschäftsmäßige Distanz.

Gehen Sie als ersten Schritt auf Dinge ein, auf die Sie und Ihr Verhandlungspartner sich schnell einigen können, zum Beispiel Tagesordnung, Themeneingrenzung, untergeordnete Verhandlungspunkte. Das schafft Gemeinsamkeiten und fördert die kooperative Stimmung.

Lassen Sie dem anderen den rhetorischen Vortritt, unterbrechen Sie ihn nicht (auch dann nicht, wenn Sie anderer Meinung sind), und fördern Sie durch intelligente Fragen seinen Redefluss. Achten Sie darauf, dass der andere mehr Redeanteile hat als Sie selbst und nehmen Sie dies gerne in Kauf. Wenn er monologisiert, machen Sie sich Notizen. Erstens können Sie dann später auf alle wichtigen Punkte bestimmt eingehen, und zweitens wird Ihr Verhandlungspartner seinen Monolog abkürzen, weil er neugierig ist, was Sie geschrieben haben.

Wenn Sie selbst unterbrochen oder provoziert werden, reagieren Sie gelassen. Lassen Sie sich Ihren Ärger keinesfalls anmerken.

Versuchen Sie außerdem, sich Ihrem Verhandlungspartner ein wenig anzupassen. Sprechen Sie ähnlich schnell, in ähnlichem Tonfall und stimmen Sie Ihre Wortwahl auf Ihn ab. Stellen Sie Blickkontakt her. Nehmen Sie ihn jedoch, wenn Sie selbst sprechen, ein wenig zurück, weil der andere sich sonst schnell fixiert fühlt.

❸ Stellen Sie Ihre Argumentationsführung bedacht an

Fangen Sie weder mit Ihrem stärksten noch mit Ihrem schwächsten Argument an. Wenn Sie zunächst ein schwaches Argument bringen, könnte dies den Eindruck erwecken, dass Ihre Position schwach ist oder dass Sie die Verhandlung an sich nicht ernst nehmen. Wenn Sie dagegen Ihre starken Argumente schon zu Beginn „verschleudern", müssen Sie zum Ende hin immer schwächer werden. Und das ist für die Durchsetzung Ihrer Ziele bestimmt nicht förderlich.

Gestalten Sie Ihre Argumente immer so, dass der andere darin einen Nutzen für sich selbst sieht. Sagen Sie also nicht: „Wir müssen diesen Preis verlangen, weil wir sonst nicht mit den Kosten für die Produktion hinkommen.", sondern: „Wir müssen diesen Preis verlangen, damit wir Ihnen auch langfristig den hohen Qualitätsstandard garantieren können."

Weisen Sie die Gegenseite nicht auf logische Lücken und Denkfehler hin. Reiben Sie ihr Denkfehler nicht unter die Nase, hacken Sie nicht auf deren schwachen Argumenten herum und machen Sie sich nicht über ihre Argumentation lustig. Denn das wird den anderen verärgern und einen Konflikt geradezu provozieren.

> Wichtig: Sie müssen nicht auf alles eine Antwort geben. Wenn Ihnen auf Anhieb nichts einfällt, dann halten Sie Ihren Mund fest verschlossen. Lassen Sie lieber den anderen weiterreden. Das erspart Ihnen unter Umständen peinliche Antworten.

❹ Halten Sie das Ergebnis der Verhandlung schriftlich fest

Halten Sie das Verhandlungsergebnis schriftlich fest, und lassen Sie es sich von Ihrem Gesprächspartner bestätigen. Nehmen Sie gegebenenfalls auch eine Liste, welche Gründe dafür, und welche gegen die Entscheidung sprachen, mit auf. So können Sie das Ergebnis auch vor Dritten leichter rechtfertigen.

Stellen Sie das Verhandlungsergebnis auch für Ihren Partner so dar, dass er es an Dritte als Erfolg verkaufen kann. Halten Sie die positiven Dinge für ihn fest. So wird es ihm auch leichter fallen, sich an die Abmachungen zu halten. Triumphieren Sie nicht, wenn Sie der (heimliche) Sieger der Verhandlung sind. Denn das wirkt sich störend auf die Beziehung zum Gesprächspartner und damit auf weitere Verhandlungen aus.

Außerdem noch einige Tipps, wie man sich bei einer Verhandlung in jedem Fall immer richtig verhält, Aggressionen und befangene Stimmungen von vornherein vermeidet und im Allgemeinen als höflich und angenehm empfunden wird:

– Tauchen Sie mit Ihren Verhandlungsabsichten niemals unangemeldet auf – weder bei Kollegen, Vorgesetzten und Mitarbeitern noch bei anderen Personen.

– Werden Sie nicht persönlich und grenzen Sie heikle Themen aus, die mit der eigentlichen Verhandlungssache nichts zu tun haben.

– Überhören Sie selbst persönliche Attacken, Wut- oder sonstige Gefühlsausbrüche der Gegenseite. Verzichten Sie auf Belehrungen und bleiben Sie sachlich.

– Stellen Sie sicher, dass Ihr Verhandlungspartner mehr Redeanteile hat als Sie selbst.

– Fassen Sie sich kurz, halten Sie keine Monologe, die leicht ermüdend und belehrend wirken können, und hacken Sie nicht auf Wortdefinitionen herum. Kommen Sie schnell zum Punkt und verwenden Sie dabei prägnante Wörter.

– Berufen Sie sich keinesfalls auf abwesende Dritte, wie etwa „Herr Müller ist auch meiner Meinung!", „Frau Meier sieht das genauso wie ich." oder „Diese Probleme sind mit anderen Mitarbeitern noch nie aufgetaucht."

– Wahren Sie körperlichen Abstand. Berühren Sie Ihren Verhandlungspartner außer mit einem kurzen Händedruck am Anfang nicht. Wenn der andere sich zurücklehnt oder mit seinem Stuhl wegrückt, rücken Sie auf keinen Fall hinterher!

– Schauen Sie Ihren Gesprächspartner an, wenn er mit Ihnen spricht. Lesen Sie nicht in Ihren Unterlagen herum und versuchen Sie niemals, in den Unterlagen der Gegenseite mitzulesen.

- Wenn Sie mit mehreren Leuten einer „Partei" verhandeln, sollten Sie immer wieder Blickkontakt zu jedem einzelnen herstellen. Binden Sie auch die anderen mit ein und sprechen Sie nicht nur zum Verhandlungsführer oder Vorgesetzten hin.

- Merken Sie sich alle Namen gut. Sprechen Sie die Leute mir ihrem Namen an und stellen Sie sicher, dass Ihnen auch ausgefallene Namen fließend über die Lippen kommen.

2.1 Merkmale einer gelungenen Verhandlungsrhetorik

Die Merkmale einer gelungen Verhandlungsrhetorik lassen sich gut anhand einiger Kriterien zusammenfassen:

- Dauerhaftigkeit und Qualität des ausgehandelten Ergebnisses,
- positive Konsequenzen für die Beziehungen zwischen den verschiedenen Verhandlungsparteien (besonders langfristig!),
- selbstbewusste Darlegung des eigenen Standpunktes,
- treffsichere, logische Argumentation, folgerichtig und überzeugend,
- knappe und treffsichere Ausdrucksweise, Verzicht auf umständliche Abschweifungen und Monologe,
- elegantes Hinlenken auf das Ziel,
- Steuerung des Gesprächs durch geschickte Fragetechnik,
- Beeinflussung der Gegenseite, um zum eigenen Ziel zu kommen, *dennoch*
- Bereitschaft, bessere Argumente der Gegenseite zu akzeptieren und durch einen Kompromiss zu einer akzeptablen Lösung zu kommen,
- aufmerksames Zuhören und Mitdenken,
- Fähigkeit, Probleme und Menschen getrennt voneinander zu sehen; Gelassenheit, Kontrolle der eigenen Emotionen,
- optimales Einsetzen von Stimme (Tonlage, Klangfarbe, Sprechtempo, Betonung) und gleichermaßen nonverbalen Signalen (auch Körpersprache, Blick, fragendes oder zustimmendes „Mmmh"); und vor allem
- befriedigende Lösung, von der beide Parteien profitieren!

Ganz schön viel, was es da alles zu beachten gilt. Aber keine Angst! Mit ein bisschen Übung werden Sie die Kunst der Verhandlung bald beherrschen. Rufen Sie sich einfach immer wieder diese Regeln ins Gedächtnis zurück, lesen Sie sie zu Hause in Ruhe durch und überdenken Sie alles. Sie werden sehen, dass Ihnen eine erfolgreiche Verhandlungstechnik beruflich entscheidend weiterhilft.

2.2 Was Sie außerdem noch unbedingt beachten sollten

2.2.1 Reden ist Silber, schweigen ist ...

Wenn Sie wissen, dass Sie von Natur aus ein eher temperamentvoller, friedliebender oder geradezu harmoniesüchtiger Typ sind, sollten Sie sich bewusst machen, dass Schweigen oftmals wesentlich wirkungsvoller sein kann als das Gespräch aufrecht zu erhalten. Ein gewiefter Verhandlungspartner kann Ihnen nämlich, wenn Sie nicht aufpassen, wichtige Informationen entlocken und sich diesen Informationsvorsprung zunutze machen. Wenn Sie temperamentvoll sind, wird Ihr Verhandlungspartner Sie so zu provozieren versuchen, dass Ihnen in einem Wortgefecht etwas „herausrutscht", was Sie eigentlich gar nicht preisgeben wollten. Wenn Sie viel Wert auf Harmonie und Frieden legen, wird man versuchen, Sie in ein „nettes Gespräch" zu verwickeln, und ehe Sie es sich versehen, haben Sie auch schon Ihren Standpunkt preisgegeben. Gerade wenn man Sie in eine gemütliche Sitzecke lockt und Ihnen scheinbar harmlose Fragen über Familie, Hobby und Urlaub stellt, müssen Sie damit rechnen, dass man Sie eiskalt aushorchen will. Denn die gemütliche Atmosphäre veranlasst Ihr Großhirn dazu, nicht mehr richtig mitzudenken und überlässt Ihrem Zwischenhirn, das für Gefühle zuständig ist, die Kontrolle. Das sollte natürlich auf gar keinen Fall passieren, denn immerhin geht es hier um eine *geschäftliche* Verhandlung. Bestehen Sie deswegen darauf, die geschäftliche Atmosphäre zu wahren und Distanz zwischen sich und Ihrem Verhandlungspartner zu schaffen.

> Fragen Sie sich während des Gesprächs: Will mir jemand Informationen entlocken oder sage ich nur, was ich auch wirklich sagen will?
> Fallen Sie nicht auf als harmlos getarnten Small talk herein. Sagen Sie lieber weniger als mehr und trainieren Sie die Kunst des Schweigens. Um in einer Verhandlung erfolgreich zu sein, müssen Sie keinesfalls immer das letzte Wort haben.

2.2.2 Modell für eine erfolgreiche Verhandlung

Ein erfolgreicheres Modell kann man in sechs Phasen einteilen:

1. Begrüßung

Treten Sie selbstbewusst auf, halten Sie sich genau an Etiketteregeln und gehen Sie auf Ihren Verhandlungspartner ein. Erinnern Sie sich, dass wir im Teil über Kommunikation festgehalten haben, dass der Gesprächsbeginn meistens das Ergebnis bestimmt. Bereiten Sie sich also schon gut auf diesen eher unscheinbaren Teil vor, seien Sie freundlich und positiv und entwickeln Sie ein Gespür für die Stimmung Ihres Verhandlungspartners.

2. Zuhören und Fragen

Sicher können Sie es selbst kaum erwarten, Ihre wohl zurechtgelegten Argumente vorzutragen. Lassen Sie dem anderen dennoch den Vortritt. Hören Sie gut zu und streuen
Sie eventuell Fragen ein, um den Redestrom fließend zu halten. Wenn Ihr Verhandlungspartner von sich aus nicht beginnt, bringen Sie ihn mit offenen Fragen zum Reden.
Unterbrechen Sie den Redefluss auf keinen Fall, auch wenn Sie sich fast die Zunge
abbeißen, weil manche Aussagen nach einer Antwort bzw. Widerspruch schreien. Üben
Sie Selbstdisziplin und schweigen Sie.
So zeigen Sie Ihrem Gegenüber, dass Sie ihn respektieren und an ihm und seiner Meinung interessiert sind. Außerdem können Sie Ihren Verhandlungspartner beim Zuhören
in Ruhe studieren. Ist er eher kühl und sachlich oder warm und persönlich. Zu den verschiedenen Typen aus psychologischer Sicht kommen wir später noch.

Wenn der andere sich ausgesprochen, sich „leer" (und vielleicht auch ein bisschen müde) geredet hat, wird er Ihnen jetzt entspannt und aufmerksam zuhören.

3. Reagieren

Wenn der andere langsam die Lust am Reden verliert und Ihnen durch Fragen zu verstehen gibt, dass er nun Ihren Standpunkt hören möchte, können Sie zeigen, wie Sie zu
der Sache stehen. Benutzen Sie Formulierungen wie „Meiner Meinung nach ..." oder
„Aus meiner Sicht betrachtet ..."; keinesfalls Belehrungen wie „Da sind Sie falsch gewickelt ..." oder „Das muss man anders sehen ..."

Kurz: Legen Sie Ihren Standpunkt durch Ich-Formulierungen dar, wie wir es schon besprochen haben.

4. Argumentieren

Da Sie nun beide Ihren Standpunkt dargelegt haben, geht es jetzt um erfolgreiches Argumentieren. Dazu folgende Regeln: Vermeiden Sie das Wort „nein". Sagen Sie lieber „hmhm", „aha" oder „Das sehe ich anders". Jedes „nein" baut eine Mauer zwischen Ihnen und Ihrem Verhandlungspartner auf. Diese Mauer ist pures Gift für ein erfolgreiches Gespräch. Reiben Sie Ihrem Gegenüber nicht die Schwachstellen seiner Argumentation unter die Nase. Niemand wird es mögen, wenn er auf Denkfehler, Irrtümer und mangelnde Logik hingewiesen wird. Fangen Sie die Argumente der Gegenseite auf und argumentieren Sie selbst so, dass der andere sich Ihrem Standpunkt nähern kann, ohne dabei sein Gesicht zu verlieren.

5. Vertrag

Das Fazit einer Verhandlung ist ebenso wichtig wie unerlässlich. Entweder Sie entscheiden sich für einen der beiden Standpunkte oder kommen zu einem Kompromiss. Vergewissern Sie sich, dass die Gegenseite das Ergebnis genauso verstanden hat wie Sie. Darüber darf es auf keinen Fall zu Missverständnissen kommen.

Besiegeln Sie das Ergebnis, indem Sie es – soweit wie es angebracht ist – schriftlich fixieren, also zum Beispiel durch Unterschrift oder Aufnahme ins Protokoll „offiziell" machen. Sorgen Sie nun für ein schnelles Ende des Gesprächs. Zu schnell fängt man bei einer gemütlichen Tasse Kaffe wieder an, über das Verhandlungsthema zu reden.

6. Abschluss

Achten Sie darauf, dem Gespräch einen positiven Abschluss zu geben. Sagen Sie zum Abschied einen netten Satz, auch wenn Ihnen vielleicht nicht gerade dazu zumute ist.: „Gute Heimfahrt, wünsche ich.", „Grüßen Sie ...", „Schön, dass wir die Sache heute regeln konnten." oder „Wir sehen uns dann in zwei Wochen zur Vertragsunterschrift wieder. Ich freue mich darauf."

So schaffen Sie einen positiven Ausklang. Ihr Verhandlungspartner wird diesen letzten guten Eindruck mitnehmen und sich gerne daran erinnern. Das gibt dem Gespräch im Nachhinein eine angenehme, positive Färbung, selbst wenn die Verhandlung nicht ganz so positiv für Ihren Verhandlungspartner war.

Darüber hinaus ist noch folgendes wichtig: Sie sollten immer daran interessiert sein, zu über*zeugen*, und nicht zu über*reden*. Dinge, zu denen Sie Ihren Verhandlungspartner überredet haben, wird dieser vor anderen schlecht rechtfertigen können und macht vielleicht kurz vor dem Ziel (zum Beispiel einer späteren Vertragsunterschrift) doch noch einen Rückzieher. Dann war die ganze Mühe und Zeit umsonst. Deswegen sollten Sie mit allen Mitteln darauf hinarbeiten, den anderen auch wirklich zu überzeugen, denn nur so kann dieser die besprochenen Sachinhalte mittragen und ist auch noch nach einem größeren zeitlichen Abstand mit dem Verhandlungsergebnis zufrieden.

3. Die Psychologie der Verhandlung

3.1 Die drei Verhandlungstypen

Lernziele dieses Abschnitts:
Nachdem Sie diesen Abschnitt durchgearbeitet haben, sollten Sie wissen
- auf welche menschlichen Dimensionen Sie bei der Verhandlung achten sollten,
- welche verschiedenen Verhandlungstypen es gibt und wie man diesen Typen gegenübertritt.

Die Erkenntnisse der Psychologie können Ihnen bei Ihrer Verhandlung sehr nützlich sein. Wenn Sie den anderen in ein bestimmtes „Schema" einordnen können, wird es Ihnen auch leichter fallen, sich auf seine Wünsche und Bedürfnisse einzustellen, ihm Ihren eigenen Standpunkt klar zu vermitteln und eine gute Gesprächsatmosphäre im Allgemeinen zu schaffen. Psychologische Grundkenntnisse sind außerdem nützlich, damit Sie nicht von anderen gegen Ihren Willen beeinflusst oder gar unter Druck gesetzt werden.

Bedenken Sie jedoch, dass gerade sehr gerissene Verhandlungspartner Sie eventuell hinters Licht führen können, indem sie Ihnen einen gewissen Menschentyp vorgaukeln, dann aber blitzschnell ihre Verhaltensvariante ändern, ohne dass Sie wissen, mit welchem Typus Sie es wirklich zu tun haben. Das sollte aber eher die Ausnahme sein.

Im Großen und Ganzen werden Ihnen die allgemeinen Hinweise der Psychologie bei jedem kleineren oder größeren Problem zumindest ein Stückweit weiterhelfen.

Beginnen wir mit den drei verschiedenen Verhandlungstypen:

❶ Der Moralapostel

Bei dieser Art von Verhandlungen geht es meistens um grundsätzliche und weltanschauliche Dinge. Wenn Ihr Verhandlungspartner sich den Anstrich gibt, die alleinrichtige Meinung zu vertreten, handelt es sich mit hoher Wahrscheinlichkeit um einen Moralapostel. Sie erkennen ihn außerdem daran, dass er bei Meinungsverschiedenheiten sofort mit Anfeindungen und Anzeichen persönlicher Feindseligkeit reagiert. Wenn Sie ihm nicht zustimmen, wird er sie als Menschen mit grundfalschen, bösen Ansichten betrachten (obwohl das natürlich an den Haaren herbeigezogen ist!).

Glücklicherweise wird Ihnen der Moralapostel im alltäglichen Geschäftsleben eher seltener begegnen. Denn normalerweise stehen bei beruflichen Verhandlungen weniger grundsätzliche Werte und Weltanschauungen zur Debatte. Stellen Sie sich dennoch darauf ein, dass es diese Spezies gibt. Eine Verhandlung mit dem Moralapostel ist nämlich keine eigentliche Verhandlung, da der Moralapostel schon vorher festgelegt hat, dass Sie böse sind, und er seine Meinung, die auf einem festen Raster von richtig und falsch beruht, auf jeden Fall durchsetzen will. Es geht also nur darum, wer dem anderen seinen Willen aufzwingen kann, denn mit logischer Argumentation werden Sie den Moralapostel nicht für Ihre Ziele gewinnen können.

❷ Der Pragmatiker

Der Pragmatiker hat feste Verhandlungsziele. Er lotet vor oder während der Verhandlung aus, wie weit er Sie auf seine Seite ziehen kann und wie weit er Ihnen dabei entgegenkommen muss. Hintergrundinformationen wird der Pragmatiker sich ebenfalls schon besorgt haben (zum Beispiel wie das Verhältnis zwischen Angebot und Nachfrage aussieht, wenn es um einen Kauf oder Verkauf geht). Er beobachtet Sie auch genau, nach welcher Taktik Sie vorgehen, und welche seiner Taktiken am besten bei Ihnen wirkt.

Der Pragmatiker will wissen, wie hart Sie verhandeln können, wieviel Spielraum Sie haben und wie es um Ihre Entscheidungskompetenz steht. An diesen Faktoren orientiert er sich dann schließlich auch selbst. Wie das Verhandlungsergebnis letztendlich aussieht, hängt von der jeweiligen Verhandlungskompetenz sowie der Stärke der jeweiligen Position ab.

❸ Der Idealist

Idealisten erkennt man daran, dass sie stets in Ideen und Visionen schwelgen, wie die Dinge sein sollten, dabei aber völlig aus dem Blickfeld verlieren, wie die Dinge tatsächlich sind. Typische Formulierungen eines Idealisten sind: „Wäre es nicht besser, wenn ...“ oder „Sollte man nicht lieber davon ausgehen, dass ...“.

Verhandlungen mit Idealisten sind oft genug nicht gerade fruchtbar, weil die Vorstellungen des Idealisten immer wieder von der Realität in das Idealbild abgleiten. Das mag zum einen daran liegen, dass dieser Typ von Verhandlungspartner realitätsfern ist, dahinter kann aber auch bloße Faulheit und Feigheit stecken. Setzen Sie dem Idealisten knallharte Fakten vor – und machen Sie ihm klar, dass es für ihn unangenehm und zeitraubend werden könnte, wenn er nicht zu einem Verhandlungsergebnis kommt.

Insgesamt lässt sich festhalten: Moralapostel sind während einer Verhandlung relativ stabil. Sie werden nur mit zunehmendem Stress aggressiv. Wenn Sie mit einem Pragmatiker verhandeln, müssen Sie sich auf einen Ringkampf einstellen: Er wird stets versuchen, Ihnen ein für ihn günstiges Verhandlungsergebnis abzuringen. Der Idealist dagegen versucht, ein Verhandlungsergebnis zu verzögern oder sogar ganz zu verhindern.

Pragmatiker und Idealisten tauschen oft ihre Rollen. Wenn der Idealist erkennt, dass ihm seine Träumertaktik wenig bringt, wird er womöglich durch eine plötzlich pragmatisch gefärbte Taktik versuchen, doch noch ein für ihn befriedigendes Ergebnis herauszuholen. Ähnlich wird der Pragmatiker Idealismus an den Tag legen, wenn er sich auf der Verliererseite wähnt. Er wird dann im letzten Moment lieber zu gar keinem Ergebnis kommen, als sein Gesicht zu verlieren.

3.2 Verhalten bei Verhandlungen aus psychologischer Sicht

Allgemein gilt für jede Verhandlung: Lassen Sie den anderen den Vortritt. Beobachten Sie, wer welches Verhalten an den Tag legt und greifen Sie erst in die Diskussion ein, wenn Sie Ihre Verhandlungspartner gut genug einschätzen können, um zu einem erfolgreichen Ergebnis zu kommen. Man unterscheidet neben der Einordnung in die drei oben genannten Kategorien zwischen vier Verhaltensrichtungen:

❶ emotionslos und kalt

Emotionsloses Verhalten erkennen Sie daran, dass Ihr Verhandlungspartner keine Miene verzieht, nicht lächelt, Ihnen aber auch keine offene Ablehnung entgegenbringt. Er legt keinen Wert auf persönliche Worte oder Small talk, wirkt unnahbar und bewahrt stets sein „Pokerface".

❷ emotional und warm

Der emotionale Gesprächspartner zeigt Interesse für Sie als Mensch, serviert Ihnen vielleicht eine Tasse Kaffee und lädt zum lockeren Plaudern ein. Während der Verhandlung ist er sehr emotional, das heißt er zeigt Erregung, Freude, Ärger, Wut oder Begeisterung. Er macht keinen Hehl aus seiner Ablehnung bzw. seine Sympathie für Sie.

Bedenken Sie, dass weder das emotionslose noch das emotionale Verhalten echt sein muss. Profis spielen beide Rollen gekonnt, können blitzschnell zwischen ihnen hin und herwechseln und führen Sie so leicht in die Irre. Lassen Sie sich also weder von „menschlicher Wärme" einwickeln noch von „Gefühlskälte" abschrecken. Unterschätzen Sie das „Pokerface" nicht und überschätzen Sie den scheinbar Aufgebrachten nicht. Das kann alles Taktik sein!

❸ zurückhaltend und zögerlich

Dieser Verhandlungspartner wirkt still, spricht nicht allzu laut, sagt wenig und verwendet unkonkrete Formulierungen wie: „Ich würde meinen ...", oder „... könnte sein". Er wirkt oft schüchtern und ein wenig unsicher. Es kann sein, dass er sich so verhält, weil er selbst nicht von dem überzeugt ist, was er Ihnen da erzählen will. Auf der anderen Seite kann das aber auch Taktik sein, um Sie aus der Reserve zu locken.

❹ extrovertiert und vorsprechend

Wenn Ihr Gesprächspartner forsch auftritt, viel und laut spricht, sofort das Gespräch an sich reißt und Formulierungen, die auf Dominanz (in manchen Fällen sogar auf Aggressivität) deuten, gebraucht, haben Sie es mit dem extrovertiert-vorspechenden Typ zu tun. Sätze wie „Die Fakten sprechen eine klare Sprache ...", „Hören Sie mal zu!" oder „Wenn Sie logisch denken, sind Sie meiner Meinung!" sind kennzeichnend für ihn.

Auch bei den letzten beiden Verhaltensrichtungen ist es möglich, dass Ihr Verhandlungspartner Ihnen nur etwas vorspielen will. Er kann also in Wahrheit seine Unsicherheit durch eine sehr forsche Art überspielen bzw. nur zurückhaltend wirken, um Sie ungeduldig und nervös zu machen. Wenn Sie einen tatsächlich extrovertierten Ge-sprächspartner vor sich haben, lassen Sie sich nicht auf einen anstrengenden Wettbe-werb auf Schlagfertigkeit ein. Sie müssen nicht auf alles eine Antwort geben. Lassen Sie den anderen sich müde reden und stimmen Sie am Ende einfach seinen Vorschlä-gen nicht zu. Er wird dann schon viel Kraft verloren haben und es wird ihm schwerfallen, Ihnen vehement zu widersprechen.

In den allermeisten Fällen werden Ihre Verhandlungspartner zwei der eben vorgestellten Verhaltensrichtungen kombinieren. Dann kommt es zu folgenden Varianten:

❶ analytisch-rational: emotionslos und zögerlich

Ihr Verhandlungspartner tritt sehr ruhig auf und überdenkt sowohl Ihre als auch seine Äußerungen sorgfältig. Er benutzt viele Fachausdrücke, baut komplizierte, lange Sätze und lässt sich vor dem Sprechen immer viel Zeit. Er verzieht keine Miene, wirkt unmani-pulierbar und ist stets auf die Sache bezogen. Dieser Typ ist ein wahrer Pokerspieler.

❷ dominierend-unterwerfend: extrovertiert und emotionslos

Dieser Gesprächspartner wirkt energisch und dominant. Er unterbricht Sie, wenn Sie seiner Meinung nach zu lange das Wort haben. Wenn Sie selbst versuchen, ihn zu un-terbrechen, redet er einfach mit lauter Stimme weiter. Seine Sätze sind in der Regel kurz. Auf alles findet er eine passende Antwort.

Die Gestik unterstützt seine dominante Art: Er haut mit der flachen Hand auf den Tisch, um seinen Worten Nachdruck zu verleihen, holt weit mit den Armen aus und breitet sich mit seinen Unterlagen weit aus. Wenn Sie selbst ein ähnlicher Typ sind, lassen sich laute Wortgefechte oft nicht vermeiden. Wenn Sie eher zurückhaltend sind, werden Sie kaum zu Wort kommen.

❸ selbstdarstellend: extrovertiert und emotional

Ihr Verhandlungspartner versucht, sich selbst in seiner Rolle als interessante Persön-lichkeit darzustellen. Oft ist er eine selbstbewusste, betont lässig auftretende Erschei-nung. Er schweift gerne vom Thema ab, liebt Wortspielereien, ausführliche Schilderun-gen seines interessanten Lebens und lässt – natürlich nur ganz nebenbei – durchklingen, mit welch wichtigen Leuten er sonst Umgang hat. Es liegt ihm sehr am Herzen, interessanter, wichtiger und schillernder als Sie selbst zu sein; andererseits dürfen Sie auch nicht zu grau und geschäftsmäßig wirken, weil er sonst schnell die Lust verliert, zu einem Verhandlungsergebnis zu kommen.

Streuen Sie gelegentlich ebenfalls die Namen einiger wichtiger Persönlichkeiten ein, die mit Ihnen bekannt sind. Versuchen Sie aber auf keinen Fall, Ihren Verhandlungspartner damit auszustechen, denn das wird ihm wenig gefallen.

❹ kooperativ: zurückhaltend und emotional

Ihr Gesprächspartner ist sehr nett, beginnt mit Small talk und gestattet Ihnen viel Zeit, Ihren Standpunkt darzulegen. Er hört Ihnen aufmerksam zu und würde nicht einmal im Traum daran denken, Sie zu unterbrechen. Es ist möglich, dass Ihr Verhandlungspartner wirklich so kooperativ und fair ist. Dann können Sie sich glücklich schätzen. Es ist aber auch möglich, dass Ihr Gegenüber durch dieses Verhalten Konflikte und Unannehmlichkeiten vermeiden will, obwohl er Ihnen eigentlich gar nicht zustimmt. Er wird Ihnen den Eindruck vermitteln, dass Sie ihn schon überzeugt haben, bittet aber noch um ein paar Tage, um sich die Sache durch den Kopf gehen zu lassen. Er lässt Ihnen dann durch seine Sekretärin oder einen unpersönlichen Brief mitteilen, dass er Ihnen doch nicht zustimmt.

Abschließend noch ein paar Tipps für den Umgang mit den geschilderten Verhandlungspartnern:

1. Der rational-analytische Gesprächspartner

Bleiben Sie vor allem immer absolut sachlich. Schweifen Sie nicht vom Thema ab und liefern Sie stichhaltige Beweise. Wenn Sie keine Beweise haben, müssen Ihre Annahmen plausibel begründet werden. Kleiden Sie sich konservativ-unauffällig, bringen Sie viel Zeit mit und kommen Sie bloß nicht auf die Idee zu scherzen oder zu plaudern. Rechnen Sie Kosten und Nutzen am besten in Zahlen vor. So überzeugen Sie den rational-analytischen Gesprächspartner am besten.

2. Der dominierend-unterwerfende Gesprächspartner

Monologisieren Sie nicht und kommen Sie sofort auf den Punkt. Geben Sie keine umständlichen Erklärungen, vermeiden Sie Fachsprache und komplizierte Beweisführungen. Geben Sie notwendige Detailinformationen lieber schriftlich zum Nachlesen mit.

Leisten Sie sich auch bei diesem Typus auf keinen Fall Witze, besonders dann nicht, wenn der andere in der Machtposition (Kunde, Vorgesetzter) ist. Das gilt auch dann, wenn er selbst scherzt. Wahren Sie außerdem körperlichen Abstand, etwa achtzig bis hundert Zentimeter. Und tadeln Sie ihn niemals, wenn er Sie unterbricht, denn Tadel kann der Dominante ohnehin nicht ertragen.

3. Der selbstdarstellende Gesprächspartner

Mit diesem Verhandlungspartner können Sie sich ruhig locker und humorvoll geben. Ermuntern Sie ihn durch Fragen, noch mehr von seinem interessanten Leben zu erzählen. Erst wenn er sein Selbstdarstellungsbedürfnis befriedigt hat, wird er sich auf das Verhandlungsthema konzentrieren können. Versuchen Sie niemals, den selbstdarstellenden Gesprächspartner zu dominieren, zu übertrumpfen oder zu belehren. Das könnte durch seine verletzte Eitelkeit zum offenen Konflikt werden.

4. Der kooperative Gesprächspartner

Der Idealfall ist, dass das kooperative Verhalten echt ist. Dann können Sie auf kleinen Umwegen (Small talk, Plaudereien) zu einem zügigen und fairen Verhandlungsergebnis kommen.
Anders sieht es jedoch aus, wenn die Freundlichkeit Ihres Gegenübers nur aufgesetzt ist, weil er konfliktfrei durch die Verhandlung kommen will, ohne am Ende auf eine Eignung bedacht zu sein. Das passiert gerade dann, wenn er eigentlich von einem Dritten zu diesem Gespräch überredet worden ist.

Wirklich kooperative Menschen pflegen gerne Kontakt. Nehmen Sie diese Art von Verhandlungspartner deshalb in Ihre Geburtstagsliste auf, schicken Sie ihm eine Weihnachtskarte und rufen Sie ihn ab und zu ohne konkreten Anlass an. Von Mal zu Mal werden die Verhandlungen mit dieser Person leichter.
Hüten Sie sich allerdings vor zu engem Kontakt, wenn das kooperative Verhalten nur ein mieser Trick der Gegenseite ist. Der andere baut dann nämlich mit Ihnen eine Scheinfreundschaft auf, aus denen er die Vorteile zieht.

Bisher haben wir die grammatikalisch männliche Form (er, Verhandlungspartner etc.) immer sowohl für Männer als auch für Frauen verwendet. An dieser Stelle dürfen Sie die oben genannte männliche Form aber wirklich wörtlich nehmen, da wir nun die jeweilige weibliche Variante vorstellen. Es gibt zwar grundlegende, geschlechtsübergreifende Gemeinsamkeiten, einige wichtige Differenzierungen rechtfertigen jedoch, dass wir die vier Frauentypen noch einmal gesondert aufführen.

Falls Sie es nicht schon längst getan haben, lösen Sie sich bitte ein für alle mal von der Vorstellung, Frauen wären eher kooperativer und Männer eher dominanter. Sonst wird Sie die Realität schnell eines schmerzhaften Besseren belehren!

1. Die analytisch-rationale Gesprächspartnerin

Unterschätzen Sie diesen Typ nicht. Manche von ihnen sehen wie graue Mäuse aus, haben einen sonderbaren Kleidungsstil und unmögliche Frisuren. Da Frauen oft nach dem Äußeren beurteilt werden, könnte ihr unscheinbares Auftreten dazu verleiten, sie nicht ganz ernst zu nehmen. Tatsächlich stecken dahinter jedoch oft genug kluge Stateginnen, denen, wenn es um Fachwissen geht, kaum jemand das Wasser reichen kann.

2. Die dominierend-unterwerfende Geschäftspartnerin

Vermeiden Sie mit dieser Frau auf jeden Fall Streit. Wenn Sie ein Mann sind, werden Sie es vermutlich nicht gerade einfach haben, weil die Lebenserfahrung der dominierend-unterwerfenden Verhandlungspartnerin sie gelehrt hat, dass Männer mit diesem Frauentyp schwer zurechtkommen. Wenn Sie sich auf einen Machtkampf mit ihr einlassen, werden Sie ihn höchstwahrscheinlich verlieren – lassen Sie also lieber die Finger davon.

3. Die selbstdarstellende Gesprächspartnerin

Kommen Sie bei diesem Frauentyp nicht auf die Idee, plumpe Komplimente zu machen, die sich auf weibliche Attribute wie Kleidung, Charme etc. beziehen. Damit sind Sie für sie als ernstzunehmender Verhandlungspartner nämlich gestorben. Entweder die Dame wird sofort eisig oder bleibt zunächst aufgesetzt-freundlich, indem Sie das Kompliment zurückgibt. Am Ende wird sie Sie aber fallen lassen wie eine heiße Kartoffel.

4. Die kooperative Gesprächspartnerin

Die kooperative Frau zieht, wenn es darauf ankommt, alle „weiblichen Register": sie flirtet mit Ihnen oder versorgt Sie mütterlich mit Kaffee und Häppchen. Lassen Sie sich von diesem Verhalten jedoch nicht täuschen. Allzu oft könnte es aufgesetzt sein. Oder glauben Sie, diese Frau ist in eine derartige Position gekommen, weil sie so freundlich Gebäck anbietet? Das nette „typisch weibliche" Auftreten, auf das die Männer oft genug hereinfallen, kann also ebenfalls bloße Masche sein.

Allgemein gilt: Analysieren Sie das Verhalten Ihres Gesprächspartners und stellen Sie sich darauf ein. Versucht er, Sie durch bestimmte Verhaltensvarianten zu täuschen? Wenn Sie den tatsächlichen Typus herausgefunden haben, können Sie die Auflistung der letzten Seiten als Tipps verwenden, wie Sie am besten darauf antworten können.

Zusammenfassung Kapitel 1 bis 3

- Grundsätzlich gelten alle Regeln der Kommunikation auch für Verhandlungen. Wenn Sie Verhandlungen erfolgreich führen können, werden Sie beruflich entscheidend weiter kommen.
- Es gibt vier Grundregeln für die erfolgreiche Verhandlung:
  1. Bereiten Sie sich immer gründlicher vor als die Gegenseite. Treffen Sie alle Vorbereitungen schriftlich und durchdenken Sie Ihr Konzept und eventuelle Gegenargumente gut.
  2. Bemühen Sie sich um eine stressfreie und angenehme Atmosphäre. Vermeiden Sie alles, was Ihren Verhandlungspartner ärgern oder provozieren könnte. Bleiben Sie immer höflich und freundlich. Lassen Sie dem anderen den rhetorischen Vortritt.
  3. Stellen Sie Ihre Argumentationsführung bedacht an. Fangen Sie weder mit dem stärksten noch mit dem schwächsten Argument an. Gestalten Sie Ihre Argumente immer so, dass der andere darin einen Nutzen für sich selbst sieht.
  4. Halten Sie das Ergebnis der Verhandlung schriftlich fest und lassen Sie es sich von Ihrem Verhandlungspartner bestätigen.

- Fassen Sie sich kurz, halten Sie keine Monologe und stellen Sie sicher, dass der andere mehr Redeanteile hat als Sie selbst. Lassen Sie sich durch persönliche Beleidigungen, Wut- oder Gefühlsausbrüche der Gegenseite nicht provozieren. Verzichten Sie auf Belehrungen und darauf, dem anderen seine Schwächen unter die Nase zu reiben.
- Geben Sie nicht auf alles eine Antwort. Gerade wenn Sie eine besonders temperamentvolle oder friedliebende Person sind, sollten Sie diese Regel besonders beherzigen. Sonst könnte man Ihnen leicht Informationen entlocken, die Sie eigentlich gar nicht preisgeben wollten.
- Gehen Sie nach dem Sechs-Stufen-Modell vor: Zuhören und Fragen, Reagieren, Argumentieren, Vertrag, Abschluss.
- Versuchen Sie, Ihren Verhandlungspartner psychologisch einzuschätzen oder einzustufen. Lassen Sie sich aber nicht täuschen; das Verhalten Ihres Gegenübers könnte nur gespielt sein.
- Bleiben Sie bei rational-analytischen Gesprächspartnern immer absolut sachlich und legen Sie Zahlen und Fakten vor.
- Kommen Sie mit dominierend-unterwerfenden Personen sofort auf den Punkt. Scherzen Sie nicht und wahren Sie körperlichen Abstand. Zeigen Sie, dass Sie ihre Macht und Autorität vollkommen akzeptieren.
- Gehen Sie mit dem selbstdarstellenden Gesprächspartner locker und humorvoll um. Ermuntern Sie ihn durch Fragen, noch mehr von seinem interessanten Leben zu erzählen. Versuchen Sie aber niemals, ihn auszustechen, denn das wird er Ihnen besonders übel nehmen.
- Pflegen Sie mit kooperativen Menschen Kontakt, seien Sie ebenso freundlich wie sie selbst und plaudern Sie mit ihnen. Lassen Sie sich aber durch aufgesetzte Freundlichkeit nicht täuschen!

4. Überzeugend argumentieren

Lernziele dieses Abschnitts:
Nachdem Sie diesen Abschnitt durchgearbeitet haben, sollten Sie wissen
– wie man sich auf ein Verhandlungsgespräch optimal vorbereitet,
– wie, das heißt vor allem: mit welchen Techniken man überzeugend argumentiert und Gegenargumente geschickt auffängt.

4.1 Gute Vorbereitung ist das A und O

1. Halten Sie vor der Verhandlung Ihre Kernbotschaft bzw. Ihr Ziel schriftlich fest. Zum einen wird Ihnen so klarer, was für Sie am wichtigsten ist, zum anderen wird es Ihnen auch leichter fallen, Ihren Standpunkt vor anderen zu vertreten.
2. Sichern Sie Ihre Argumente inhaltlich ab. Konsultieren Sie Daten, Fakten und Erfahrungen, die für Sie sprechen. Nehmen Sie diese Daten mit in den Verhandlungsraum.
3. Versetzen Sie sich in die (Denk-)Welt Ihres Verhandlungspartners. Welche Vorgaben hat er, aus welchem Umfeld kommt er und was könnte ihn eventuell hindern, sich Ihrer Meinung anzuschließen?
4. Legen Sie mögliche Strukturen und Formen Ihrer Argumentation fest. Überlegen Sie sich Argumentationsketten, strategische Konzepte, rhetorische Mittel, Beweise und Fakten zur Unterstützung Ihrer Argumentation.

Ein „echtes Argument" besteht aus einer Behauptung, einer Begründung und eventuell aus einer Begründung zur Begründung. Behauptung und Begründung werden mit „weil" verknüpft. Eine Schlussfolgerung besteht aus der Begründung und der danach aufgestellten Behauptung. Diese Art der Argumentation wird mit Wörtern wie „deshalb" oder „deswegen" verknüpft. Dazu zwei einfache Beispiele:

Behauptung ⇨ Begründung („weil")	Begründung ⇨ Behauptung („deshalb")
Unsere Auftragslage ist so schlecht, weil unsere Konkurrenten viel billiger anbieten.	In Osteuropa sind die Löhne viel niedriger. Deshalb sollten wir uns überlegen, dort ein Werk zu eröffnen.

So sollten Sie sich auch vorbereiten: Dass Sie für jede Behauptung, die Sie aufstellen, eine passende und überzeugende Begründung liefern können.

4.2 Verschiedene Techniken, den eigenen Standpunkt gut darzustellen

- **Das Wenn-dann-Argument**

Dieses Argument weist auf Risiken, Chancen oder allgemein Konsequenzen hin, die eintreten, wenn der Verhandlungspartner der zuvor genannten Bedingung zustimmt. Beispiele:

„Wenn Sie vor Oktober unterzeichnen, können Sie unsere Ware mit ins Weihnachtsgeschäft einbinden."
„Wenn Sie die Preise so hochschrauben, müssen Sie damit rechnen, dass der Absatz zurückgeht."
„Wenn wir diesen Motor einbauen, werden wir pro Fabrikat über 18 Prozent sparen."

Sie haben sicherlich schon gemerkt, dass diese Argumente besonders stark wirken, wenn die „Wenn-Bedingung" eine zwingende oder zumindest wichtige Voraussetzung ist: „Nur wenn ..., dann ..."
Mit dem Wenn-dann-Argument wird nicht selten gedroht, Druck gemacht etc. Es schiebt dem, der sich für die Wenn-Bedingung bzw. Dann-Konsequenz entscheidet, viel Verantwortung zu.
Sie können auch längere Wenn-dann-Ketten aufstellen. So stellen Sie Konsequenzen in ihren Abhängigkeiten dar. Gewiefte Verhandlungspartner stellen mit Wenn-Dann-Ketten eine Verbindung zwischen Dingen her, die eigentlich gar keine Verbindung aufweisen.
Beispiel für eine Wenn-dann-Kette:

„Wenn wir die Kosten für die Kleiderproduktion senken, haben wir bald genug Kapital, um fünf neue Boutiquen zu eröffnen. Wenn wir mehr Verkaufsstellen haben, werden wir mehr Verkäuferinnen benötigen."

Fazit: Um neue Verkäuferinnen einstellen zu können, müssen wir die Kosten für die Kleiderproduktion senken. Diese Argumentation nennt man einen Syllogismus.

Gerade bei Argumentationsketten sollten Sie darauf achten, dass Ihre einzelnen Begründungen immer plausibel sind, sonst stellt Ihr Verhandlungspartner leicht Ihre gesamte Argumentation in Frage.

- **Das Dann-ist-nicht-Argument**

Formulieren Sie ein Wenn-dann-Argument. Entweder Sie sagen anschließend, dass die Dann-Konsequenz nicht richtig ist oder Ihr Verhandlungspartner weiss schon von sich aus, dass die Dann-Konsequenz nicht der Realität entspricht Etwa so: „Wenn es Probleme mit dem Zoll gegeben hätte, hätten wir doch ein Fax aus Miami erhalten." (Ihr Gesprächspartner weiß, dass kein Fax aus Miami eingetroffen ist.)

Auf diese Weise können Sie Zweifel ausräumen und Ihren Gesprächspartner beruhigen. Sie können aber auch gezielt dessen Misstrauen wecken, wie mit folgender Aussage:

> *„Wenn mit den Berichten alles in Ordnung wäre, hätte die Abteilung XY sie sicher nicht zum Korrekturlesen zu Müller und Co. gegeben."*

- **Das Wenn-ist-Fakt-Argument**

Auch das ist im Prinzip ein Wenn-dann-Argument, nur mit dem Unterschied, dass die Wenn-Bedingung bereits Fakt ist. Die Dann-Konsequenz wird deswegen auf dem Fuße folgen:

> *„Siemens wollte nach der deutschen Einheit auch Standorte in der ehemaligen DDR. Die Einheit ist ja nun vollzogen, also ..."*

- **Das Das-ist-immer-so-Argument**

Jeder von uns neigt zu Verallgemeinerungen. Wenn Sie Ihren Verhandlungspartner als nicht allzu streng einschätzen, dürfen Sie diese Verallgemeinerungen ruhig einsetzen, solange sie plausibel sind und sich im Rahmen halten. Beispiel:

> *„ In London ist immer schlechtes Wetter."*
> *„Wenn man mit der Bahn fährt, muss man immer mit Verspätungen rechnen."*

- **Das 85%-Argument**

Zahlen sprechen den rationalen Verstand des Menschen an. Stellen Sie sich vor, ein Vorgesetzter sagt zu seinem Mitarbeiter: „85 Prozent aller internationalen Projekte scheitern an der mangelhaften Kommunikation zwischen den Außenstellen." Die Zahl 85 suggeriert unserem Verstand, dass es sich um eine unwiderrufliche Tatsache handelt, die statistisch nachgewiesen wurde. Vergleichen Sie das obige mit folgendem Beispiel: „Wenn es uns gelingt, die Produktion noch effizienter zu machen, werden wir im nächsten Quartal 25 Prozent Gewinnsteigerung erreichen." Die Zahl 25 (50, 75) ist zu geläufig, zu markant, als dass man sie für eine errechnete Zahl hält. Glaubhafter wäre wiederum die Aussage: „Wenn es uns gelingt, die Produktion noch effizienter zu machen, werden wir im nächsten Quartal zwischen 23 und 28 Prozent Gewinnsteigerung erreichen."

Sie merken schon, dass auch Sie wahrscheinlich den „ungeraden", ungeläufigen Zahlen mehr Glauben schenken. Zu ungerade sollten sie aber nun auch wieder nicht sein, denn das kann Ihren Gesprächspartner leicht misstrauisch machen: „85,87 Prozent aller internationalen Projekte scheitern an der mangelhaften Kommunikation zwischen den Außenstellen." (Automatische Frage: Woher weiß der Sprecher das so genau? Wo kann man die Zahlen einsehen?)

Verwenden Sie diese Art der Argumentation,

- wenn Sie tatsächlich über statistische Ergebnisse verfügen,
- das Risiko eingehen können, die Wissenschaftlichkeit Ihrer Zahlen nur vorzutäuschen,
- fest damit rechnen, dass Ihr Gegenüber diese Zahlen akzeptiert oder
- zur Not auch Nachweise für die Richtigkeit der Zahlen nachliefern könnten.

- **Das Kann-nicht-anders-sein-Argument**

Dieses Argument soll die Richtigkeit einer bestimmten Aussage unterstützen. Die Form ist in etwa so: „Es ist so, wie ich sage. Wenn es nämlich nicht so wäre, dann .... Da es nicht so ist, ist es so, wie ich sage." Das war nun vielleicht ein bisschen verwirrend. Machen wir ein einfaches Beispiel: „Natürlich möchten wir, dass ausschließlich Ihre Ladenkette unsere Produkte verkauft. Wenn das nicht so wäre, hätten wir schon lange einen Vertrag mit XY unterzeichnet. Das haben wir nicht getan, da uns besonders daran liegt, den Auftrag mit Ihnen abzuschließen."

Ihre Aussage wird deswegen besonders glaubwürdig, weil das Gegenteil unglaubwürdig ist. (In unserem Fall: Warum sollte die Firma unseres Sprechers Verhandlungen mit dieser Ladenkette führen, wenn eine andere Firma schon längst unterzeichnet hätte?!) So können Sie leicht Bedenken zerstreuen und Einwände vorwegnehmen.

- **Das Entweder-oder-Argument**

Bei diesem Argument lassen Sie Ihrem Gegenüber nur die Wahl zwischen zwei Varianten, und nicht mehreren. Kleines Beispiel: „Möchten Sie Kaffee oder Tee?"; nicht: „Möchten Sie Kaffee oder Tee? Wir haben natürlich auch Mineralwasser, Säfte oder Cola? Was wäre Ihnen denn Recht?"

Durch die Entweder-oder-Frage fördern Sie die schnelle Entscheidung. Mit hoher Wahrscheinlichkeit wird Ihr Verhandlungspartner sich für eines von beiden entscheiden, und nicht lange nachfragen. Er wird das Gefühl haben, souverän und frei entscheiden zu dürfen. Dabei ist jedoch wichtig, dass Sie das „entweder" keinesfalls in Ihren Satz mit einbauen, also *nicht*: „Entweder Sie entscheiden sich sofort oder ich rufe Sie Mitte nächster Woche an.", sondern: „Sie können sich gerne sofort entscheiden, oder ich rufe Sie Mitte nächster Woche an."

Diese Taktik wird gerade von Verkäufern gerne zum Schluss eines Gesprächs hin eingesetzt: „Sollen wir die Ware liefern, oder möchten Sie sie lieber selbst abholen?" Indem der potentielle Käufer sich für eine dieser beiden Varianten entscheidet, hat er sich praktisch schon für den Kauf selbst entschieden. Das können Sie auch bei einem Verhandlungspartner einsetzen, dem Sie nichts „verkaufen", sondern zu Ihrem Idealergebnis hinführen wollen.

- **Das Amerikanische-Wissenschaftler-Argument**

Die meisten Menschen lassen sich von viel Bildung beeindrucken. Besonders Ärzte und Juristen werden beispielsweise als außergewöhnlich intelligent angesehen, während man beispielsweise Lehrern meistens skeptisch gegenübersteht. In unserem Kulturkreis haben „amerikanische Wissenschaftler" die größte geistige Autorität. Raten Sie einmal, welche der beiden Aussagen Ihren Verhandlungspartner mehr überzeugt:

A: „Kenianische Psychologen haben herausgefunden, dass ein halber Liter Wein täglich das Burnout-Syndrom deutlich reduziert und damit einem Herzinfarkt vorbeugt."

B: „Amerikanische Wissenschaftler haben herausgefunden, dass ein halber Liter Wein täglich das Burnout-Syndrom deutlich reduziert und damit einem Herzinfarkt vorbeugt."

Beim ersten Satz müssen Sie vielleicht sogar damit rechnen, dass man Sie auslacht. Ihre Verhandlungspartner werden zynisch reagieren und sich über diese Aussage lustig machen: „Was wissen die denn von Burnout-Syndrom?! Bei denen läuft doch eh alles im Schneckentempo." oder: „Das muss ja lustig gewesen sein, ein paar betrunkene kenianische Psychologen."
Ganz anders jedoch beim Satz B: Man wird anerkennend nicken und wahrscheinlich nicht weiter nachhaken.

Wenn Sie amerikanische Wissenschaftler als Referenz nennen, haben Sie immer gute Karten, dass man Ihnen glaubt. Setzen Sie dies auch gezielt ein, wenn Sie befürchten, dass Ihr Gesprächspartner an Ihrer sachlichen Kompetenz zweifelt. Sagen Sie dieses Argument jedoch nicht ins Blaue hinein, sondern bereiten Sie sich auf eventuelle Rückfragen vor, wie den Namen des Professors, des Lehrstuhls und der Universität. Im Internet finden Sie heute zu allen erdenklichen Sachgebieten amerikanische Studien, die sowohl eine bestimmte These als auch deren Gegenteil wissenschaftlich nachgewiesen haben.

- **Das Das-ist-wie-Argument**

Dieses Argument regt die bildliche Vorstellung durch einen Vergleich an. Die meisten Menschen denken in Bildern. Ihren Verhandlungspartnern wird es durch diese Art der Argumentation besonders leicht fallen, Ihnen zu folgen und Ihren Standpunkt plausibel zu finden.

„Der Kunde muss seinem Ärger so richtig Luft machen können. Man darf ihn nicht unterbrechen und ihn nicht zurechtweisen! Das ist wie bei einer Flasche, die unter starkem Druck steht. Wenn ich da einen Pfropfen draufmache, explodiert sie, und mir bleiben nichts als tausend Scherben."

Dadurch untermalen Sie Ihren Standpunkt besonders anschaulich. Achten Sie aber darauf, dass Sie keine platten Vergleiche wählen und Ihren Kommunikationspartner mit diesen Vergleichen nicht verärgern. Außerdem sollten Ihre Vergleiche nicht hinken, sonst haben Sie es sich womöglich schnell verscherzt und müssen mit unangenehmen Rückfragen fertig werden.

- **Das Weil-Argument**

Bei diesem Argument muss man differenzieren. Es kann positiv oder negativ ausfallen, je nach Situation und Ihren rhetorischen Fähigkeiten. Zunächst zum „negativen" Weil-Argument:
Dieses Argument folgt normalerweise auf eine Warum- oder Wozu-Frage, die nicht selten einen vorwurfsvollen Unterton hat und eine gewisse Rechtfertigung vom Befragten erwartet:

„Wozu brauchen Sie einen 19-Zoll-Monitor?"
„Wozu soll es gut sein, dass Sie das Ganze ständig hinausschieben?"
„Warum wollen Sie diesen Rabatt nicht an die Kunden weitergeben?"
„Warum haben Sie Ihren alten Job schon nach sechs Monaten aufgegeben?"

Wenn Sie hier mit „Weil" antworten, kann es Ihnen passieren, dass Sie sich in eine immer ungeschicktere Lage bringen, weil Ihr Verhandlungspartner eine Warum- oder Wozu-Frage nach der anderen nachlegen wird und Sie ich immer wieder neu erklären müssen. Überlegen Sie sich also ganz genau, ob es sinnvoll ist, ein Weil-Argument zu geben. Oft ist es besser, zu antworten:

„Darüber möchte ich jetzt nicht sprechen."
„Ach, das würde jetzt zu weit führen."
„Wieso fragen Sie so genau nach?"
„Fragen Sie das jetzt im Ernst?"

Wenn der andere hartnäckig nachbohrt, winden Sie sich nicht heraus, sondern lachen Sie ihn offen und freundlich an und fragen Sie: „Ist das jetzt ein Verhör?"
Ihr Gesprächspartner wird merken, dass Sie ihn nicht weiter vor lassen.

Auf der anderen Seite kann ein Weil-Argument aber auch dazu einladen, offen über den eigenen Standpunkt und die Ziele zu sprechen. Das fördert die Kommunikation und kann sich positiv auf den weiteren Verlauf der Verhandlung auswirken.

„Die Preise sind deshalb gestiegen, weil in der letzten Saison schwere Stürme über die Hälfte der Ernte vernichtet haben."
„Wir möchten von dem Geschäft Abstand nehmen, weil wir selbst noch nicht wissen, wie es bei uns nach der Umstrukturierung weitergeht."

Mit dieser Art von Weil-Aussagen machen Sie Ihre Gründe, Entscheidungen und Meinungen deutlich. So kann Ihr Gesprächspartner gezielt auf Ihre Gründe eingehen und auf dieser Basis mit Ihnen weiterverhandeln.

- **Noch mehr Argumente**

Es gibt noch eine Vielzahl von weiteren Argumenten, die wir hier aus Platzgründen nicht alle detailliert aufführen können. Wir stellen sie nur kurz mit jeweils einem oder zwei Beispielen vor:

„Das muss einen Grund haben.“

> *„Sie verhandeln mit uns, obwohl Sie öffentlich bestätigt haben, schon eine Zusage von der Firma XY bekommen zu haben. Das hat doch einen Grund, oder?“*

Durch diese Aussage provozieren Sie Ihren Verhandlungspartner, Ihnen viele wertvolle Informationen zu übermitteln.

„Wenn das jeder tun würde.“

Dieses Argument ist an sich ziemlich blödsinnig, „zieht“ aber fast immer. Die meisten Gesprächspartner geben dann kampflos auf.

> *„Sie werden doch verstehen, dass ich Sie hier brauche, und dass ich Sie nicht für ein halbes Jahr nach Barcelona versetzen kann. Wenn jeder ins Ausland ginge, hätten wir ja hier keine Leute mehr.“*
> *„Sie wollen die Artikel um mehr als ein Viertel günstiger. Wenn das jeder wollte, könnten wir Ihnen gar nichts mehr liefern, weil wir dann nämlich bankrott wären.“*

„Jetzt sind wir schon so weit.“

Damit unterstreichen Sie die Dringlichkeit und schieben Ihrem Verhandlungspartner die Verantwortung zu, einen Rückschritt oder große Verschwendung zu verschulden, wenn er Ihren Plänen nicht zustimmt. Bauen Sie dennoch nicht auf dieses Argument allein, sondern finden Sie immer eine gute Erklärung für Ihren Standpunkt.

> *„Jetzt sind wir schon so weit, dass wir alles auf Access umgestellt haben. Sie wollen doch nicht wirklich, dass wir nun wieder mit Excel arbeiten?“*
> *„Nun haben wir schon alle Schulbücher in neuer Rechtschreibung gedruckt. Sie wollen doch nicht, dass wir Bücher für 4,3 Millionen Euro wieder einstampfen lassen.“*

„Das ist so üblich.“

So fordern Sie Ihren Gesprächspartner dazu auf, sich an die Gepflogenheiten zu halten:

> *„Wir machen zuerst immer Fotos mit Laien, bevor wir auf Models zurück greifen. Das ist hier so üblich.“*
> *„Wir laden unsere Geschäftspartner immer zum Scampi-Essen ein. Das hat in unserem Hause Tradition.“*

4.3 Auf Argumentationsschwächen der Gegenseite richtig eingehen

Gerade haben wir gelernt, wie wir unsere eigenen Argumente ins rechte Licht rücken. Nun wollen wir uns darauf konzentrieren, wie man mit (teilweise unfairen) Argumenten der Gegenseite richtig umgeht. Auch diesmal werden die verschiedenen Argumente kurz mit jeweils zwei oder drei Beispielen erläutert.

* **„Offensichtlich"**

Mit Sätzen wie „Es liegt doch auf der Hand, dass ..." oder „Wie heute jedes Kind weiß ..." will Ihr Verhandlungspartner seinen eigenen Standpunkt als allgemein gültige Meinungen und Tatsachen hinstellen. Kontern Sie mit Formulierungen wie:

„So offensichtlich ist das nun auch nicht. Erklären Sie mir das doch bitte einmal."
„Sie dürfen mich für dumm halten, aber mir ist das nicht ganz klar. Wie kommen Sie denn auf diese Ergebnisse?"

* **„Ehrenwort"**

Mit dem „Ehrenwort" wird gerne gelogen: „Ich gebe Ihnen mein Ehrenwort." – „Ich bin wirklich kein Lügner, wenn ich sage ..." Derjenige, der sein Ehrenwort gibt, zählt im Regelfall darauf, dass Sie sein Ehrenwort nicht anzweifeln. Aber gerade jemand, der diese Taktik anwendet, verdient es, dass Sie das „Ehrenwort" hinterfragen. Darauf können Sie antworten:

„Wir sollten nicht gleich mit Ehrenwörtern dramatisieren. Lassen Sie uns einfach festhalten, was .."
„Ich bin nun mal ein Mensch, der sich auf Fakten verlässt, nicht auf Ehrenwörter. Deshalb sagen Sie mir bitte ..."

Ich würde doch nie etwas unerlaubt aus der Firma mitnehmen – Ehrenwort.

• **Moralische Erpressung**

Damit will die Gegenseite Sie in ihre Richtung drängen. Wenn Sie sich dem widersetzen, werden Sie als herzloser Schuft oder zumindest als kalter Egoist hingestellt: „Ihnen liegt wohl gar nichts an Ihren Kollegen?!" – „Im Interesse des Unternehmens bleibt Ihnen keine andere Wahl, als ..." –"Das müssen Sie mit Ihrem Gewissen ausmachen ..."

Wenn diese Sätze wirklich eindeutig auf Erpressung hinauslaufen, sollten Sie die Verhandlung sofort abbrechen. (Man kann schon mal an Ihr gutes Herz appellieren mit Sätzen wie: „Ich bitte Sie wirklich, uns in dieser Sache zu vertreten.", aber es darf nie auf Erpressung hinauslaufen!) Mit folgenden Sätzen geben Sie den „schwarzen Peter" wieder an die Absenderadresse zurück:

„Höre ich da etwa Erpressung aus dem letzten Satz heraus?"
„Vielen Dank, um mein Gewissen kann ich mich allein kümmern. Lassen Sie uns lieber auf die Tatsachen zurückkommen."
„Sie greifen mich persönlich an und Sie wollen, dass ich Ihnen einen Gefallen tue? Finden Sie das normal?"

• **Vorauseilende Diffamierung**

Ihr Verhandlungspartner versucht, Sie daran zu hindern, einen Standpunkt zu vertreten, der ihm nicht Recht ist. Bevor Sie sich überhaupt zum Thema geäußert haben, diffamiert er den Standpunkt, von dem er annimmt, Sie könnten ihn vertreten. Beispiel: „Ein blutiger Anfänger würde die Sache vielleicht soundso sehen, aber ..." – „Der gesunde Menschenverstand sagt einem doch ..." – „Nur feige Leute würden hier einwenden, dass ..."

Lassen Sie sich davon auf keinen Fall einschüchtern. Ihr Verhandlungspartner hat anscheinend wenig Fakten zu bieten, wenn er diese üble Manipulationstechnik anwendet. Sie können ihm zeigen, dass Sie diesen gemeinen Trick durchschaut haben:

„Sie haben Recht, dass jeder mit seinem Erfahrungsschatz an gewisse Problemstellungen oder Aufgaben herangeht. Darf ich meine Überlegungen und Fakten präsentieren? Dann können Sie mir Ihre Einschätzung detailliert erläutern."

Wenn er Sie weiter diffamiert, kontern Sie provokativ:

„Ihren Ausführungen bin ich mit Interesse gefolgt. Unser Termin / Treffen hat das Ziel, unterschiedliche Aspekte abzuwägen / zu diskutieren. Eine Bewertung eines Vorschlags sollte am Schluss des Gespräches stehen."

Wenn er sogar nach diesen scharfen Geschützen nicht mit Räson antwortet, brechen Sie die Verhandlung ab. Denn als „Verhandlung" kann man das schon lange nicht mehr bezeichnen!

„Wenn Sie an anderen Informationen nicht interessiert sind, sollten wir uns jetzt, heute die Zeit für die Fortführung des Gespräches ersparen. Ein Ergebnis haben wir somit leider noch nicht erzielt."

- **Ausklammern**

Dadurch versucht die Gegenseite von vornherein, bestimmte Themengebiete zu ihren Gunsten auszuklammern: „Die Kostenfrage steht heute nicht zur Debatte. Wir wollen uns lieber um ... kümmern." – „Lassen wir die Maßnahmen für die Umweltauflagen für heute außer acht und konzentrieren wir uns auf ..."

Wenn gleich von Anfang an etwas ausgeklammert wird, wird es Ihnen im Verlauf der Verhandlung schwer fallen, das Thema doch anzuschneiden. Antworten Sie beispielsweise folgendermaßen, um sicherzustellen, dass Sie sich grundsätzlich alle Türen offen lassen:

„Jetzt lassen Sie uns erst einmal anfangen, und dann werden wir sehen, welche Punkte wir noch zu besprechen haben."
„Gut, wenn Sie meinen, können wir das Thema zurückstellen, wenn Sie mit ... beginnen möchten."
„Ich glaube nicht, dass wir schon jetzt festlegen sollten, was wichtig ist, und was nicht. Das wird der Verlauf der Verhandlung ja erst noch zeigen."

Für alle Argumente der Gegenseite gilt: Haken Sie nach, wenn Ihnen etwas „spanisch" vorkommt. Bestehen Sie auf genaue Daten und Fakten. Lassen Sie sich nicht provozieren und brechen Sie die Verhandlung ab, wenn Ihr Verhandlungspartner allzu unverschämt und persönlich wird. Lassen Sie sich nicht einschüchtern und nicht manipulieren. Seien Sie darauf gefasst, dass man das unter Umständen mit Ihnen vorhat. Versuchen Sie immer zu analysieren, welche Taktik Ihr Gegenüber anwendet und kontern Sie bei unfairen Verhandlungspartnern damit, dass Sie seine Tricks durchschauen. So nehmen Sie ihm schnell den Wind aus den Segeln.

Zusammenfassung Kapitel 4

- Gute Vorbereitung ist für eine erfolgreiche Verhandlung unerlässlich. Legen Sie vor der Verhandlung Ihre Kernbotschaft bzw. Ihr Ziel schriftlich fest. Sichern Sie Ihre Argumente inhaltlich ab. Konsultieren Sie Daten, Fakten und Erfahrungen, die für Sie sprechen. Nehmen Sie diese Daten mit in den Verhandlungsraum. Versetzen Sie sich in die (Denk-) Welt Ihres Verhandlungspartners. Legen Sie mögliche Strukturen und Formen Ihrer Argumentation fest. Überlegen Sie sich Argumentationsketten, strategische Konzepte, rhetorische Mittel, Beweise und Fakten zur Unterstützung Ihrer Argumentation.
- Achten Sie darauf, für jede Behauptung eine plausible Begründung parat zu haben.
- Verwenden Sie das Wenn-dann-Argument, wenn die Wenn-Bedingung besonders zwingend oder zumindest eine wichtige Voraussetzung ist.
- Setzen Sie das Dann-ist-nicht-Argument ein, wenn Sie beweisen können, dass die Dann-Konsequenz nicht eintreten wird (bzw. nicht eingetreten ist).
- Gebrauchen Sie das 85%-Argument, um mit (angeblich) errechneten Zahlen Ihre Behauptung zu untermauern oder zu beweisen. Zahlen sprechen den rationalen Verstand an, deswegen wird man Ihnen besonders gerne glauben.
- Lassen Sie Ihrem Verhandlungspartner mit dem Entweder-oder-Argument die Wahl zwischen zwei für Sie günstigen Alternativen.
- Bringen Sie das Amerikanische-Wissenschaftler-Argument an, wenn Ihr Verhandlungspartner möglicherweise an Ihrer sachlichen Kompetenz zweifelt. Seien Sie auf Rückfragen vorbereitet.
- Mit dem Das-ist-wie-Argument können Sie Ihren Standpunkt besonders anschaulich darstellen. Wählen Sie dazu einen bildhaften Vergleich. Achten Sie aber darauf, dass Ihr Vergleich nicht hinkt und nicht als platt aufgefasst wird.
- Vermeiden Sie das Weil-Argument, wenn Sie sich nicht rechtfertigen wollen. Sonst schlittern Sie ganz schnell von einer Erklärung zur nächsten. Wenn es Ihnen sinnvoll erscheint, dieses Argument einzusetzen, reden Sie offen über Ihre Gründe und Entscheidungen und fordern Sie Ihren Verhandlungspartner dazu auf, das Gleiche zu tun.
- Analysieren Sie die Argumentationsschwächen der Gegenseite. Weisen Sie der Gegenpartei aber keine Irrtümer, logischen Fehler oder ähnliches nach, denn das rächt sich bitter. Haken Sie nach, wenn jemand mit der „Offensichtlich"-Behauptung argumentiert, Ihnen ungefragt sein Ehrenwort gibt oder Sie moralisch erpressen will. Lassen Sie sich nicht provozieren, bleiben Sie immer Herr der Lage und lassen Sie sich Ihre Verärgerung nicht anmerken.
- Antworten Sie schlagfertig auf vorauseilende Diffamierungen. Stellen Sie sicher, dass nicht schon zu Beginn Wichtiges ausgeklammert wird und lassen Sie sich nicht einschüchtern. Wenn Ihr Verhandlungspartner allzu unverschämt oder persönlich beleidigend wird, brechen Sie die Verhandlung ab. Denn zu einem Ergebnis führt diese Art der Kommunikation mit Sicherheit nicht.

5. Fragetechnik richtig angewandt

Lernziele dieses Abschnitts:
Nachdem Sie diesen Abschnitt durchgearbeitet haben, sollten Sie wissen
- weshalb Fragetechnik besser ist als Sagetechnik,
- worauf insbesondere bei Verhandlungen mit ausländischen Gesprächspartnern bezüglich der Fragetechnik zu achten ist,
- welche Bedeutung Fragen auf der Beziehungsebene spielen und wie Sie diese beeinflussen können.

An dieser Stelle gehen wir noch einmal ausführlich auf Fragetechnik ein, da sie für eine erfolgreiche Verhandlungstechnik von größter Wichtigkeit ist. So banal es klingen mag: es gibt einen Fehler, den fast alle Menschen, die ganz besonders auf gute Verhandlungsergebnisse angewiesen sind – also Verkäufer, Fach- und Führungskräfte, Freiberufler, Angestellte, die besonders häufig Kundenkontakt haben etc. – regelmäßig machen. Er lässt sich auf die einfache Formel bringen: Sage- statt Fragetechnik. Das heißt: Sie sagen zu viel und fragen zu wenig.

Dabei dürfte der offensichtlichste Vorteil schon Grund genug sein, Frage- statt Sagetechnik anzuwenden: Denn wer fragt, führt das Gespräch und kann es in eine für ihn günstige Richtung lenken. Er hat die Kontrolle über das, an was der andere gerade denkt und erhält ganz nebenbei wertvolle Informationen.

Versuchen Sie sich einmal an Situationen aus Ihrem Alltag zu erinnern, auf die die Formel von zuviel Sagetechnik passt. Wahrscheinlich hat auch Sie schon einmal ein übereifriger Verkäufer mit endlosen Monologen gelangweilt, ohne dass Sie Ihren eigenen Standpunkt äußern konnten. Viele Kunden ärgern sich darüber sogar so, dass sie, obwohl sie eigentlich vor hatten, mit diesem Verkäufer ins Geschäft zu kommen, kurzerhand die (Verkaufs-)Verhandlung abbrechen. Was wir eben festgehalten haben, gilt nebenbei gesprochen nicht nur für Verkaufssituationen, sondern für alle Arten der Verhandlungen, sei es mit Kunden, Mitarbeitern, Vorgesetzten oder der eigenen Familie.

Gerade in besonders schwierigen Verhandlungssituationen, wenn sich der andere merklich sträubt, tendieren viele Menschen dazu, minutenlang auf ihren Kommunikationspartner einzureden, anstatt dem Gespräch durch intelligente Fragen eine positive Wendung zu geben. Und je mehr der, der spricht, die Ablehnung des anderen spürt, desto mehr wird er monologisieren, bis die Situation ganz verfahren ist. Das geschieht in fast allen Fällen unbewusst. Oft findet der, für den die Verhandlung negativ verlaufen ist, auch lange danach keinen plausiblen Grund für sein Scheitern. Objektiv gesehen hatte der Unterlegene die besseren Argumente, aber die Verhandlung verlief trotzdem negativ für ihn.

Mit sehr hoher Wahrscheinlichkeit ist die Ideallösung in jeder schwierigen Verhandlungssituation Frage- statt Sagetechnik. Das heißt: Anstatt lange zu monologisieren und den anderen damit zu langweilen oder gar zu verärgern, sollte man lieber nachfragen, wie das Gegenüber zur Sache steht. Man sollte sich nach seinen Wünschen erkundigen und zunächst die Meinung des anderen aufmerksam anhören. Vergessen Sie dabei nicht, Ihr Gegenüber immer ausreden zu lassen. Stellen Sie durch Fragen sicher, dass Sie alles so verstanden haben, wie Ihr Kommunikationspartner es gemeint hat.

Ein einfaches Beispiel verdeutlicht, was wir gerade abstrakt formuliert haben. Stellen Sie sich folgende Situation vor: Ein Kunde geht ins Reisebüro. Er möchte einen Erholungsurlaub in Südspanien buchen.

Kunde:	*„Ich interessiere mich für eine Reise nach Südspanien im Februar."*
Verkäufer:	*„Hu, Südspanien ist im Februar ganz schlecht. Da haben Sie noch schlechtes Wetter und außerdem ist nichts los. Fliegen Sie doch lieber nach Kuba oder in die Dominikanische Republik, da können Sie sicher sein, dass Sie schön baden können."*
Kunde:	*„Aber ich will doch gar nicht unbedingt baden. Es reicht mir schon, wenn ich mit einem T-Shirt am Strand entlang laufen kann."*
Verkäufer:	*„Ja, sehen Sie. Und genau das können Sie wahrscheinlich eben nicht. Auf der nördlichen Halbkugel ist nun mal Winter, da hat es in Südspanien vielleicht gerade einmal fünf Grad mehr als bei uns, also kaum über 10 bis 15 Grad."*
Kunde:	*„Ich habe aber die Wettervorhersage für die nächste Woche gesehen, und die Temperaturen sollen so um die 21-23 Grad liegen."*
Verkäufer:	*„Das mag ja sein, aber Spanien ist ohnehin out. Ich sage Ihnen, für die Dominikanische Republik haben wir zur Zeit einige sehr preiswerte Angebote da."*
Kunde:	*„Ich wollte eigentlich nicht so weit weg; wissen Sie ..."*
Verkäufer:	*„Aber alle unsere Kunden schwärmen geradezu von der Dominikanischen; außerdem gibt es da schöne neue Hotels, nicht so abgewohnte Bettenburgen wie in Spanien."*
Kunde:	*„Ja, aber es interessiert mich eigentlich gar nicht, was in und was out ist und wo die anderen Leute hinfahren. Ich wollte ..."*
Verkäufer:	*„Sie haben da einen wunderbaren Strand und kristallklares Wasser. Und das Essen ist auch ganz klasse."*
Kunde:	*„Haben Sie denn nur Fernreisen? Ich dachte, ich könnte mich hier beraten lassen."*
Verkäufer:	*„Sie müssen ja wohl zugeben – zwei Wochen Dominikanische Republik, fünf Sterne, all inclusive für 800 Euro, da wären Sie ja dumm, wenn Sie in Europa Urlaub machen würden."*
Kunde:	*„Dann bin ich eben dumm. Aber vielleicht denkt man da in einem anderen Reisebüro anders. Guten Tag!"*

Der Reisebüroangestellte würde im Nachhinein vor sich selbst und Dritten bestimmt beteuern, alles getan zu haben, um diesem Kunden eine Reise zu verkaufen. Selbst wenn Sie nun denken, es wäre völlig klar, dass dieser Verkäufer das Gespräch von Anfang vermasselt hat: in vielen Fällen laufen negative Verhandlungen nach diesem Schema ab. Und das Schlimmste dabei ist, dass es sich danach niemand erklären kann, wie es zu diesem ungewollten Ergebnis gekommen ist. Das hat schwerwiegende Folgen: Man begeht denselben Fehler beim nächsten und übernächsten und überübernächsten Mal immer wieder.

Gerade wenn Ihnen das Verhandlungsergebnis sehr wichtig ist, sollten Sie sich ganz genau kontrollieren, ob Sie selbst zuviel reden. Denn wenn Sie im wahrsten Sinne des Wortes „gestresst" sind, also wenn Ihr Körper Stresshormone produziert, kann es leicht zu Denkblockaden kommen. Sie werfen dann unbewusst alle guten Vorsätze über Bord und verfallen in die alte, negative Sagetechnik.

Der krampfhafte Versuch, jemand anderen zu überzeugen, kann auch dazu führen, dass wir diese aktuelle Diskussion gewinnen, den Kunden dabei aber so verärgern, dass wir ihn verlieren. Was nützt es uns, wenn wir fachlich brillant argumentieren, aber keinen Erfolg haben, weil wir psychologisch falsch vorgehen? Das ist dann besonders schlimm, wenn es sich nicht um einen potentiellen Neukunden, sondern um einen Stammkunden handelt. Das, was wir eben festgehalten haben, können wir auf alles ausweiten, was mit verkaufen, überzeugen oder verhandeln zu tun hat – und zwar ganz gleich, ob sich das im Privat- oder Berufsleben abspielt.

Sagetechnik verhindert so gut wie immer ein für beide (auch langfristig) positives Gesprächsergebnis und baut zwischenmenschliche Spannungen auf. Sätze wie „Wenn Sie alle Angebote genau miteinander vergleichen, werden Sie feststellen, dass unseres am besten ist." oder „Wenn Sie alles noch einmal in Ruhe prüfen, werden Sie meiner Meinung sein." sind psychologisch fatal, weil sie (unbewusste) Kampfsignale senden, die der andere ebenso unbewusst aufnimmt und darauf reagieren wird.

Daneben ist ein weiterer psychologischer Aspekt besonders wichtig. So gut wie jeder von uns fasst fehlende Anerkennung im Zweifelsfall als Kritik oder Tadel auf; ganz besonders dann, wenn man gerade einen schlechten Tag oder von vornherein kein hohes Selbstwertgefühl hat. Das mag nun etwas extrem klingen, so als ob jeder gleich mimosenhaft reagieren würde, wenn er zum Beispiel nach einer Aussage nicht sofort Zustimmung und Anerkennung erhält. In der Tat ist es so, dass die meisten Menschen unsicher werden, wenn Sie nicht sofort eine Form von Feedback von ihrem Kommunikationspartner bekommen. (Das kann zum Beispiel eine zustimmende Bemerkung oder ein Kopfnicken sein.) Fragen signalisieren Ihrem Gegenüber, dass Sie ihn respektieren und ernst nehmen und sich für ihn und seinen Standpunkt interessieren. Ihr Verhandlungspartner spürt so intuitiv, dass Sie ihm wohlgesonnen sind und ihm Ihre ganze Aufmerksamkeit schenken – und dafür wird er sich bei Ihnen bedanken.

Halten wir also fest: Fragen sind psychologische Streicheleinheiten für die Seele. Besonders dann, wenn unser Verhandlungspartner gerade einen schlechten Tag und wenig Selbstwertgefühl hat, wäre ein Redeschwall unsererseits ein psychologischer Super-GAU. Diese Verhandlung (und vielleicht auch die folgenden) können wir dann getrost vergessen.

Um es noch einmal ganz deutlich zu sagen: Fragetechnik ist keine Form der Intelligenz, Cleverness oder gar Liebenswürdigkeit; gute Fragetechnik lässt sich trainieren. Wenn Sie einmal an Ihre Kindheit zurückdenken, werden Sie sich sicher erinnern, dass Sie als Kind sehr viel gefragt, irgendwann aber keine befriedigenden Antworten mehr erhalten haben. Kinder stellen häufig sehr intelligente, sogar philosophische Fragen. Wenn ein Kind zum Beispiel fragt: „Warum geht die Sonne auf?", wird es zunächst vielleicht noch eine einigermaßen passable Antwort bekommen, vielleicht wird eine müde Mutter oder ein gestresster Vater schon darauf (oder auf eine weitere Nachfrage) einfach antworten: „Das verstehst du noch nicht!" Beliebt ist auch der Satz: „Warum ist die Banane krumm?", der dem Kind bestimmt jede weitere Lust am Nachfragen nimmt. Es ist möglich, dass das Kind regelrecht Angst vor der Reaktion auf seine Frage entwickelt und so jedes natürliche Fragen unterdrückt. In der Schule geht es dann weiter: wer dumme Fragen stellt, wird ausgelacht, wer intelligente Fragen stellt, gilt als Streber, und so wird antrainiert, dass man besser nicht fragen sollte. Der Lehrer stellt (leider) nun einmal die Fragen, und nicht selten zittern die Schüler regelrecht davor. So verlernt man, je älter man wird, systematisch die Fragetechnik, die wir alle als Kinder mühelos beherrschten. Diese Fähigkeit gilt es wieder aufzubauen, wenn man bei allen Arten von Verhandlungen erfolgreich sein will.

5.1 Vorteile der Fragetechnik

Fassen wir die Vorteile der Fragetechnik einmal kurz zusammen:

Wer fragt, hat die Kontrolle über das Gespräch. Wer nur oder zu lange selber redet, verliert die Kontrolle. Wer fragt, zeigt Interesse am Standpunkt des anderen. Wer fragt, lernt den Verhandlungspartner, seine Wünsche und Meinung Schritt für Schritt kennen und schafft damit eine positive Gesprächsatmosphäre. Indem wir fragen, bestimmen wir, worüber der andere zwangsläufig nachdenken muss. Wenn wir aber selber monologisieren, haben wir keine Kontrolle über das, was der andere denkt. Wenn wir Glück haben, folgt er uns gedanklich, wenn nicht, schaltet er einfach ab und bekommt so unsere wichtigen Informationen nicht mit, weil sein Gehirn ganz und gar auf Abblocken programmiert ist. Durch regelmäßige Detailfragen bringen wir ihn immer wieder dazu, in „unsere Richtung" zu denken, auch wenn er ab und zu einmal gedanklich abschweift.

Außerdem kann Ihr Gegenüber sich durch Fragen niemals persönlich angegriffen fühlen. Denn wenn Sie etwas als Aussage formulieren, das Ihrem Gesprächspartner nicht passt, kann er leicht mit Abwehr oder Angriff reagieren. Wenn Sie aber fragen, dann laden Sie ihn ein, seine Meinung kundzutun – und das zahlt sich positiv aus, denn die meisten Menschen werden gerne nach ihrer Meinung gefragt.

Erinnern Sie sich bitte auch daran, vermeiden Sie Mehrfachfragen, Suggestivfragen, schuldandeutende Fragen, hypothetische Fragen, Imperativfragen und verschleiernde Fragen.

5.2 Fragetechnik in internationalen Verhandlungen

Falls Sie in einer Branche arbeiten, in denen Sie häufig Kontakt zu ausländischen Geschäftspartnern haben, dürfte dieses Unterkapitel besonderes wichtig für Sie sein. Und – um es gleich vorwegzusagen: Hier soll es auf keinen Fall darum gehen, Vorurteile aufzubauen oder die eine oder andere Nation als „schlecht" hinzustellen. Vielleicht sind ja gerade Ihre Verhandlungspartner oder Sie selbst die Ausnahme der Regel. Dennoch scheint es angebracht, kurz auf die Problematik, die sich in Verhandlungen mit internationaler Besetzung oftmals ergibt, einzugehen.

Es hat sich immer wieder gezeigt, dass Deutschsprachige mit Fragetechnik wesentlich mehr Probleme haben als andere Europäer (oder auch Amerikaner). Diese Aussage ist natürlich nicht ganz unproblematisch, da sie nicht immer allgemeine Gültigkeit reklamieren kann. Dennoch sollten Sie sie einmal in Ruhe überdenken. Es passiert nämlich nicht gerade selten, dass deutsche Geschäftsleute in Verhandlungen mit anderen Europäern anecken. Sie können sich auch im Nachhinein nicht erklären, warum die Stimmung in der Verhandlung aus ihrer Sicht so schlecht war und schieben diese Tatsache vielleicht auf Vorurteile der anderen Teilnehmer.

Meistens ist es jedoch einfach so, dass die Sagetechnik, die im Deutschen besonders ausgeprägt ist, in die Verhandlungssprache übernommen wird und bei den anderen nicht gut ankommt. Die Ablehnung der anderen geschieht so gut wie immer auf einer Ebene, die weder dem „Vielsager" noch seinen Kommunikationspartnern bewusst ist. Deswegen lässt sie sich auch so schlecht erklären und nachvollziehen.

5.3 Fragen sind der Schlüssel in und zu jeder Beziehung

Etwas ganz Entscheidendes kommt noch zu dem dazu, was wir bereits festgehalten haben; egal ob es sich um Verhandlungen mit internationalen Partnern oder um Gespräche oder Verhandlungen mit Deutschen, den Kollegen oder ähnliches handelt: Gerade, wenn Sie am Anfang einer Beziehung zu jemandem stehen, sollten Sie verstärkt auf Fragetechnik setzen. Denn jemand, den Sie bisher nicht kennen und der Sie bisher nicht kennt, wird diesen Eindruck, den er während der ersten Verhandlung von Ihnen erhält, benutzen, um sich ein Bild von Ihnen zu machen. Fällt dieses Gesamtbild negativ aus, weil der erste Eindruck, den Sie bei diesem Menschen hinterlassen haben, schlecht ist, werden Sie hart daran arbeiten müssen, dieses Bild zu korrigieren; falls man Ihnen überhaupt die Chance gibt, das zu versuchen. (vgl. Reisebüro: dieser Kunde kommt bestimmt nie wieder.)

Bei jedem Anfang einer Beziehung (sei es zu Neukunden, neuen Kollegen etc.) ist eine intelligente Fragestrategie also besonders wichtig: Je weniger ich vom anderen weiß, desto mehr muss ich fragen, um meine Vorschläge bzw. meine Kommunikation genau auf ihn abstimmen zu können. Im Allgemeinen gilt: Will man die Meinung oder Zielstellung eines anderen in eine bestimmte Richtung lenken, muss man dessen Meinung oder Zielstellung erst einmal genau kennen – und die Betonung liegt hier auf dem Wörtchen *genau*. Unzählige Berater hören nur am Anfang kurz hin, wenn ein Geschäftspartner seine Wünsche äußert. Eventuelle Alternativen nehmen sie nicht wahr, weil sie nicht weiter nachfragen, sondern nur ihren Standpunkt sprichwörtlich „durchboxen" wollen. So übersehen sie oft, dass ihr und der Standpunkt ihres Gegenübers eigentlich gar nicht so weit auseinander lagen, wie sie zunächst gedacht hatten.

So verhielt es sich mit dem Angestellten aus dem Reisebüro. Anstatt nachzufragen, warum der Kunde unbedingt nach Südspanien reisen will und wie er sich seinen Urlaub im Allgemeinen vorstellt – also was ihm wichtig ist, wieviel er bereit ist auszugeben und so weiter – versuchte er mit allen Mitteln, ihn zu etwas zu überreden, was der Kunde gar nicht wollte. Dass der sich nicht ernst genommen fühlte und dann einigermaßen sauer das Reisebüro verließ, wundert angesichts dieser unmöglichen Taktik niemanden mehr.

Vielleicht hätte der Kunde sich letztendlich sogar von einer Reise in die Dominikanische Republik überzeugen lassen – wenn der Berater anders vorgegangen wäre. Er hätte zum Beispiel zunächst feststellen können, worin die Motivation des Kunden für eine Reise nach Südspanien liegt. Wenn der Kunde Gründe wie warmes Wetter oder Sprache nennt, könnte es durchaus sinnvoll sein, ihn zu fragen, ob er sich auch einen Urlaub außerhalb Europas vorstellen kann. Wenn er aber wirklich unbedingt nach Spanien will, wäre ein Reisebüroangestellter, der ihm einen Karibikurlaub „auf's Auge drücken" will, fehl am Platze.

Fangen wir das Gespräch im Reisebüro noch einmal neu an:

Kunde: *„Ich interessiere mich für eine Reise nach Südspanien im Februar."*
Verkäufer: *„Fein. Möchten Sie sich lieber erholen oder haben Sie einen Aktiv- oder Sport-Urlaub vor?"*
Kunde: *„Ich will mich einfach nur erholen. Hauptsache, dort ist es einigermaßen warm und sonnig."*
Verkäufer: *„Wie warm sollte es denn sein?"*
Kunde: *„Naja, so um die 25 Grad."*
Verkäufer: *„Hm, ich glaube, 25 Grad hat es in Spanien zur Zeit noch nicht. Wir rufen nämlich jeden Tag die Wettervorhersage für Spanien ab. Gerade vorhin habe ich einen Blick darauf geworfen. Für deutsche Verhältnisse ist es dort zur Zeit schon relativ warm und sonnig, so um die 18 Grad – nur es kann Ihnen auch passieren, dass es dort kaum mehr als 10 oder 15 Grad hat. Möchten Sie denn baden?"*
Kunde: *„Nein... Nicht unbedingt. Das heißt, ich würde natürlich gerne baden, aber es muss nicht sein. Wissen Sie, ich möchte wieder mal mein Spanisch ein bisschen auffrischen ..."*
Verkäufer: *„Die Sprache ist Ihnen also wichtig?"*
Kunde: *„Ja, auf jeden Fall."*
Verkäufer: *„Darf ich Ihnen da einen Vorschlag machen?"*
Kunde: *„Ja, bitte."*
Verkäufer: *„Wir haben zur Zeit ein paar sehr günstige Angebote für die Dominikanische Republik da. Dort ist es schon warm genug zum Baden und die Leute sprechen da ja auch Spanisch. Wenn das für Sie eine Alternative wäre, könnte ich Ihnen die Hotels einmal im Katalog zeigen."*

Nun gibt es eine Reihe von Möglichkeiten. Zeigt der Kunde Interesse, so kann man mit der Beratung im Frage-Stil fortfahren. Lehnt er ab, so sollte man immer nach den Gründen für diese Ablehnung fragen. Wenn der Kunde zum Beispiel angibt, er möchte auf jeden Fall die Kathedrale von Cordoba sehen, wären Sie ein schlechter Berater, wenn Sie ihm statt dessen einen Flug nach Santo Domingo aufschwatzen würden. Wenn der Kunde sich beispielsweise besorgt zeigt, was die langen Flugzeiten angeht, könnten Sie nachfragen, ob sieben Stunden Flugzeit zu lange sind etc. (Denn das Vorurteil, man säße bei einem Transatlantikflug zwölf Stunden oder mehr im Flugzeug, hält sich hartnäckig.)

Sie sehen schon, worauf das Ganze hinausläuft: Fragen Sie, haken Sie nach und zeigen Sie Interesse an den Wünschen des anderen. Dann wird die Verhandlung sicher positiv verlaufen. Und selbst, wenn Sie diesem Kunden diesmal nichts verkaufen, weil Ihre Angebotsstruktur nicht zu seinen Vorstellungen passt: Er wird sich auf jeden Fall an die gute Beratung erinnern und Sie vielleicht an Freunde und Bekannte weiterempfehlen oder beim nächsten Mal wieder zu Ihnen kommen. Dann haben Sie auf lange Sicht (mindestens) einen Kunden gewonnen – und darauf kommt es schließlich an.

Machen Sie sich die Karten-Strategie zunutze: Kein guter Pokerspieler würde als erstes seine Karten offen auf den Tisch legen. Er würde statt dessen fieberhaft überlegen, wie das Blatt der anderen Mitspieler aussieht. Denn je besser er die Karten der anderen kennt, desto mehr kann er sein eigenes Spiel darauf abstimmen, um schließlich seinen erfolgreichen Trumpf auszuspielen. Genauso sollten Sie es mit jedem Ihrer Verhandlungs- und Kommunikationspartner tun: Finden Sie zunächst das „Blatt", den Standpunkt und die Wünsche des anderen heraus, bevor Sie selbst Ihre Argumente preisgeben.

Stellen Sie außerdem stets durch Rückfragen sicher, ob Sie den anderen richtig verstanden haben. Im Eifer des Gefechts vergisst so mancher Verhandlungspartner ab und zu, wichtige grundlegende Dinge zu nennen. Wenn Sie dann nicht gleich nachhaken, kann es sein, dass Sie die ganze Zeit aneinander vorbeireden.

Andererseits ist es möglich, dass man Ihnen falsche Vorinformationen über Ihren Verhandlungspartner gegeben hat. Beispielsweise hat man Ihnen gesagt, er habe Biochemie studiert, obwohl er eigentlich Verfahrenstechnik studiert hat. Wenn Sie nun allerhand biochemisches Fachwissen voraussetzen und darauf Ihre Argumente stützen, wird es entweder peinlich, weil Ihr Gegenüber zugeben muss, dass er Ihnen nicht folgen kann oder er lehnt unter irgendeinem fadenscheinigen Vorwand ab, weil er sich nicht traut zuzugeben, dass er nichts von dem versteht, was Sie sagen. Mit einer kurzen Frage am Anfang des Gesprächs kann man einem solchen Problem von vornherein aus dem Weg gehen.

Ein ganz wichtiger Merksatz noch zum Schluss: Fragetechnik ist Denktechnik. Denn Sie müssen selbst nachdenken, wenn Sie eine Frage stellen. Mit Ihrer Frage regen Sie schließlich Ihr Gegenüber zum Nachdenken an, helfen ihm aus Denkblockaden und Sackgassen heraus. Deswegen ist die beste Argumentationstechnik Fragetechnik.

Zusammenfassung Kapitel 5

- Es gibt einen Fehler, den fast alle Menschen immer wieder machen: sie sagen zu viel und fragen zu wenig.
- Wer fragt, führt. Wer fragt, hat die Kontrolle über das Gespräch. Wer nur oder zu lange selber redet, verliert die Kontrolle. Wer fragt, zeigt Interesse am Standpunkt des anderen. Wer fragt, lernt den Verhandlungspartner, seine Wünsche und Meinung Schritt für Schritt kennen und schafft damit eine positive Gesprächsatmosphäre.
- Viele Menschen sind verärgert, wenn ein Berater zu lange monologisiert und brechen deswegen – nicht wegen seines Angebots ! – die Verhandlung ab.
- Gerade in besonders schwierigen Verhandlungssituationen tendieren viele Menschen dazu, minutenlang auf ihren Kommunikationspartner einzureden, und je mehr der, der spricht, die Ablehnung des anderen spürt, desto mehr monologisiert er, bis die Situation ganz verfahren ist. Diesen negativen Kreislauf gilt es zu durchbrechen. Die Ideallösung heißt auch hier: Frage- statt Sagetechnik.
- Die meisten Menschen merken gar nicht, dass Ihre falsche Sagetechnik zu einem negativen Ergebnis geführt hat – und begehen denselben Fehler immer und immer wieder.
- Gerade wenn Ihnen das Verhandlungsergebnis sehr wichtig ist, sollten Sie sich ganz genau kontrollieren, ob Sie selbst zuviel reden.
- Der krampfhafte Versuch, jemand anderen zu überzeugen, kann auch dazu führen, dass wir diese aktuelle Diskussion gewinnen, den Kunden dabei aber so verärgern, dass wir ihn verlieren. Sagetechnik verhindert so gut wie immer ein für beide (auch langfristig) positives Gesprächsergebnis und baut zwischenmenschliche Spannungen auf.
- Fragen sind psychologische Streicheleinheiten für die Seele. Besonders dann, wenn unser Verhandlungspartner gerade einen schlechten Tag und wenig Selbstwertgefühl hat, sollten wir Wortschwalle unbedingt vermeiden und statt dessen immer wieder interessiert nachfragen.
- Ihr Gegenüber kann sich durch Fragen – im Gegensatz zu Aussagen, die Sie eventuell formulieren – niemals persönlich angegriffen fühlen.
- Wenn Sie häufig Kontakt zu ausländischen Geschäftspartnern haben, sollten Sie sich die intelligente Fragestrategie besonders zunutze machen. Andererseits lernen Sie ihn nur mit Fragen kennen.
- Wenn Sie am Anfang einer Beziehung zu jemandem stehen, sollten Sie ebenfalls verstärkt auf Fragetechnik setzen. Denn jemand, den Sie bisher nicht kennen und der Sie bisher nicht kennt, wird sich durch seinen ersten Eindruck ein Bild von Ihnen machen.
- Will man die Meinung oder Zielstellung eines anderen in eine bestimmte Richtung lenken, muss man diese erst einmal genau kennen – Fragen helfen auch hier weiter.

- Machen Sie sich die Karten-Strategie zunutze: Versuchen Sie zuerst, das „Blatt",
  also den Standpunkt und die Wünsche des anderen herauszufinden, bevor Sie
  selbst Ihre eigenen Argumente preisgeben.
- Stellen Sie außerdem stets durch Rückfragen sicher, ob Sie den anderen richtig
  verstanden haben.
- Und letztlich: Fragetechnik ist Denktechnik. Es gibt keine bessere Argumentationstechnik als Fragetechnik.

6. Drei Konzepte und Taktiken für die erfolgreiche Verhandlung

Lernziele dieses Abschnitts:
Nachdem Sie diesen Abschnitt durchgearbeitet haben, sollten Sie wissen
- was die Methode der Lösungsalternativen, die Waagschalenmethode und die Methode des Herausforderns sind und
- wie diese genau funktionieren.

Nachfolgende Methoden sind hart, aber fair. Spielen Sie am besten vorher die Verhandlung in Gedanken durch. Legen Sie sich die Strategie zurecht, die Ihnen zum Erreichen Ihrer Ziele am günstigsten erscheint. Seien Sie aber flexibel, denn es kann Ihnen durchaus passieren, dass Sie Ihre Taktik ändern müssen, wenn etwas Unvorhergesehenes geschieht. Am besten ist es, sich auf einige Konzepte genau vorzubereiten. Das zwingt Sie zur Genauigkeit und dazu, Ihre Argumente gut zu strukturieren und auf eventuelle Einwände vorbereitet zu sein. Sie können das Ganze auch mit einem Dritten besprechen oder durchspielen. Ihm wird es noch leichter fallen, sich in die Situation Ihres Verhandlungspartners hineinzuversetzen.

6.1 Methode der Lösungsalternativen

Diese Denkhaltung eignet sich besonders gut, wenn Sie Ihren Gesprächspartner von einem neuen Konzept oder Vorhaben überzeugen wollen. Sie wissen, dass Sie zu einem Kompromiss kommen müssen, wenn Sie Ihren Vorschlag einbringen wollen. Im schlimmsten Fall könnte es passieren, dass man Ihr Vorhaben einfach abschmettert, und Sie am Schluss mit leeren Händen dastehen. Sie können dies vermeiden. Bereiten Sie dazu vier denkbare Vorschlagskonzepte vor:

❶ Die ideale Lösung

Wie der Name schon sagt wäre diese Lösung der Idealfall für Sie. Vielleicht wird Sie Ihrem Verhandlungspartner nicht gefallen, weil sie zu teuer, zu schwierig umzusetzen oder aus sonstigen Gründen nicht realisierbar ist. Natürlich dürfen Sie diese Lösung als Idealfall im Auge behalten. Seien Sie aber darauf vorbereitet, dass Ihr Verhandlungspartner dieser Lösung nicht zustimmen könnte.

❷ Die akzeptable Lösung

Mit dieser Lösung könnten Sie sich abfinden. Auf das, was Ihrem Verhandlungspartner an der Ideallösung nicht gefallen hat, wird verzichtet bzw. es wird abgemildert.

❸ Die unbefriedigende Lösung

Es ist zwar realistisch, dass Sie diese Lösung erreichen könnten, aber in Ihrem Sinn ist sie durch die vielen Mängel und Nachteile keinesfalls.

❹ Die letzte Lösung

Diese Lösung ist sowohl für Sie als auch für die Gegenseite höchst unerfreulich. Sie lässt sich zwar leicht, billig und schnell einführen, jedoch profitiert niemand von ihr. Diese Lösung sollten Sie schon in Ihrem eigenen Interesse auf jeden Fall vermeiden.

Die Vorgehensweise:

Nun gehen Sie bei der Verhandlung folgendermaßen vor: Beginnen Sie mit der letzten Lösung. Stellen Sie sie als durchaus realisierbar dar, sprechen Sie jedoch auch gleich die negativen Aspekte mit an. Mit dieser letzten Lösung wird Ihr Verhandlungspartner nicht einverstanden sein, weil Sie auch für ihn viele Nachteile bringt. Er wird Ihnen diese Möglichkeit verweigern und hat damit schon einmal die Befriedigung, die „erste Runde" (scheinbar) gewonnen zu haben.

Zeigen Sie sich nun „kompromissbereit" und schlagen Sie die unbefriedigende Lösung vor. Wahrscheinlich wird Ihr Gesprächspartner auch daran einiges auszusetzen haben. Unterbreiten Sie ihm deswegen als drittes Ihre Ideallösung. Wenn Sie Glück haben, akzeptiert er Ihre Idealvorstellung. Es kann aber auch gut möglich sein, dass die Gegenseite Ihrer Ideallösung aus einigen Gründen nicht zustimmen kann. Stellen Sie heraus, dass dieses Konzept zumindest für die Zukunft eine echte Alternative sein könnte.

Schlagen Sie zum Schluss die akzeptable Lösung vor. Damit haben Sie zumindest teilweise erreicht, was Sie wollen. Ihr Verhandlungspartner wird in Ihnen einen fairen, kooperativen Menschen erkennen und gegen weitere Gespräche nicht abgeneigt sein. Sie beide gehen als Teilsieger aus dieser Verhandlung heraus. Und vielleicht können Sie bei weiteren Treffen ja doch noch Ihre Ideallösung durchsetzen.

Vorgehensweise bei der Methode der verschiedenen Lösungen:

1. letzte Lösung
2. unbefriedigende Lösung
3. ideale Lösung
4. akzeptable Lösung

6.2 Die Waagschalen-Methode

Die Waagschalen-Methode ist ideal, wenn es darum geht, Leistungen und Gegenleistungen auszuhandeln.

Gehen Sie zunächst wie bekannt vor: Lassen Sie nach der Begrüßung Ihrem Verhandlungspartner den Vortritt, alle seine Anliegen vorzutragen. Halten Sie seine Forderungen der Reihe nach schriftlich auf einem großen Blatt oder einem Flip-Chart fest. Stellen Sie sicher, dass er sieht, was Sie schreiben. Nicken Sie bei jeder Forderung. Ihr Gegenüber wird das vermutlich als Zusage interpretieren. Sie drücken damit lediglich aus, dass Sie seine Forderung wahrgenommen haben.

Fragen Sie immer wieder freundlich nach, dann wird der andere seine Zurückhaltung bald aufgeben und eine Forderung nach der anderen stellen. Wenn er sich „leergefordert" hat, vergewissern Sie sich noch einmal, dass das alles ist, nicken Sie noch einmal zu den schriftlich fixierten Punkten auf dem Blatt und ziehen Sie nun ein weiteres weißes Blatt hervor.

Versichern Sie Ihrem Verhandlungspartner, dass Sie natürlich gerne seinen Forderungen nachkommen wollen, dass Sie dafür aber Gegenleistungen erwarten und selbst Forderungen haben. Fragen Sie also nach, was der andere anzubieten hat und stellen Sie eigene Forderungen. Halten Sie das alles schriftlich auf dem zweiten Blatt oder Flip-Chart fest.

So entstehen zwei „Waagschalen". Schnell wird sich herausstellen, dass diese Bilanz zu Gunsten Ihres Verhandlungspartners ausgefallen ist. Er hat es nun schwarz auf weiss dokumentiert. Da ein solches Ergebnis ja unfair wäre, bleibt ihm nun nichts anderes übrig, als Ihnen entgegenzukommen. Er wird einige Abstriche machen und auf Sie zukommen. Jetzt können Sie beide auf faire Weise zu einem befriedigenden Ergebnis kommen.

Machen Sie nicht den Fehler, von vornherein zu sagen, dass Sie sich erst einmal die Gegenseite anhören wollen, um dann selbst zu fordern. Lassen Sie alle Forderungen Ihres Gegenübers unkommentiert und nicken sie zu jeder freundlich. Überraschen Sie ihn damit, dass auch Sie Forderungen haben. Dann haben Sie gute Chancen zu einer Einigung zu kommen.

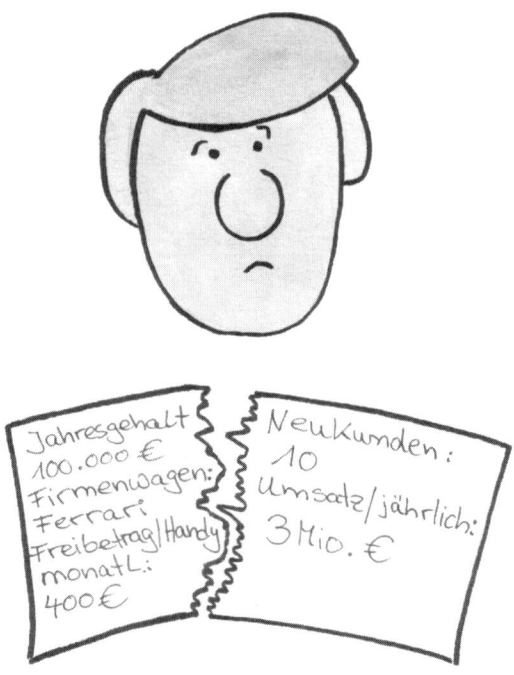

6.3 Die Methode des Herausforderns

Diese Methode ist besonders günstig, wenn Ihr Verhandlungspartner mit Ihnen über seine Forderungen verhandeln will. Ihnen liegt viel daran, es sich mit diesem Verhandlungspartner nicht zu verscherzen, allerdings möchten Sie seinen Forderungen entweder gar nicht oder nur sehr begrenzt nachkommen. Deswegen sind Sie darauf bedacht, dass Ihr Gegenüber seine Forderungen von selbst zurückschraubt.

Die einzelnen Schritte im Überblick:

1. Aktives Zuhören

Auch hier gilt wieder: Zuhören ist oberstes Gebot! Unterbrechen Sie Ihren Geschäftspartner nicht, und kommentieren Sie seine Forderungen nicht, weder durch Worte noch durch Mimik oder Gestik. Hören Sie einfach aufmerksam und wohlwollend zu.

2. Prüfung der Forderungen

Prüfen Sie die Forderungen Ihres Verhandlungspartners. Vielleicht sind sie leicht für Sie erfüllbar und Sie können ihm schon jetzt entgegenkommen. Wenn Sie seinen Forderungen allerdings tatsächlich nicht nachkommen wollen, kommentieren Sie auch jetzt nicht, lassen Sie sich auf keine Detaildiskussion ein und äußern Sie keine Einwände.

3. Rechtfertigung einholen

Stellen Sie nun die erste Frage. Lassen Sie sich erklären, warum Ihr Verhandlungspartner diese Forderungen stellt. Halten Sie sich an diese oder ähnliche Fragen:

„Warum und wozu wollen Sie das haben?"
„Warum wollen Sie das ausgerechnet jetzt?"
„Warum kommen Sie damit zu mir?"
„Warum wollen Sie genau das, und nichts anderes?"
„Könnten Sie das Problem nicht auch ohne meine Hilfe lösen?"

Damit verlangen Sie eine Rechtfertigung von ihm. Es ist möglich, dass es ihm schon jetzt schwer fällt, seine Forderungen zu begründen und er sie kleinlaut zurückzieht.

4. Gegenleistung einholen

Fragen Sie nach, warum Sie seinen Forderungen überhaupt nachkommen sollten und welche Vorteile das für Sie hätte.

„Warum sollte ich das tun?"
„Wo liegt mein Vorteil bei der Sache?"
„Was können Sie mir als Gegenleistung anbieten?"
„Was habe ich davon?"

Wenn Sie nun ein attraktives Gegenangebot erhalten, können Sie die Forderung vielleicht wirklich gut erfüllen. Wenn Ihr Verhandlungspartner allerdings gar nichts anzubieten hat, sollte es ihm zumindest peinlich sein. So haben Sie ihn eindeutig in eine schwache Position manövriert.

5. Beweis einholen

Bringen Sie Ihren Verhandlungspartner dazu, zu beweisen, warum Sie seiner Forderung nachkommen sollen. Stellen Sie eine oder mehrere der folgenden Fragen:

„Woher soll ich wissen, dass es gut ist, Ihren Wünschen nachzukommen?"
„Wie kann ich wissen, dass kein Risiko bei der Sache ist?"
„Warum muss das Problem unbedingt nach Ihrem Vorschlag gelöst werden?"
„Können Sie beweisen, dass Ihre Forderungen vernünftig sind?"
„Wer sagt mir, dass es nicht doch eine günstigere Lösung als Ihre gibt?"

Entweder der andere bringt nun wirklich überzeugende Argumente oder er schafft es auch diesmal nicht, Sie zu überzeugen. Wenn letzteres der Fall ist, empfehlen Sie ihm, alles noch einmal genau zu überdenken. Versprechen Sie Ihrerseits, das Gleiche zu tun, weil man wichtige Entscheidungen nicht übers Knie brechen sollte.

Wichtig ist, dass Sie nie eine ablehnende Haltung einnehmen, sondern mit positiven Fragen eine grundsätzliche Offenheit für das Thema vermitteln. Bringen Sie außerdem keine Gegenargumente oder Einwände vor. Sonst sind Sie ganz schnell derjenige, der sich erklären und rechtfertigen muss. Und genau das wollen Sie ja dem überlassen, der mit seiner Forderung zu Ihnen kommt.

Zusammenfassung Kapitel 6

– Legen Sie sich in Ihrer Vorbereitung verschiedene Konzepte zurecht. Arbeiten Sie sie schriftlich aus und seien Sie aber flexibel, wenn Sie während der Verhandlung auf ein anderes Konzept ausweichen müssen.
– Nennen Sie Ihrem Kommunikationspartner bei der Methode der Lösungsalternativen zunächst die Notlösung, dann die unbefriedigende Lösung und schließlich die Ideallösung. Wenn Sie Glück haben, nimmt der andere diesen Vorschlag jetzt schon an. Wenn nicht, präsentieren Sie zum Schluss die akzeptable Lösung, mit der beide Parteien leben können.
– Die Waagschalen-Methode ist ideal, wenn es darum geht, Leistungen und Gegenleistungen auszuhandeln. Lassen Sie dabei Ihren Verhandlungspartner seine Forderungen offen auf den Tisch legen. Stellen Sie sicher, dass er wirklich alle Forderungen vorträgt. Kommentieren Sie nichts, sondern nicken Sie zu jeder Forderung freundlich. Halten Sie alles auf einem großen Blatt Papier fest. Stellen Sie sicher, dass der andere sieht, was Sie schreiben.
– Wenn der andere sich leer und müde gefordert hat, sagen Sie, dass auch Sie Forderungen haben und Gegenleistungen erwarten. Halten Sie diese auf einem zweiten Blatt Papier schriftlich fest. Der andere wird einsehen, dass seine Waagschale schwerer ist. Nun muss er Ihnen entgegenkommen, und Sie können durch gegenseitiges Geben und Nehmen ein positives Ergebnis erarbeiten.
– Machen Sie auf keinen Fall den Fehler, von vornherein zu sagen, dass Sie sich erst einmal die Gegenseite anhören wollen, um dann selbst zu fordern. Setzen Sie auf den Überraschungseffekt und zählen Sie darauf, dass der andere Ihnen aufgrund der ungleichen Verteilung entgegenkommen muss.
– Die Methode des Herausforderns ist besonders günstig, wenn der andere mit Ihnen über seine Forderungen verhandeln will. Sie erfolgt in fünf Schritten.

  Zuhören
  1. Hören Sie sich an, was der andere zu sagen hat. Unterbrechen Sie ihn auf gar keinen Fall.
  2. Prüfen Sie seine Forderungen, vielleicht können Sie sie ja doch erfüllen. Wenn nicht, kommentieren Sie auch jetzt nicht, lassen Sie sich auf keine Detaildiskussion ein und äußern Sie keine Einwände.
  3. Rechtfertigung einholen: Lassen Sie sich erklären, warum Ihr Verhandlungspartner diese Forderungen stellt.
  4. Gegenleistung einholen: Fragen Sie, warum Sie seinen Forderungen überhaupt nachkommen sollten und welche Vorteile das für Sie hätte.
  5. Beweis einholen: Bringen Sie Ihren Verhandlungspartner dazu, zu beweisen, warum Sie seiner Forderung nachkommen sollen. Entweder der andere bringt nun wirklich überzeugende Argumente oder Sie können ihm auch diesmal nicht zustimmen.

– Wichtig bei der Methode des Herausforderns ist, dass Sie nie eine ablehnende Haltung einnehmen, sondern mit positiven Fragen eine grundsätzliche Offenheit für das Thema vermitteln. Bringen Sie außerdem keine Gegenargumente oder Einwände vor. Sonst sind Sie ganz schnell derjenige, der sich erklären und rechtfertigen muss.

Multiple-Choice-Fragen

1. Was gehört zu den vier Grundregeln der erfolgreichen Verhandlung?
  a) Genug frühstücken – weil erst dann das Denkhirn optimal arbeiten kann
  b) Sich immer gründlicher vorbereiten als die Gegenseite
  c) Sich darum kümmern, dass die Geschäftspartner während der Verhandlung ausreichend mit Häppchen und Getränken versorgt werden

2. Wer sollte seine Argumente zuerst darlegen?
  a) Beide Parteien sollten in ständigem Wechsel ihre jeweiligen Argumente darlegen
  b) Man sollte selbst anfangen, um dem Verhandlungspartner gleich zu zeigen, dass man gute Argumente hat
  c) Man sollte den anderen beginnen lassen und erst seine eigenen Argumente anbringen, wenn man danach gefragt wird

3. Mit welchem Argument beginnt man am besten?
  a) Mit dem stärksten
  b) Mit dem schwächsten
  c) Mit keinem von beiden

4. Wie sollten die Redeanteile zwischen Ihnen und Ihrem Verhandlungspartner aufgeteilt sein?
  a) Sie sollten beide genau gleich viele Redeanteile haben
  b) Ihr Verhandlungspartner sollte stets mehr Redeanteile haben als Sie selbst
  c) Sie sollten mehr reden, da Sie ihn dann besser von Ihren Argumenten überzeugen können

5. Was gehört (unter anderem) zu den Kennzeichen einer gelungenen Verhandlungsrhethorik?
  a) Dass man sein Ziel auf jeden Fall durchboxt
  b) Dass man sein Anliegen genau und detailliert erklärt
  c) Dass man das Gespräch geschickt durch Fragetechnik steuert
  d) Dass man die Verhandlung abbricht, wenn man merkt, dass der andere sich nicht überzeugen lässt

6. Womit müssen Sie rechnen, wenn man Sie in ein "nettes Gespräch" verwickeln will?
  a) Dass man an Ihrer familiären Situation interessiert ist
  b) Dass man Ihnen wertvolle Informationen entlocken will
  c) Dass man Sie für die folgende Verhandlung positiv stimmen will

7. Wie lautet das Phasenmodell für eine erfolgreiche Verhandlung in der richtigen Reihenfolge?
  a) Begrüßung, Erfragen, Zeigen, Argumentieren, Handschlag, Loben
  b) Begrüßung, Zeigen, Erfragen, Argumentieren, Handschlag, Loben
  c) Begrüßung, Erfragen, Argumentieren, Zeigen, Handschlag, Loben
  d) Begrüßung, Erfragen, Loben, Zeigen, Argumentieren, Handschlag

8. Wie heißen die drei verschiedenen psychologischen Verhandlungstypen?
a) Pragmatiker, Idealist, Realist
b) Pragmatiker, Idealist, Egozentriker
c) Moralapostel, Pragmatiker, Idealist

9. Wie lautet das Erfolgsrezept, wenn man mit einem Idealisten verhandelt?
a) Ihn freundschaftlich behandeln
b) Zur Not unfreundlich werden und "auf den Tisch hauen"
c) Ihm knallharte Fakten vorsetzen

10. Welche Art von Sätzen und Wörtern benutzt der analytisch-rationale Verhandlungstyp, wenn er spricht?
a) Er benutzt kurze, prägnante Sätze und Wörter
b) Er benutzt viele Fachausdrücke und baut komplizierte, lange Sätze
c) Keines von beiden

11. Was ist besonders wichtig im Umgang mit einem dominierend-unterwerfenden Gesprächspartner?
a) Sofort auf den Punkt kommen, Fachsprache und komplizierte Beweisführungen lieber vermeiden
b) Klein beigeben, wenn der andere die besseren Argumente hat
c) Sich humorvoll und witzig geben

12. Wie bereitet man sich am besten auf eine Verhandlung vor?
a) Man entspannt sich davor, um bei der Verhandlung möglichst gelassen zu wirken
b) Man überlegt, was man in etwa sagen könnte
c) Man arbeitet alles schriftlich aus und sammelt alle relevanten Fakten, die einem während der Verhandlung nützlich sein könnten

13. Woraus besteht ein "echtes" Argument?
a) Aus einer Nachricht und einer passenden Begründung
b) Aus einer Behauptung und einer passenden Begründung
c) Aus einer Behauptung und der Folge aus dieser Behauptung

14. Wozu wird das Dann-ist-nicht-Argument gerne gebraucht?
a) Um Zweifel auszuräumen und den Verhandlungspartner zu beruhigen
b) Um den Verhandlungspartner in die Irre zu führen
c) Um dem Verhandlungspartner unmissverständlich klar zu machen, dass man auf der stärkeren Seite ist

15. Worauf sollte man achten, wenn man das 85%-Argument anwendet?
a) Zahlen zu verwenden, die den Anschein haben, dass sie genauestens errechnet wurden (zum Beispiel 13,11)
b) Ganz geläufige Zahlen verwenden, wie zum Beispiel 25, 50, 100 usw.
c) Zahlen zu verwenden, die weder zu glatt (zum Beispiel 25) noch zu ungerade (zum Beispiel 64,3) erscheinen

16. Was ist beim Entweder-oder-Argument zu beachten?
a) Dem Verhandlungspartner zu sagen, er könnte sich zwischen zwei Varianten entscheiden
b) Einen Entweder-oder-Satz zu formulieren
c) Das "entweder" auf keinen Fall in den Satz einzubauen

17. Wer hat in unserem Kulturkreis die größte geistige Autorität?
a) Indische Softwareexperten
b) Kenianische Psychologen
c) Bayerische Politiker
d) Amerikanische Wissenschaftler

18. Was ist ein weiteres faires Argument für eine gelungene Verhandlung?
a) „Das muss einen Grund haben"
b) „Ehrenwort"
c) „Offensichtlich"

19. In welche Kategorie gehört ein Satz wie "Der gesunde Menschenverstand sagt einem doch, dass (ich Recht habe)."?
a) Überzeugen
b) Vorauseilende Diffamierung
c) Harte Verhandlungstaktik

20. Was sollte man tun, wenn der Verhandlungspartner allzu unverschämt und persönlich wird?
a) Genauso unverschämt werden
b) Auf jeden Fall die Verhandlung zu einem Abschluss bringen
c) Die Verhandlung abbrechen
d) Immer so tun, als hätte man nichts gehört

21. Wie geht man mit Argumentationsschwächen der Gegenseite am geschicktesten um?
a) Schwächen analysieren und immer wieder nachhaken, wenn etwas komisch erscheint
b) Die Gegenseite auf Irrtümer hinweisen
c) Die Gegenseite auf logische Fehler hinweisen
d) Schwächen einfach nicht beachten

22. Welchen Fehler machen fast alle Menschen, die tagtäglich verhandeln, verkaufen oder überzeugen müssen, immer wieder?
a) Sie fragen ihr Gegenüber aus
b) Sie sagen zu viel und fragen zu wenig
c) Sie sind arrogant
d) Sie nehmen ihren Gesprächspartner nicht ernst

23. Wie übernimmt man im Gespräch die Kontrolle?
a) Durch lange Monologe
b) Durch überzeugende Argumente
c) Durch geschickte Fragetechnik
d) Durch gebildete Fachsprache

24. Was sollten Sie tun, wenn Ihnen das Verhandlungsergebnis sehr wichtig ist?
a) Sich genau kontrollieren, damit man auf keinen Fall zu viel redet
b) Möglichst ausführliche Erklärungen abgeben
c) Gleich zu Beginn darauf hinweisen, dass Ihnen das Ergebnis sehr wichtig ist

25. Wie fassen die meisten Menschen fehlende Anerkennung auf?
a) Als Gleichgültigkeit
b) Als Kritik und Tadel
c) Als Arroganz

26. Ist ein Satz wie "Wenn Sie alle Angebote genau miteinander vergleichen, werden Sie feststellen, dass unseres am besten ist." psychologisch gesehen sinnvoll?
a) Ja, weil er unterstreicht, dass das Angebot des Sprechers wirklich am besten ist
b) Nein, weil das so abgedroschen ist, dass es eh nicht mehr wirkt
c) Nein, weil man so (unbewusste) Kampfsignale sendet, die ein positives Gesprächsergebnis verhindern
d) Ja, weil der andere dann gleich merkt, dass der Sprecher selbstbewusst ist

27. In welchem Alter beherrscht man die Fragetechnik bereits ganz natürlich?
a) Als Teenager
b) Als Kind
c) Wenn man ins Berufsleben einsteigt
d) Als Greis

28. Wann sollte man besonders stark auf gute Fragetechnik setzen?
a) Am Anfang einer Beziehung
b) Kurz vor einem Geschäftsabschluss
c) Wenn man den anderen besser kennen gelernt hat

29. In welcher Reihenfolge geht man bei der Methode der Lösungsalternativen vor?
a) letzte Lösung – unbefriedigende Lösung – akzeptable Lösung – ideale Lösung
b) letzte Lösung – befriedigende Lösung – ideale Lösung – akzeptable Lösung
c) unbefriedigende Lösung – letzte Lösung – ideale Lösung – akzeptable Lösung
d) unbefriedigende Lösung – ideale Lösung – akzeptable Lösung – letzte Lösung

30. Welchen Fehler müssen Sie bei der Waagschalen-Schalenmethode unbedingt vermeiden?
a) Dem anderen zu wenig Redeanteile zu lassen
b) Dem anderen zu viele Redeanteile zu lassen
c) Schon am Anfang zu sagen, dass man selbst Forderungen hat

31. Wann wendet man die Methode des Herausforderns an?
   a) Wenn der andere mit Ihnen über seine Forderungen verhandeln will
   b) Wenn es darum geht, Leistung und Gegenleistungen auszuhandeln
   c) Wenn man über seine eigenen Forderungen verhandeln will

Wissensfragen

1. Zählen Sie die vier Grundregeln auf, die Sie bei jeder Verhandlung unbedingt beachten sollten und gehen Sie kurz darauf ein!

2. Nennen Sie stichpunktartig mindestens sieben Merkmale einer gelungenen Verhandlungsrhetorik!

3. Legen Sie kurz dar, wie man sich a) dem rational-analytischen, b) dem dominierend-unterwerfenden, c) dem selbstdarstellenden bzw. d) dem kooperativen Gesprächspartner gegenüber am besten verhält!

4. Zählen Sie verschiedene Argumentationstechniken (mindestens fünf) auf und erklären sie in einem Satz, wie diese funktionieren! Nennen Sie außerdem eine weniger gute Argumentationstechnik.

5. Was sind die Vorteile der Fragetechnik?

6. Was sind die Nachteile der Sagetechnik?

7. Erläutern Sie die Vorgehensweise bei der Methode der Lösungsalternativen!

8. Erläutern Sie die Vorgehensweise bei der Waagschalen-Methode!

Körpersprache

1. Einleitung

Viele Menschen gehen heute auch heute noch davon aus, dass ein kommunikativer Akt primär, möglicherweise sogar ausschließlich, durch **gesprochene Sprache** vollzogen wird. Wissenschaftliche Studien haben aber belegt, dass neben der gesprochenen Sprache, also dem **verbalen Ausdruck**, auch die **Körpersprache**, der **non-verbale Ausdruck**, entscheidend an der zwischenmenschlichen Kommunikation beteiligt ist.
Die Lehre der Körpersprache, auch **Kinesik** genannt (griechisch, kinesis = Bewegung), umfasst dabei alle Aspekte und Bewegungen des Körpers, mit denen der Mensch Informationen an seine Mitmenschen weitergibt, das heißt die **Mimik**, die **Gestik**, die **Bewegungen** von Beinen und Füßen, Armen und Händen, die Haltung des gesamten Körpers, der Gang, das gesamte äußere Erscheinungsbild sowie die räumliche Nähe bzw. Distanz, in der sich Menschen zueinander befinden.

Wir alle (be)nutzen Körpersprache, teils unbewusst, teils bewusst. Wir alle können auch körpersprachliche Signale bei unserem Gesprächspartnern lesen, und dabei zum Beispiel erkennen, in welcher Gemütsverfassung sich jemand befindet. Darüber hinaus müssen Sie aber noch viel mehr über Körpersprache lernen, um dadurch nicht nur Ihr eigenes Auftreten und Ihre Aussagen wirkungsvoll zu unterstützen, sondern auch die Körpersprache Ihres **Gegenübers** besser deuten und damit die Kommunikation vereinfachen zu können.

Dieser Systemteil soll Ihnen helfen, nicht nur körpersprachliche Signale bei anderen besser zu erkennen, sondern Sie auch dazu anzuleiten, Körpersprache für sich selbst effektiver einzusetzen. Sie werden sehen, wie hilfreich das Verständnis von Körpersprache zum Überwinden sprachlicher Barrieren beitragen und dadurch potentielle Missverständnisse und Konflikte aus dem Weg räumen kann.

Nach einigen theoretischen Grundlagen werden einzelne Bereiche körpersprachlicher Signale untersucht und anhand von anschaulichen Beispielen verdeutlicht. Abschließend werden die wichtigsten Regeln und Grundlagen der Körpersprache in einem kurzen Merkmalskatalog zusammengefasst, der Ihnen helfen soll, Ihr Verständnis von Körpersprache zu vertiefen und Ihre eigenen körpersprachlichen Fähigkeiten auszubauen.

2. Körpersprache als Teil der Kommunikation

Lernziele dieses Abschnitts:
Nachdem Sie diesen Abschnitt durchgearbeitet haben, sollten Sie wissen
- warum und inwiefern Körpersprache eine bedeutende Ebene der Kommunikation ist,
- wie sich die Lehre von der Körpersprache aufteilt und
- inwieweit Körpersprache im Berufsleben eine Rolle spielt.

Die Relevanz und den Umfang, den Körpersprache in unserer Kommunikation besitzt, kann man sich anhand einiger Zahlen vor Augen führen: Wissenschaftler haben herausgefunden, dass Körpersprache mindestens **65 Prozent** eines Sprechaktes ausmacht und dass mit jedem gesprochenem Wort etwa **700 begleitende Informationen**, ein Großteil davon non-verbale Signale, übermittelt werden. Der Eindruck, den Sie von anderen Menschen haben, resultiert nur

- zu ca. **8 Prozent** aus deren **Wortwahl**,
- zu ca. **23 Prozent** aus der **Betonung** des Gesagten und
- zu ca. **69 Prozent** aus der jeweiligen **Körpersprache**.

Auch wenn Sie aufhören, sprachlich zu kommunizieren, sendet Ihr Körper jedoch stetig Signale, die Sie – selbst wenn Sie es wollten – nicht unterbinden könnten. Verbale Kommunikation ist also ohne gleichzeitige non-verbale Kommunikation nicht möglich. In den meisten Fällen unterstreicht Körpersprache unsere gesprochene Sprache, sie kann jedoch auch unabhängig davon auftreten und verbale Aussagen ersetzen. Zudem haben beide Kommunikationsformen einen jeweils anderen Schwerpunkt: Während gesprochene Sprache vornehmlich der **Vermittlung von Informationen und Tatsachen** dient, übermitteln körpersprachliche Signale zumeist **Gefühle und Einstellungen** hinsichtlich des Gesagten und des Gesprächspartners als Person.

Körpersprache besitzt ein großes Spektrum an vielfältigen und differenzierten Ausdrucksformen, die von Mimik und Gestik über Haltungen der einzelnen Körperteile sowie des gesamten Körpers bis hin zu Körperverhalten beim Stehen, Gehen oder Sitzen führt.

Körpersprache tritt aber nicht nur in Abhängigkeit von gesprochener Sprache auf, sondern kann auch ganz losgelöst Informationen übermitteln. Wir alle kennen verschiedene Gesten, die ohne jegliche verbale Äußerung Bedeutung haben. Zeigt uns jemand den hochgestreckten Daumen einer Hand, signalisiert dies auch ohne Worte Anerkennung, Lob oder Zustimmung und ist für uns eindeutig interpretierbar. Bei Gesichtsausdrücken ist dies nicht anders: Zweifelsohne können Sie den drei gezeigten Personen recht eindeutig eine bestimmte Gemütslage oder auch eine entsprechende Reaktion auf etwas Gesagtes zusprechen.

Obwohl alle Personen nicht verbal mit uns kommunizieren, erhalten Sie Informationen über ihre Stimmung, die wichtig für eine Gesprächsführung sind.

Körpersprachliche Signale müssen mit dem Gesagten **übereinstimmen**; nur dann wirkt die Aussage und das Auftreten überzeugend. Passt die Körpersprache gut zu dem, was Sie mit Worten sagen, so produzieren Sie **klare und eindeutige Signale** für Ihren Gesprächspartner. Stehen das, was Sie sagen und das, was Sie gleichzeitig an körpersprachlichen Signalen übermitteln, nicht im Einklang miteinander, kann es geschehen, dass Sie denjenigen, der Ihnen zusieht und zuhört, irritieren oder Sie sich unglaubhaft machen, weil sich Ihre Botschaften nicht klar einordnen lassen. So kann es auch dazu kommen, dass bei genauerem Hinsehen körpersprachliche Signale im Widerspruch zum Gesagten stehen. Wir alle kennen die Situation, dass jemand durch non-verbale Signale den Gegensatz zwischen Gesagtem und Gedachtem, zwischen Lüge und Wahrheit entlarvt. Verbale Aussagen sind wesentlich einfacher zu manipulieren als die Körpersprache, und so verraten wir uns oftmals bei Lügen durch eindeutige non-verbale Signale. Nehmen wir zur Veranschaulichung das folgende Beispiel:

Welche der beiden nachfolgend gezeigten Personen sagt wohl eher die Unwahrheit?

Höchstwahrscheinlich werden Sie eher Person 2 als Lügner identifizieren. Zwar sagt sie verbal nichts anderes als Person 1, was uns darauf schließen lassen könnte, dass es sich möglicherweise um eine Notlüge handelt – durch ihren non-verbalen Ausdruck bekommen wir jedoch Signale, die sie eher als jemanden entlarven, der nicht ganz die Wahrheit sagt.

Ebenso ist aber auch darauf zu achten, dass die benutzten **Gesten** mit der Person, die die Aussagen trifft, übereinstimmen: Große und dominante Gesten wirken bei einem schüchternen Menschen ebenso unpassend wie zurückhaltende bei einer selbstsicheren Person.

Bei einem **Vortrag** ist auch wichtig, dass Sie von dem, was Sie sagen, überzeugt sind, denn nur dann können Sie es auch körpersprachlich überzeugend vermitteln. Körpersprache kann nämlich sehr schnell entlarvend wirken, und der Gesprächspartner erkennt, dass man etwas anderes denkt als man sagt.

Gleichzeitig ist aber auch darauf hinzuweisen, dass es körpersprachliche Signale gibt, die so viele Bedeutungen gleichzeitig haben können, dass sie nicht eindeutig interpretierbar sind. In diesen Fällen ist es notwendig, non-verbale Signale im Kontext der gesprochenen Information zu deuten. Körpersprache ist grundsätzlich jedoch deutlicher als gesprochene Sprache, da sie spontaner, unverfälschter und schwieriger einzustudieren und dann bewusst einzusetzen ist.

Bestimmte Gesten, Gesichtsausdrücke oder Körperhaltungen besitzen in unterschiedlichen Kontexten unterschiedliche Bedeutungen. Ein Stirnrunzeln und Zusammenkneifen der Augen bedeutet nicht zwangsläufig eine kritische Haltung gegenüber etwas Gesagtem, sondern kann auch ganz einfach ein Reflex auf blendende Sonne sein. Zudem lässt die Interpretation eines einzigen körpersprachlichen Merkmals das Zusammenwirken mehrerer Signale unberücksichtigt.

Die Tatsache, dass so gut wie jedes **Ausdrucksmerkmal** unseres Körpers prinzipiell mehrdeutig sein kann, macht die richtige Deutung non-verbaler Signale nicht gerade einfach. Oftmals **verstehen** wir körpersprachliche Signale **nicht richtig** – was bei der Vielzahl und Differenzierung von Merkmalen auch nicht weiter verwunderlich ist. Gerade deshalb ist es um so wichtiger, non-verbale Signale in ihrem Kontext zu deuten und die körpersprachliche Wirkung eines Menschen nicht nur auf ein Merkmal zurückzuführen, sondern bei der Wertung eine Vielzahl von Signalen zu berücksichtigen. Je mehr Signale Sie bekommen, die auf eine bestimmte Stimmung oder Haltung hinweisen, desto eher können Sie Ihrer Einschätzung vertrauen.

Sprache erscheint uns heute als wichtigstes Kommunikationsmittel, basieren doch alle wichtigen Informationsquellen wie Zeitung, Radio, Bücher oder Fernsehen auf gesprochener oder geschriebener Sprache. Wie wichtig insbesondere jedoch im normalen Gespräch non-verbale Signale sind, ist uns oft nicht bewusst. Körpersprachliche Signale lassen einen Kommunikationsakt aber im Wesentlichen erst entstehen und beeinflussen dessen Verlauf in nicht unerheblicher Weise. Durch Blickkontakt, Bewegungen des Kopfes und der Hände wird das Gespräch aufgenommen und während des Gesprächs Aufmerksamkeit signalisiert.

Bei jedem Sprechakt übermitteln wir körpersprachliche Signale, meist jedoch, ohne uns über diesen Vorgang **bewusst** zu sein – geschweige denn, ihn bewusst zu steuern. Ein Großteil der Informationen, die Sie beim Sprechen non-verbal übermitteln, erfolgt **spontan** und kann von Ihnen **nicht** beeinflusst werden. Dennoch gibt es einen nicht unerheblichen Bereich von Signalen, mit denen Sie Ihren Sprechakt bewusst gestalten und auch Ihr Gegenüber überzeugen können. Aus diesem Grund ist es insbesondere für das Berufsleben von großer Bedeutung, sich über die Relevanz von Körpersprache bewusst zu sein und non-verbale Signale nicht nur richtig zu deuten, sondern auch selbst effektiv einsetzen zu können.
Körpersprache ist eigentlich unsere **Primärsprache**, und erst im Laufe der Entwicklungsgeschichte zur Fremdsprache geworden. Zwar besitzen Sie noch instinktiv körpersprachliche Signale und senden diese aus, das genaue Lesen und Verstehen dieser Signale muss jedoch häufig wieder erlernt werden.

Bei einigen körpersprachlichen Signalen handelt es sich um **angeborene** Mechanismen (dies ist damit belegbar, dass selbst Babys über einige körpersprachliche Signale verfügen, diese sogar zunächst ihre Hauptkommunikationsquelle sind), viele unserer non-verbalen Signale kommen jedoch erst im Laufe des Entwicklungs- und Sozialisationsprozesses hinzu. Zu letzteren Formen gehören vor allem auch **Höflichkeitsformen** und **Rollenverhalten**.

Gerade im Zusammenhang mit dem Berufsleben spielt neben dem kommunikativen auch der **sozial-konstitutive Aspekt** von Körpersprache eine Rolle: Durch non-verbale Signale können wir nicht nur zum Ausdruck bringen, wer wir sind, welcher Position wir in der Gesellschaft angehören und unter Umständen auch welchem Kulturkreis wir angehören, sondern gleichzeitig können auch durch Gesten, Mimik, Körperhaltung und Körperbewegung soziale Rollen konstituiert werden, zum Beispiel das Verhältnis zwischen Angestellten und Vorgesetzten. Körpersprache dient in der Verbindung mit gesprochener Sprache dazu, menschliches Verhalten zu **beherrschen** und die **soziale Ordnung** zu **festigen**.

Körpersprachliche Signale sind auch entschieden stärker an dem **ersten Eindruck**, dem man von einer Person erhält, beteiligt als das, was diese Person sagt. Sie kennen die Situation, dass Sie jemanden kennen lernen und Sie sich innerhalb kürzester Zeit ein Bild über diesen Menschen machen. Selten wird man diesen ersten Eindruck revidieren, auch wenn einem die betreffende Person allen Anlass dazu böte. Neben Faktoren wie Aussehen, Kleidung, Frisur etc. sind es auch körpersprachliche Signale, die uns einen Menschen auf Anhieb sympathisch oder unsympathisch machen. Wir reagieren ganz automatisch auf den gesamten non-verbalen Ausdruck unseres Gegenübers, und dazu gehören neben seiner Ausstrahlung auch non-verbale Signale wie Gesichtsausdruck, Haltung, Gestik etc.

Schauen Sie sich die gezeigten Personen an und entscheiden Sie, wer von diesen auf Sie am sympathischsten wirkt.

Sie werden wahrscheinlich Person 2 am sympathischsten empfinden. Da alle drei Personen gleich gekleidet sind und gleich aussehen, wird Ihre Wertung sich an anderen Aspekten als Aussehen und Kleidung orientieren, und das sind körpersprachliche Signale, insbesondere die Haltung und der Gesichtsausdruck.

In diesem Zusammenhang sei auch auf einen **Automatismus** verwiesen, in Folge dessen sich inneres Befinden und Selbsteinschätzung zwangsläufig in äußerem Auftreten und Körpersprache widerspiegeln. Fühlt man sich klein, unbedeutend und inkompetent, strahlt man diese Haltung auch schnell nach außen aus und wird auf Dauer auch von anderen so eingeschätzt. Ebenso kann eine zu stark zur Schau getragene voreingenommene **Selbsteinschätzung** dazu führen, dass man schnell von seinen Mitmenschen abgelehnt wird. Körpersprache verrät viel darüber, wie wir uns selbst einschätzen. Eine positive Selbsteinschätzung trägt viel zu einem selbstsicheren Auftreten bei, und dies fördert entscheidend unseren Erfolg im Umgang mit anderen Menschen. Selbsteinschätzung ist also ebenso wenig von Körpersprache zu trennen wie diese – selbst von gesprochener Sprache.

Zu guter letzt sei noch darauf hingewiesen, dass non-verbale Signale vielfach zwar eindeutiger sind als gesprochenen Sprache, jedoch **nicht** von Person zu Person **völlig gleich angewendet** werden und somit nicht gleich interpretierbar sind. Einige Unterschiede im non-verbalen Ausdruck sind **zwischen Männern und Frauen** festzustellen, wobei geschlechtsspezifisches körpersprachliches Verhalten nicht biologisch-genetisch bedingt, sondern Ausdruck des durch die **Erziehung** geförderten Rollenverhaltens ist. Noch deutlichere Unterschiede sind zwischen verschiedenen Kulturkreisen festzustellen. Beziehen Sie deshalb solche Überlegungen in ihre Interpretation des non-verbalen Ausdrucks ihrer Mitmenschen und Gesprächspartner mit ein.

3. Bewusstes und unbewusstes Einsetzen von Körpersprache

Lernziele dieses Abschnitts:
Nachdem Sie diesen Abschnitt durchgearbeitet haben, sollten Sie wissen
- wie Körpersprache bewusst und unbewusst stattfindet,
- warum diese Unterscheidung für Sie wichtig ist und
- wie Sie diese Unterschiede erkennen können.

Bestimmte körpersprachliche Signale liegen außerhalb unseres Einflusses: Wir können sie nicht steuern, vielmehr verwenden wir sie geradezu automatisch, fast wie einen **Reflex**. Wenn Sie in einen sauren Apfel beißen, verzieht sich Ihr Gesichtsausdruck in solch einer eindeutig Weise, dass Zuschauer sofort erkennen, dass Sie gerade etwas Saures essen. Ähnlich ist es bei Signalen wie Lächeln bei Freude, aufrechtem Gang bei allgemeinen Wohlbefinden oder schlaffer Körperhaltung bei Erschöpfung oder Trauer.

Auf der anderen Seite lernen Sie aber ebenso, bestimmte Gesichtsausdrücke bewusst anzunehmen und bestimmten Situationen anzupassen. Um in bestimmten Situationen und zu bestimmten Anlässen angemessen zu wirken, **steuern** wir **bewusst** unsere Körpersprache und machen zum Beispiel zu einem festlichen Anlass ein feierliches Gesicht.

Die meisten non-verbalen Signale sind jedoch spontan und verlaufen **unbewusst**. Versuchen wir, Körpersprache zu manipulieren, wirkt dies oft **verkrampft** und **unecht**. Gerade weil Körpersprache auch nicht leicht manipulierbar ist, können uns non-verbale Signale aber auch entlarven, zum Beispiel wenn unserem Gegenüber aufgrund unserer Körpersprache klar wird, dass wir lügen oder wenn wir eindeutig signalisieren, dass wir in Gedanken ganz woanders sind, auch wenn wir unserem Gesprächspartner stetig versichern, ihm aufmerksam zuzuhören.
Gerade weil Körpersprache oftmals Widersprüchliches gegenüber dem Gesagten offenbart, ist es unbedingt von Nöten, nicht nur ausschließlich der einen oder der anderen Ebene der Kommunikation Aufmerksamkeit zu schenken, sondern auf das **Gesamtbild** zu achten.

Unbewusste körpersprachliche Signale sind spontan, unwillkürlich und wirken daher echt und unverfälscht. Diese Signale sind im Hinblick darauf, was sie uns als Empfänger über den Sender verraten, relativ zuverlässig. Anders bei bewusst erzeugter Körpersprache: diese wirken unecht, gewollt, künstlich erzeugt. Bewusst erzeugte Gesichtsausdrücke oder Bewegungen entlarven sich meist selbst, da sie gerade so **künstlich** und **unpassend** wirken. Wir alle haben schon einmal versucht, jemanden etwas vorzumachen, uns zu verstellen und damit unser Gegenüber zu täuschen, und wir alle haben in diesem Zusammenhang auch die Erfahrung gemacht, dass dies nicht immer mit dem erwünschten Effekt funktioniert.

Ziel des Erlernens und richtigen Einsetzens von Körpersprache kann es demnach nicht sein, sich ein Repertoire künstlich wirkender Bewegungs- und Ausdrucksweisen anzueignen. Vielmehr sollte Körpersprache dazu verhelfen, ein **sicheres Auftreten** zu garantieren und sprachliche Inhalte angemessen zu unterstreichen.

In den folgenden Abschnitten werden daher wichtige Bereiche der Körpersprache anhand einzelner Signale untersucht. Darüber hinaus gibt es natürlich noch eine Vielzahl anderer non-verbaler Signale. Ausschlaggebend für die Auswahl war der Ansatz, möglichst breitgefächert und vor allem praxisnah zu verfahren.

Abschließend sei nochmals darauf hingewiesen, dass körpersprachliche Signale außerhalb des Kontextes der gesprochenen Sprache äußerst **mehrdeutig** sind. Diese Tatsache wird im folgenden dadurch bestätigt, dass in den meisten Fällen non-verbale Signale in ihrer Mehrdeutigkeit aufgezeigt werden. Wird nur eine Bedeutung aufgezeigt, bedeutet dies nicht zwangsläufig, dass es daneben keine andere (Be-)Deutungsalternative gibt. In der Regel ist die dargelegte Bedeutung aber die häufigste.

4. Formen der Körpersprache

Lernziele dieses Abschnitts:
Nachdem Sie diesen Abschnitt durchgearbeitet haben, sollten Sie wissen
- mit welchen Körperteilen Körpersprache erfolgt,
- welche Ausdrucksformen mit dem Gesicht (insbesondere der Stirn, den Augen und dem Mund),
- mit den Händen und
- dem gesamten körperlichen Erscheinungsbild wie möglich sind.

In einzelnen Schritten werden wir jetzt verschiedene Bereiche der Körpersprache untersuchen, angefangen mit den Ausdrucksformen des Gesichts, das heißt die der **Stirn**, der **Augen**, des Mundes und in Ansätzen auch die der **Haltung des Kopfes**. Danach beschäftigen wir uns mit den Ausdrucksformen der **Hände**, das heißt mit **Gesten**. Anschließend werden allgemeine Körperhaltungen, das heißt Stehen, Sitzen und Gehen, untersucht.

Diese Darstellung erfasst natürlich nicht den gesamten Bereich körpersprachlichen Verhaltens. Die Auswahl orientiert sich an der Relevanz dieser Bereiche für den Gesamtausdruck und daran, dass die in den genannten Bereichen körpersprachlichen Formen relativ einfach erkennbar und daher sowohl für die Interpretation körpersprachlichen Verhaltens anderer Leute als auch für die Selbstanalyse und Einübung besonders gut geeignet erscheinen. Dass für eine erschöpfende Analyse non-verbaler Sprache letztlich jeder Aspekt Relevanz besitzt, versteht sich beinahe von selbst.

Bei der Deutung körpersprachlicher Ausdrucksformen ist es von großer Bedeutung, zwischen non-verbalen Signalen, die kommunikativen Zwecken dienen und möglichen körperlichen Behinderungen zu unterscheiden. Jemand, der häufig mit den Augen zwinkert, muss nicht unbedingt nervös sein, sondern kann auch an einer Krankheit oder einer Behinderung leiden. Deshalb ist es notwendig, körpersprachliche Signale mit aller Vorsicht zu interpretieren, um nicht zu voreiligen Schlüssen zu gelangen.

Ebenso muss sich die Deutung körpersprachlicher Ausdrücke ausschließlich auf die durch Bewegungen der Muskel hervorgerufenen Beschaffenheit der Körperteile sowie Haltungen und Bewegungen des Körpers beschränken. Die Größe des Mundes oder die Form des Kinns haben an sich keine Aussagekraft – es sei denn, sie werden durch Aktivität der Muskeln herbeigeführt.

Die **Physiognomie** schließt von der Beschaffenheit fester Körperformen auf seelische Eigenschaften und unterscheidet sich somit grundlegend von der Kinesik, der Lehre der Körpersprache.

4.1 Ausdrucksformen des Gesichts

Vom Gesichtsbereich gehen wahrscheinlich die **meisten** und **wichtigsten** körpersprachlichen Signale aus. Sehen Sie jemanden zum ersten Mal, betrachten Sie wohl am genauesten dessen Gesicht, sprechen Sie mit jemanden, suchen Sie die meiste Zeit

Augenkontakt. Gute Kenntnisse über körpersprachliche Signale des Gesichts sind daher für eine erfolgreiche Gesprächsführung unentbehrlich. Im Gesichtsausdruck unseres Gegenübers erkennen Sie zum Beispiel, in welcher **Stimmung** er sich befindet, ob er **aktiv** am Gespräch teilnimmt und interessiert ist und ob er Ihre **Meinung** teilt oder nicht. Die Mimik, das heißt der Gesamtausdruck des Gesichts, ist dabei entscheidender Träger körpersprachlicher Signale. Eine **offene Mimik**, das heißt gerade Kopfhaltung, geöffnete, nicht zusammengekniffene Augen, interessierter Blick, glatte Stirn etc. signalisieren dem Gesprächspartner Kommunikationsbereitschaft. Wie sehr Kommunikation durch körpersprachliche Signale gefördert bzw. direkt im Keim erstickt wird, lässt sich ganz einfach an einem Beispiel demonstrieren.

Es ist nicht schwer vorherzusagen, mit welcher der gezeigten Personen Sie eher ein Gespräch beginnen und auch erfolgreich führen können.

Bestimmte Situationen erfordern eine gewisse Mimik, zum Beispiel die Begrüßung ein freundliches und offenes Gesicht, die Trauerfeier eine gesetztes Gesicht und der festliche Anlass ein feierliches Gesicht. Verstöße gegen diese fast rituellen Verhaltensweisen werden negativ bewertet, so zum Beispiel wenn jemand mit lachendem Gesicht sein Beileid ausspricht.

4.1.1 Kopfhaltung und -bewegung

Einige Bewegungen des Kopfes haben kommunikativen Charakter und **unterstreichen** das Gesagte oder **ersetzen** sogar teilweise den verbalen Ausdruck. So ist das **Nicken** mit dem Kopf eine Bejahung, das **Schütteln** des Kopfes eine verneinende und ablehnende Bewegung. Diese non-verbalen Signale treten häufig auch losgelöst von gesprochener Sprache und sind in ihrer Bedeutung für uns so selbstverständlich und eindeutig, dass wir auch ohne Worte klare Aussagen erhalten.

Ein wenig schwieriger wird es da schon bei der **Haltung** des Kopfes, die aber nicht einfach zufällig ist, sondern mit der inneren Haltung und der Aussage eines Menschen korrespondiert. Versuchen Sie zunächst einmal selbst, den folgenden Kopfhaltungen eine Bedeutung und Aussage zuzuschreiben. Beim Vergleich mit den weiter unten aufgeführten Deutungsmustern werden Sie feststellen, wie viel Sie bereits **instinktiv** über Körpersprache wissen und dies auch richtig zuordnen können.

Ein **gerade** gerichteter Kopf zeugt von Selbstbewusstsein und Aufgeschlossenheit. Ein betont **erhobener** Kopf signalisiert schnell Unnahbarkeit und Arroganz. Ein schlaff **herunterhängender** Kopf signalisiert Willenlosigkeit und Apathie, ein **gesenkter** Kopf Demut und Unterwürfigkeit. Ein **zur Seite geneigter** Kopf kann als Anteilnahme oder Nachgiebigkeit ausgelegt werden, ebenso aber auch Interesse bekunden.

4.1.2 Stirn

Die Ausdrucksformen der Stirn stehen zumeist in engem Zusammenhang mit denen der Augen, zum Beispiel geht das **Runzeln** der Stirn oft mit zusammengekniffenen Augen einher. Stirnrunzeln bekundet je nach Situation Zweifel an etwas Gesagtem oder Entrüstung über etwas, waagerechte Falten auf der Stirn gehen meist einher mit weit aufgerissenen Augen und sind ein Ausdruck von Angst und Erschrecken, aber auch des Staunens.

4.1.3 Augen

Der Blick in die Augen unseres Gesprächspartners stellt den Versuch dar, diesem Aufmerksamkeit zu signalisieren und gleichzeitig den **Wahrheitsgehalt** der Aussage zu überprüfen. Da wir im Gespräch zumeist direkten Augenkontakt mit unserem Gesprächspartner suchen, sind Ausdruck und Blickrichtung der Augen entscheidende körpersprachliche Signale. Insbesondere **Dauer** und **Intensität** des Blickkontakts sind von entscheidender Bedeutung. **Ausweichende** Blicke können Zeichen von Verlegenheit oder Scham sein, ein **starrender** Blick drückt Dominanz und Aggression aus.

Ein wichtiger Anhaltspunkt bei der Deutung körpersprachlicher Merkmale ist der **Öffnungsgrad** der Augen: Weit aufgerissene Augen signalisieren Erstaunen oder Neugier aber auch Erschrecken und Entsetzen, ein voll geöffnetes Auge Aufgeschlossenheit, Interesse und Aufmerksamkeit. Ein **verhängtes oder verschleiertes** Auge signalisiert Trägheit, Gleichgültigkeit und Stumpfheit. Ein **verengter Blick** deutet oft auf hohe Konzentration hin, kann aber auch als Verschlagenheit gedeutet werden. Das **zugekniffene Auge** ist meist vielmehr ein Schutz vor äußeren Reizen als dass es körpersprachliche Signalwirkung besitzt.

Das **Heben von Augenbrauen** signalisiert Skepsis, Ungläubigkeit und Erstaunen, kann aber auch als Arroganz gewertet werden, vor allem wenn es nur einseitig erfolgt. Das **Senken** bzw. **Zusammenziehen der Augenbrauen** deutet dagegen ebenso leicht missverständlich entweder auf Ärger oder auf Nachdenklichkeit hin.

Auch die **Blickrichtung** übermittelt dem Gesprächspartner Informationen. **Ausweichende** Blicke können als Reaktion auf einen Lüge, **abwesender** Blick als Desinteresse aber auch als starke Konzentration gedeutet werden. Schauen Sie ihrem Gesprächspartner fest, aber nicht aufdringlich in die Augen. Ein **abschweifender** Blick signalisiert häufig mangelnde Konzentration und Desinteresse, ein **ausweichender** Blick Unsicherheit oder Schuldbewusstsein. Ein stetig **wandernder** Blick wirkt ebenso schnell desinteressiert und abgelenkt, vielleicht sogar nervös.

Versuchen Sie auch, beim Gespräch möglichst auf **gleicher Augenhöhe** mit Ihrem Gesprächspartner zu sein, da das Anblicken von oben herab oft als Arroganz ausgelegt wird, das Aufschauen von unten als Demut und Unterwürfigkeit. Bei stark unterschiedlich großen Menschen lässt sich dies rein körperlich kaum verhindern, kann aber durch die Wahl eines größeren Abstands ein wenig korrigiert werden.

4.1.4 Mund

Ebenso wie bei den Augen gibt auch beim Mund der **Öffnungsgrad** entscheidende Anhaltspunkte für die Deutung. Ein **offener** Mund mit **herunterhängendem** Unterkiefer deutet auf Erstaunen oder einen Mangel an Aktivität hin, ein offener Mund kann aber auch signalisieren, dass der Gesprächspartner einen unterbrechen will, sich verbal noch zurückhält, es aber non-verbal bereits andeutet. Ein **normal geschlossener** Mund hat eigentlich keinen besonderen Aussagewert, ein **betont geschlossener** Mund deutet dagegen auf Entschlossenheit, ein verkniffener Mund auf Ablehnung, Beharrlichkeit, Trotz oder sogar Missmut. Stark **zusammengepresste Lippen** können als Anzeichen von unterdrücktem Zorn oder Starrsinn gewertet werden.

Gehobene Mundwinkel sind relativ eindeutig als Zeichen von Arroganz oder Zynismus zu deuten, insbesondere wenn dies einseitig passiert. **Herunterhängende Mundwinkel** sind Zeichen von Trauer und Enttäuschung, Geringschätzung oder Missmut.

Auch das **Lächeln** und **Lachen** ist verräterisch: Künstlicher und aufgesetzter Frohsinn sind relativ eindeutig von natürlichem Lachen und Lächeln zu unterscheiden. Es gibt ein breites Spektrum von Lachen und Lächeln, das von boshaft, künstlich, gehässig, zynisch und blasiert über verzweifelt und traurig bis herzlich und befreiend reicht.

Wichtig ist auch Ihre Stimme: Versuchen Sie, Ihre Stimme an den Inhalt dessen, was Sie sagen und an die Situation anzupassen. Stimmt der Ausdruck Ihrer Stimme mit dem Gesagten überein, wird sich der Gesamteindruck, den Sie hinterlassen, wesentlich verbessern.

4.2 Bewegungen der Hände

Nach Meinung von Forschern sind Handbewegungen die **älteste Form der Kommuni-kation**. Die Hände sind besonders **ausdrucksstark** und eigentlich das wichtigstes In-strument aktiver Körpersprache. **Offene Gestik** signalisiert ebenso wie offene Mimik Kommunikationsbereitschaft und ist daher zur Behebung kommunikativer Hindernisse und Missverständnisse von entscheidender Bedeutung.

Neben festgelegten konventionellen Handbewegungen finden sich vor allem Gesten, deren Funktion die Begleitung verbaler Aussagen ist. Im Bereich der Gesten gibt es eine Reihe bewusst eingesetzter Ausdrucksformen, die dabei helfen sollen, Informatio-nen und Zusatzsignale zu übermitteln, die das bereist Gesagte nochmals unterstreichen sollen.

Die Hände und deren Haltung sagen sehr viel über den Sprecher aus: Hat er eine **offe-ne** Handhaltung, das heißt zeigt er die Innenfläche der Hände, deutet er Vertrauen und Offenheit an, hat er eine **geschlossene** Handhaltung, das heißt er zeigt den Handrü-cken, zeugt dies von einer schutzsuchenden und abwehrenden Haltung. Offen nach vorne gezeigte Hände können entweder Abwehr und Distanz oder aber Friedlichkeit und Offenheit demonstrieren.

Eine zur **Faust** geballte Hand signalisiert beherrschten Zorn, Bemühung um Selbstbe-hauptung, eine vor den Mund genommene Hand Unsicherheit, zusammengekrampfte Hände Nervosität aber auch Aggression.

Auch die Haltung und Bewegung der **Finger** ist von Bedeutung: Ein **gehobener Zeige-finger** weist auf etwas hin, kann aber auch als Belehrung oder Tadel verstanden wer-den. **Finger am Mund** signalisieren Verlegenheit und Unsicherheit, das **Trommeln** mit den Fingern auf dem Tisch Ungeduld, das **Aneinanderreiben** der Hände kann Vorfreu-de und Befriedigung, aber auch Schadenfreude signalisieren. Das **Spielen mit Gegens-tänden**, zum Beispiel mit Stiften, ist meist ein Zeichen von Langeweile, Nervosität oder Konzentrationssuche.

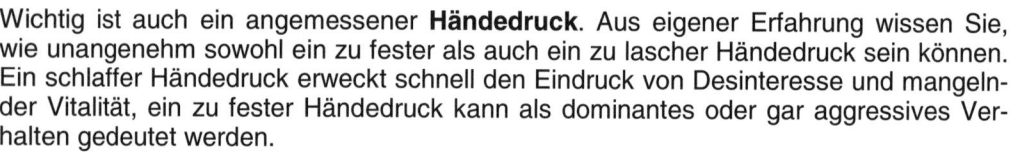

Wichtig ist auch ein angemessener **Händedruck**. Aus eigener Erfahrung wissen Sie, wie unangenehm sowohl ein zu fester als auch ein zu lascher Händedruck sein können. Ein schlaffer Händedruck erweckt schnell den Eindruck von Desinteresse und mangelnder Vitalität, ein zu fester Händedruck kann als dominantes oder gar aggressives Verhalten gedeutet werden.

4.3 Allgemeine Körperhaltung und -bewegung

Nicht nur Gesichtsausdrücke oder einzelnen Bewegungen unserer Hände übermitteln non-verbale Signale, auch unsere gesamte Körperhaltung und Körperbewegung ist Träger körpersprachlicher Botschaften. Dies reicht von der Haltung der **Arme** und **Beine** über das Stehen und Gehen bis hin zum Sitzen.

Die Körperhaltung beeinflusst auch unsere Gefühle und unsere Selbsteinschätzung: Wer sich im wahrsten Sinne des Wortes hängen lässt, fühlt sich auch schwach und lustlos, wer sich aufrecht und dynamisch hält, ist und wirkt auch selbstbewusst.

Eine gute, entspannte und ganz zwanglose Haltung ist Zeichen des Wohlbefindens, der Freiheit von Zwängen, von Selbstsicherheit und Aufgeschlossenheit. Im Gegensatz dazu verrät eine **verkrampfte** und **versteifte** Haltung des Körpers Selbstschutz und Distanz, Befangenheit, Kontaktscheu sowie Verschlossenheit.

Vor der **Brust verschränkte Arme** deuten auf eine abwartende, distanzierte bis ablehnende Haltung. In die **Hüften gestemmte Hände** signalisieren ein Überlegenheitsgefühl, in die Hosentasche gesteckte Hände Unsicherheit oder Langeweile, im **Nacken verschränkte Hände** Arroganz. **Schlaff herabhängende Arme** bekunden Willenlosigkeit und Passivität. **Hinter dem Rücken** verschränkte Hände signalisieren ebenso Passivität und Abwarten, aber auch Verlegenheit und Befangenheit.

Das **Einziehen des Kopfes bei gleichzeitigem Hochziehen der Schultern** ist ein Schutzmechanismus, der Unsicherheit, Hilflosigkeit, Nervosität und Ängstlichkeit signalisiert, aber auch als Schuldbewusstsein ausgelegt werden kann. Dieser Haltung geht meist ein Gefühl der Bedrohung voraus. Man möchte somit den Hals als empfindlichen Körperteil vor Bedrohung und Verletzung schützen.

Nach vorne gezogene Schultern signalisieren Unsicherheit und Schwäche, **nach hinten gedrückte Schultern** Kraft, Selbstsicherheit und bis hin zur Selbstüberschätzung.

Ein **fester Stand** signalisiert Selbstvertrauen, Sicherheit und Standfestigkeit. Ein **verkrampfter Stand** entweder Unsicherheit oder Starrsinn und Mangel an Anpassung. Ein **lockerer Stand**, insbesondere mit ständigen Wechsel der Standbeine und Spielen der Füße signalisiert Unsicherheit. Ein **zu breiter Stand** zeugt von übersteigerter Selbsteinschätzung. Dominante Personen beanspruchen viel Raum, stehen breit, untergeordnete stehen häufig in engerer Körperhaltung. In Körpersprache manifestiert sich das Verhältnis zu Macht und soziale Rolle und Ordnung.

Für den **Gang** gilt in der Regel ähnliches wie für den Stand: Ein **fester, runder, dynamischer** Gang verrät Selbstsicherheit und Aufgeschlossenheit, ein **schlurfender, langsamer und undynamischer** Gang Unsicherheit und mangelndes Selbstvertrauen, ein **protziger und betont lässiger** Gang zeugt von übertriebener Selbsteinschätzung bis hin zur Arroganz.

Im Hinblick auf das Sitzen lassen sich folgende Aussagen treffen: Bei Gesprächen mit dem Vorgesetzten sitzt man am besten diesem **schräg** zugewandt, da Gegenübersitzen oft als Konfrontation empfunden wird. Konzentrieren Sie sich auf Ihren Gesprächspartner und sitzen sie ruhig ohne mit den Füßen zu wippen, da dies als Unsicherheit empfunden wird. Ein vorgelehnter Oberkörper kann Interesse bekunden, ein zurückgelehnter Abwarten bis hin zu Ablehnung.

Die Art und Weise wie Sie mit **Raum** umgehen – wie Sie sich ausbreiten, distanzieren oder separieren – ist eine Form non-verbaler Botschaft, die etwas über Sie aussagen kann. Es gibt unterschiedliche **Distanzzonen**, die wir bei unserem Gegenüber beachten müssen. Das Beachten der Raumzone bedeutet, den anderen als Person zu respektieren. Das Eindringen in jemandes Privatzone bzw. Intimsphäre führt zu dessen Rückzug. Die Raumzonen gestalten sich für verschiedene Gesprächspartner unterschiedlich: Kennen Sie jemanden gut, so dürfen Sie näher an diese Person herantreten als bei anderen Menschen. Für diese Zonen gibt es aber keine idealtypischen und festen Werte, jegliche Angaben bieten nur Anhaltspunkte.

Der Abstand im Raum ist wichtig. Man kann grob eine Unterteilung in **vier Raumzonen** vornehmen: die **Intimzone** (direkter Kontakt bis Abstand von ca. 0,6 Meter), die **persönliche Zone** (Abstand von ca. 0,6 bis 1,2 Meter), die **soziale Zone** (Abstand von ca. 1,2 bis 4 Meter) und schließlich die **öffentliche Zone** (Abstand ab ca. 4 Meter). Die Angaben sind jedoch nur Richtwerte und müssen im Einzelfall nach eigenen Bedürfnissen angepasst werden. Merken Sie, dass Ihr Gesprächspartner sich bedrängt fühlt, womöglich zurückweicht, sind Sie ihm zu nahe gekommen. Verschiedene Menschen empfinden Raum unterschiedlich und reagieren daher auch verschieden auf Nähe bzw. Distanz. Auch ist zu beachten, dass die Angaben sich entsprechend verschiedener Kulturkreise stark voneinander abweichen.

5. Zusammenfassung

Sie haben nun einige Formen der Körpersprache und deren Bedeutung kennen gelernt. Auch wissen Sie nun, dass es nicht ausreicht, körpersprachliche Signale einfach zu kopieren und zu benutzen, da dies schnell **aufgesetzt** und **künstlich** wirkt. Dennoch gibt es eine Reihe von Regeln, die Sie beachten sollten, um Ihr allgemeines Verständnis von non-verbaler Sprache und Ihre eigenen körpersprachlichen Fähigkeiten zu vertiefen, um damit nicht nur Ihr eigenes Auftreten zu verbessern, sondern auch Ihren Gesprächspartner besser zu verstehen und darauf eingehen zu können.

- Überprüfen Sie Ihr eigenes körpersprachliches Verhalten, und arbeiten Sie an möglichen Schwachstellen.
- Unterschätzen Sie körpersprachlichen Aussagen nicht, und berücksichtigen Sie diese bei Ihrer Wertung. Non-verbale Signale sind in der Regel spontaner und weniger einfach zu manipulieren.
- Beobachten Sie Ihren Gesprächspartner genau, und achten Sie genauso aufmerksam auf dessen Aussagen. Jedes körpersprachliche Signal ist an sich mehrdeutig und kann erst in Verbindung mit der verbalen Aussage eindeutig interpretiert werden.
- Fällen Sie niemals ein vorschnelles Urteil über einen Menschen aufgrund eines oder einiger weniger körpersprachlicher Signale.
- Fällen Sie ein Urteil erst dann, wenn mehrere Körpersignale in die gleiche Richtung weisen.
- Versuchen Sie, natürlich zu wirken. Ein allzu übertriebener Gebrauch, zum Beispiel von Gesten kann sehr schnell künstlich wirken. Ein überzeugender Vortrag wird von bekräftigenden und die Argumente unterstützenden Gesten begleitet und wird sehr viel erfolgreicher sein als ein mit Körpersprache überladener Sprechakt, der nur vom Inhalt des Gesagten ablenkt.

Multiple-Choice Fragen

1. Wie heißt der Fachbegriff für die Lehre der Körpersprache?
a) Motorik
b) Kinesik
c) Physiognomie

2. Welche der folgenden Bereiche gehört nicht zum Bereich der Körpersprache?
a) Körperhaltung
b) Aussehen
c) Mimik

3. Welche der folgenden Aussagen über Körpersprache ist falsch?
a) Körpersprachliche Signale sind vielfach spontaner und echter als sprachliche Aussagen.
b) Körpersprachliche Signale können durchaus mehrdeutig sein.
c) Körpersprachliche Signale sind eindeutig interpretierbar.

4. Bei welchem der folgenden Bereiche handelt es sich um die wohl älteste Form der Kommunikation?
a) Handbewegungen
b) Sprache
c) Schrift

5. Welche der folgenden körpersprachlichen Signale drückt Aufmerksamkeit aus?
a) abgewandter Kopf
b) unruhiger Stand
c) offener Blick

6. Welche der folgenden Bereiche hat keine Relevanz bei der Deutung körpersprachlichen Verhaltens?
a) Raum
b) Körpergröße
c) Gesichtsausdruck

7. Welcher der folgenden Aspekte spielt bei der Deutung non-verbaler Signale der Augen keine Rolle?
a) Form der Augen
b) Öffnungsgrad der Augen
c) Blickrichtung

8. Welches der folgenden körpersprachlichen Signale drückt Unsicherheit aus?
a) fester Gang
b) Einziehen des Kopfes
c) in die Hüften gestemmte Arme

9. Welches der folgenden Signale kann Arroganz ausdrücken?
   a) hochgezogene Augenbrauen
   b) hochgezogene Schultern
   c) hochgezogene Mundwinkel

Wissensfragen

1. Welche Ausdrucksformen umfasst die Körpersprache?

2. Mit welchen statistischen Angaben kann man die Relevanz von Körpersprache für unser tägliches Miteinander untermauern?

3. Wie stellt sich das Verhältnis zwischen gesprochener Sprache und non-verbaler Kommunikation dar?

4. Welche Funktionen besitzt Körpersprache?

5. Ist Körpersprache universell oder gibt es individuelle Unterschiede?

6. Wodurch lassen sich Unterschiede im körpersprachlichen Verhalten erklären?

7. Auf was kann eine Nichtübereinstimmung von körpersprachlichen Signalen und gesprochener Sprache hinweisen?

8. Welche unterschiedlichen Formen körpersprachlicher Signale gibt es?

9. Auf was ist bei der Deutung körpersprachlicher Signale zu achten?

10. Wie erlangen wir körpersprachliche Fähigkeiten?

11. Worin unterscheiden sich die Kinesik und die Physiognomie?

Konfliktmanagement und Mediation

1. Einleitung

Lernziele dieses Abschnitts:
Nachdem Sie diesen Abschnitt durchgearbeitet haben, sollten Sie
– einen Überblick über den vorliegenden Kurs und
– grundlegende Fragestellungen der Konfliktlösung erhalten.

Konflikte sind seit jeher Teil unseres alltäglichen Lebens. Allein wenn Sie Tag für Tag die Nachrichten ansehen und sich über die in aller Welt verstreuten Konfliktherde informieren, können Sie das weit verbreitete Konfliktpotenzial in jedem von uns erkennen.

Doch nicht nur die militärischen und gesellschaftlichen Konfliktherde sind für uns von Bedeutung, auch „im Kleinen", also in der Familie, bei der Arbeit oder im sonstigen sozialen Leben spielen Meinungsunterschiede und Beziehungsprobleme immer wieder eine wesentliche Rolle.

Ob wir uns mit dem Ehepartner über die neuen Tapeten streiten oder der Arbeitgeber uns jeden Tag zum Kaffee kochen schickt, obwohl wir für viel anspruchsvollere Aufgaben vorgesehen sind – immer wieder werden wir vor die Aufgabe gestellt, zwischenmenschliche Konflikte zu klären und beizulegen und dabei immer wieder von neuem Kompromisse zu schließen.

Oft beschäftigen wir uns nur sehr oberflächlich mit der Bedeutung und dem Sinn des „Zusammenprallens" zweier oder mehrerer Ansichten, Interessen oder Wertvorstellungen und versuchen nicht, dem Ursprung auf den Grund zu gehen und eine effektive Konfliktlösung voranzutreiben.

Das mag auf der persönlichen Ebene oftmals auch nicht nötig sein, da diese Konflikte sich oft durch die Erfahrung im Umgang mit dem Gegenüber aus der Welt schaffen lassen. Wie aber sieht es auf der beruflichen Ebene aus? Meist ist man mit Menschen konfrontiert, die man zwar jeden Tag mindestens acht Stunden sieht, deshalb aber nicht unbedingt besonders gut kennt.

Man muss sich mit einem Vorgesetzten bzw. einem Mitarbeiter auseinandersetzen, der in der persönlichen bzw. privaten Beziehung einen anderen Platz in einer vorgegebenen Hierarchie einnimmt als man selbst.

Wie können Sie nun Ihrem Chef oder Ihrem wichtigen Kunden beibringen, dass Ihnen sein Umgangston nicht gefällt, ohne Angst haben zu müssen, dass Sie deswegen Ihren Job oder einen wichtigen, lukrativen Auftrag verlieren? Wie sagen Sie Ihrem Kollegen, dass Sie sein Rauchen im Büro stört, ohne das Arbeitsklima für lange Zeit zu vergiften?

> Viele Situationen im Berufsleben sind mit Konflikten behaftet, und meist haben wir keine „Universallösung", wie man diese angehen soll.

Durch die in den letzten Jahren fortschreitende Differenzierung der Wissens- bzw. Informationsgesellschaft sind zudem neue Konfliktbereiche auf uns zugekommen: Sei es die steigende Selbstverantwortung, die zu persönlichen Konflikten führen kann, oder die fortschreitende Spezialisierung der Arbeitskräfte, in deren Folge das Verhältnis zwischen Arbeitgeber und Arbeitnehmer neuen Voraussetzungen ausgesetzt ist – inzwischen gehen die Problembereiche im Beruf weit über einfache Streitfragen wie das ständige Zuspätkommen eines Mitarbeiters hinaus.

Auch hierbei gibt es kein Nonplusultra der Konfliktlösung, doch durch den vorliegenden Systemteil soll versucht werden, Problemfelder aufzuzeigen und Lösungsmodelle anzubieten, um nicht nur den Arbeitsalltag zu erleichtern und den Umgang mit Mitarbeitern und Vorgesetzten zu verbessern, sondern auch den Sinn und die Notwendigkeit von Konflikten zu erkennen und zu akzeptieren.

Dazu soll zunächst der Begriff des Konflikts – das heißt verschiedene Konfliktarten und die neuen Dimensionen der Konflikte in der Wissensgesellschaft – geklärt werden, wobei vor allem auch die Entstehung und der Sinn von Konflikten zu beachten ist, um dann näher auf die einzelnen Möglichkeiten der Konfliktlösung einzugehen. Diese hat in vielen Bereichen des Arbeitslebens Bedeutung: Im Umgang mit Vorgesetzten und mit Mitarbeitern, aber auch in Hinsicht auf die gesamte Organisation und die Beziehung des Unternehmens zu außerbetrieblichen Organisationen oder Institutionen. Nicht zu vergessen auch die persönliche Konfliktlösung: Manchmal brauchen wir zur Entstehung eines Konfliktes noch nicht einmal ein Gegenüber, sondern müssen uns mit problematischen Gegebenheiten auseinandersetzen, die nur uns selbst betreffen.

Zum Schluss erhalten Sie einen kleinen Ratgeber in Sachen Konfliktlösung – Tipps, wie Sie das Verhältnis zu Ihrem Chef oder zu Arbeitskollegen verbessern können, um ein Klima zu schaffen, in dem Konflikte zwar auftreten können, deren Lösung aber kein unüberwindbares Hindernis mehr ist.

> Sie dürfen Konflikte nicht immer als etwas Negatives ansehen: Wenn Sie Meinungsunterschiede und verschiedene Ansichten zulassen, gewinnen Sie selbst die Fähigkeit zur Weiterentwicklung. So hat jeder Konflikt seinen Sinn, und ein ungelöster Konflikt kann die Arbeitsatmosphäre auf lange Zeit vergiften.

Wenn Sie dabei nur ein kleines Stück der Einstellung, dass bei einem Konflikt meist nur eine Sichtweise richtig ist, aufgeben und nicht mehr versuchen, jedem Problem möglichst aus dem Weg zu gehen, kann Sie das zu einem konstruktiven Miteinander mit Vorgesetzten und Kollegen ein ganzes Stück vorwärts bringen. Denn schon ein chinesisches Sprichwort sagt: *„Nur wenn man die widersprüchlichen Aspekte einer Sache gleichzeitig vor Augen hat, hat man die volle Wahrheit.“*

2. Begriffsklärung – Was ist ein Konflikt?

Lernziele dieses Abschnitts:
Nachdem Sie diesen Abschnitt durchgearbeitet haben, sollten Sie wissen
- was ein Konflikt eigentlich ist (Definition),
- welche unterschiedlichen Arten von Konflikten es gibt,
- wie Konflikte entstehen und
- ob bzw. welchen Sinn Konflikte haben können.

Für die Frage, was ein Konflikt ist, gibt es zahlreiche Antworten und Sichtweisen.

> In der Psychologie und in den Sozialwissenschaften werden Konflikte generell als die **Gegensätzlichkeit** oder **Unvereinbarkeit** zweier oder **mehrerer Elemente** definiert. Sie werden daher meist durch unterschiedliche Verhaltensweisen und Handlungen, aber auch Einstellungen, Werte, Interessen etc. **hervorgerufen**.

Genauere Konflikttheorien sehen Konflikte als:

- **Dissonanzen** bei der Entscheidungsfindung (behavioristische Konfliktforschung);
- **Spannungsentladung** in ungleichgewichtigen Kräftefeldern (feldtheoretische Konfliktforschung);
- **Spannungsfeld** zwischen eigenen Plänen und den Erwartungen der anderen (Aushandlungstheorie);
- Erscheinung von sich **überschneidenden Interessen** von Individuen und / oder Gruppen; sowie
- das **Gegeneinanderstehen** von mehreren Wünschen, Willensregungen usw.

Nicht jeder Konflikt ist gleich. Es gibt gravierende Unterschiede beispielsweise zwischen Paar- und Organisationskonflikten, wie wir im folgenden noch näher erläutern wollen. Doch es lassen sich einige grundsätzliche und charakteristische Merkmale von Konflikten feststellen:

- Konflikte kommen immer erst durch das Handeln **mindestens einer Partei** zum Ausbruch: Erst wenn wir wirklich sagen, was uns im Arbeitsalltag stört, wird der andere darauf **reagieren**.
- Konflikte sind **Störungen** des Handlungsablaufs: Wenn Sie sich also mit ihrem Kollegen immer wieder über seine schlampige Arbeitsweise auseinandersetzen müssen, wird nicht nur Ihre eigene Arbeit, sondern auch die Zusammenarbeit mit diesem Kollegen darunter leiden.
- Konflikte beinhalten immer eine **emotionale** Dimension: Wenn im Berufsleben etwas nicht so läuft, wie wir uns das vorgestellt hatten (wenn uns zum Beispiel bei der Beförderung ein anderer Mitarbeiter vorgezogen wurde), reagieren wir meist wütend und enttäuscht. Dabei können die Emotionen so Überhand nehmen, dass uns die Kommunikationsfähigkeit, die unbedingte Voraussetzung zur Konfliktlösung ist, verloren geht.
- Ein Konfliktpartner sieht sich meist von einem anderen ins Unrecht gesetzt. Das heißt, wenn wir unsere Ziele und Intentionen nicht verwirklichen können, wird die **Schuld** daran meist dem anderen zugeschoben.

- Konflikte haben stets auch eine **sachliche** Komponente. Wir streiten uns in der Regel nicht um des Streites willen, sondern weil eine bestimmte Entscheidung oder ähnliches unseren Interessen zuwiderläuft. Ausnahme sind Konflikte, die aus Langeweile und der daraus resultierenden Gereiztheit entstehen können.
- Konflikte können **eskalieren**: Sie weiten sich meist aus und beziehen sich auf immer mehr Menschen und Themen.
- Konflikte erzeugen **Lösungsdruck**. Erst wenn sie bewältigt sind, können wir uns wieder unbelastet dem Arbeitsalltag zuwenden.

Diese Konflikteigenschaften lassen sich in grundsätzlich jedem Konflikt wiederfinden. Natürlich muss nicht jeder Konflikt eskalieren – oft ist man auch in der Lage, einen entstehenden Konflikt schnell und sachlich zu klären. Und oft scheint es auch so, dass manche Konflikte nicht wirklich eine sachliche Grundlage haben. Doch selbst wenn Sie die Probleme, die Sie mit einem Kollegen oder Ihrem Vorgesetzten haben, nur darauf zurückführen, dass er Ihnen unsympathisch ist, ist auch hier gewiss eine sachliche Komponente vorhanden: Sei es seine ständige Unpünktlichkeit, seine Überheblichkeit oder seine Unfähigkeit, sich in die Gruppe zu integrieren.

Bleibt die Frage, warum wir Konflikte (so weit es geht) vermeiden wollen. Das liegt sicher an den Problemen, die jeder Konflikt mit sich bringt: Persönliche Belastung, schlechte Stimmung im Büro und damit auch eine unangenehme Arbeitsatmosphäre.

Konflikte machen uns aber auch **Angst**, da sie eine *Veränderung* bedeuten – auf der zwischenmenschlichen wie auch auf der betrieblichen Ebene. Diese Veränderungen werden als *Unsicherheit* empfunden, die meist um alles in der Welt vermieden wird.

Doch Veränderungen haben etwas Gutes. Ein einfaches Beispiel: Die Evolution. Hätte die Menschheit sich nicht verändert und weiterentwickelt, würden wir wohl heute noch in Höhlen wohnen, Beeren sammeln und uns von steinzeitlichen Tieren ernähren.

2.1 Konfliktarten

Obwohl es einige grundsätzliche Merkmale von Konflikten gibt, ist doch nicht jeder Konflikt gleich. Eine Konfliktart, die ein wenig von den üblichen Charakteristika abweicht, sind die **persönlichen Konflikte**.

Persönliche Konflikte können durchaus auch Einfluss auf den Arbeitsalltag haben: Entweder, weil man zu sehr mit sich selbst und den eigenen Problemen beschäftigt ist, um sich voll und ganz der Arbeit zu widmen, oder weil sich das eigene Verhalten im Umgang mit Kollegen dadurch ändert.

Die Ursachen von persönlichen Konflikten liegen oft in der Erziehung und Sozialisation eines jeden Menschen. Dabei kann unterschieden werden zwischen:
- **Appetenz-Appetenz-Konflikten**: Hierbei empfinden wir zwei Gefühlsregungen, deren Verwirklichung wir anstreben, die aber unvereinbar sind: Wenn wir uns etwa nicht zwischen Familie und Karriere entscheiden können;
- **Appetenz-Aversions-Konflikten**: Unvereinbar sind hier eine „Hinstrebung" und eine „Wegstrebung". Das kann auftreten, wenn einem Mitarbeiter ein neuer Aufgabenbereich angeboten wird, der zwar ein größeres Einkommen, aber auch einen wesentlich umfangreicheren Aufwand an unangenehmer Arbeit bedeutet; und
- **Aversions-Aversions-Konflikten**: In diesem Fall sind zwei „Wegstrebungen" unvereinbar. Man empfindet etwa, dass das zugeteilte Aufgabengebiet nicht den eigenen Vorstellungen entspricht, hat aber gleichzeitig Angst vor dem Gespräch darüber. Hierbei entsteht die Notwendigkeit, sich für das geringere Übel entscheiden zu müssen.

Einen wesentlichen Anteil am Konfliktgeschehen im Büro haben die **Paarkonflikte**, die zwischen einzelnen Kollegen, aber auch zwischen Mitarbeitern und Vorgesetzten entstehen können.

Auch auf diesem Gebiet gibt es zahlreiche Unterscheidungsmöglichkeiten und zwar in:

- **Entwicklungskonflikte**, die entstehen können, wenn ein Mitarbeiter ambitionierter ist als der andere und deshalb auch schneller die Karriereleiter „erklimmt";
- **Rollenkonflikte**, die aus gegenseitigen Rollenerwartungen entstehen: Wechselt etwa ein Mitarbeiter, der bislang lediglich für die Buchhaltung zuständig war, in den kreativen Bereich, werden Irritationen entstehen;
- **Konkurrenzkonflikte**, wenn etwa zwei Mitarbeiter auf eine Beförderung hoffen;

- **Rivalitätskonflikte**, bei denen es nicht unbedingt um ein schnelleres Vorwärtskommen im Beruf, sondern eher um ein größeres Ansehen im Büro oder ein engeres Verhältnis zum Vorgesetzten geht;
- **Kommunikationskonflikte** entstehen meist durch gestörte Kommunikationsabläufe und das Informationsmonopol des Vorgesetzten. Im Zuge der Wissensgesellschaft haben sich diese Konflikte jedoch auf eine andere Ebene verschoben, da der Mitarbeiter in einem bestimmten Bereich oft größere Kenntnisse hat (Spezialisierung). Die Konflikte entstehen nun zwischen der Sach- und der Systemebene;
- **Koalitionskonflikte** entstehen, wenn zur Konfliktbewältigung eine dritte Person hinzugezogen wird, deren Meinung einer Konfliktpartei unter Umständen nicht gefällt;
- **Delegationskonflikte**, die auch durch Einbeziehung eines Dritten entstehen. Dessen Vermittlung kann durch unterschiedliche Interpretationen und Fehler den Konflikt verstärken anstatt ihn abzuwenden; sowie
- **Versachlichungskonflikte**: Auch diese entstehen insbesondere durch die Wissensgesellschaft. Wir kommunizieren zunehmend über den Computer, wobei der zwischenmenschliche Aspekt auf der Strecke bleibt.

> Konflikte beziehen sich jedoch nicht immer nur auf zwei Personen, sie können auch rivalisierende Gruppen, etwa verschiedene Abteilungen, betreffen.

Hier muss unterschieden werden zwischen:

- Untergruppenkonflikten,
- Territorialkonflikten,
- Rangkonflikten,
- Normierungs- und Bestrafungskonflikten,
- Zugehörigkeitskonflikten,
- Führungskonflikten,
- Substitutionskonflikten sowie
- Loyalitäts- und Verteidigungskonflikten.

Untergruppenkonflikte entstehen, wenn sich Gruppen durch andere Formen der Zugehörigkeit innerhalb derselben bedroht fühlen. Dies kann zum Beispiel in Folge von Absprachen zwischen einzelnen Mitgliedern der Gruppe der Fall sein.

Die Ursachen von **Territorialkonflikten** hingegen liegen vor allem in Kompetenzüberschneidungen. Wenn zwei Gruppenmitglieder in Teilen ihres Aufgabenbereichs für dieselbe Sache zuständig sind, kann es immer wieder zu Meinungsverschiedenheiten kommen.

Rangkonflikte entstehen aus der Notwendigkeit, jedem Mitglied einer Gruppe eine feste Position zuzuweisen. Erst wenn jeder einen festen Platz hat, sind diese Konflikte überwunden.

Durch die Regeln und Normen, die zum festen Bestandteil eines jeden Unternehmens gehören, können zudem **Normierungs- und Bestrafungskonflikte** auftauchen. Nicht jeder erkennt die Spielregeln eines Unternehmens von vornherein an und muss daher etwa durch „Bestrafung" in seine Grenzen gewiesen werden. Zumindest funktionieren viele Unternehmen heute noch nach diesem Prinzip.

Da eine Gruppe nur funktionieren kann, wenn sie eine Einheit bildet, können weiterhin **Zugehörigkeitskonflikte** auftreten. Sie entstehen meist, wenn ein Mitglied aus der Gruppe ausbrechen will oder ein neues Mitglied hinzukommt, das erst seinen Platz finden muss. Diese Art von Konflikten tritt häufig auf, wenn eine Frau auf eine festgefügte „Männertruppe" trifft. Sie wird es oft nicht sehr leicht haben, sich gegen deren Denkmuster und Verhaltensweisen durchzusetzen.

Führungskonflikte sind insbesondere ein Problem der Wissensgesellschaft. Durch die fortschreitende Spezialisierung der Mitarbeiter sind diese ihren Vorgesetzten auf der fachlichen Ebene oft überlegen. Dies kann zu Schwierigkeiten führen, wenn der Vorgesetzte seinen Führungsanspruch auf dieser Ebene nicht aufgeben will.

Bei **Substitutionskonflikten** wird die eigentliche Konfliktursache auf andere, leichter zu diskutierende Konfliktgegenstände verschoben. Dadurch bleibt der ursprüngliche Konflikt jedoch ungelöst.

Loyalitäts- und Verteidigungskonflikte treten auf, wenn ein Mitglied einer Gruppe von außen angegriffen wird und die übrigen Gruppenmitglieder vor der Wahl stehen, sich hinter dieses Mitglied zu stellen oder nicht. Dabei ist es nicht immer von Vorteil, den Betreffenden zu unterstützen: Fehlverhalten einzelner Mitarbeiter muss erkannt und abgestellt werden.

Konflikte entstehen jedoch nicht nur innerhalb einer Gruppe, sie können auch in der Auseinandersetzung mit anderen Gruppen auftreten – man spricht hier von den sogenannten **Organisationskonflikten**.

Diese unterteilen sich in:

- Herrschaftskonflikte,
- Doppelmitgliedschaftskonflikte,
- Veränderungskonflikte,
- Normkonflikte,
- Strukturkonflikte und
- Repräsentations- bzw. Legitimationskonflikte

> Organisationskonflikte können zwischen verschiedenen Abteilungen entstehen, die jeweils ihre eigenen Interessen durchsetzen wollen, aber auch zwischen der Gruppe und einer übergeordneten Instanz.

Kontroversen zwischen einer Gruppe und der übergeordneten Instanz führen zu **Herrschaftskonflikten**. Produktive Entscheidungen können nur getroffen werden, wenn der Vorgesetzte die Meinungen und Interessen einer Gruppe versteht und anerkennt. Wenn er sie lediglich von der allgemeinen, hierarchisch übergeordneten Position betrachtet, kann dies zu erheblichen Störungen der Produktivität und Arbeitsfähigkeit der Gruppe führen.

Abteilungsleiter können zudem von **Doppelmitgliedschaftskonflikten** betroffen sein. Sie vertreten nicht nur die Interessen der Organisation, sondern gleichzeitig auch die der Mitarbeiter. Es ist ihre Aufgabe, den Gegensatz zwischen den Interessen und Bedürfnissen der Gruppe und den Notwendigkeiten des Systems auszubalancieren.

Veränderungskonflikte entstehen, wenn Gruppen sich neu formieren oder auflösen sowie wenn Rollenänderungen, zum Beispiel die Beförderung einzelner Mitarbeiter, stattfinden.

Der Anlass für **Normkonflikte** sind etwa ein zu großer Anteil von Normen und Regeln in einem Betrieb, die den Mitarbeitern die Anpassung erschweren oder die unterschiedliche Behandlung von verschiedenen Mitarbeitern. So wird ein Außendienstmitarbeiter andere Rechte, wie etwa flexiblere Arbeitszeiten, erhalten. Dies kann bei einem Innendienstmitarbeiter zu Missmut führen.

Strukturkonflikte hingegen entstehen ähnlich wie Doppelmitgliedschaftskonflikte aus unvereinbaren Kompetenzbereichen.

Zuletzt sind noch die **Repräsentations- bzw. Legitimationskonflikte** zu beachten, die in erster Linie aus der Frage entstehen, wer eine Gruppe nach außen vertritt.

> Auf der Ebene der *Institutionen* entstehen Konflikte meist aus **menschlichen Grundwidersprüchen**.

So sind Probleme zwischen älteren und jüngeren Mitarbeitern nicht selten. Einerseits sollen die Jungen sich selbst entwickeln, um eine eigene Identität zu gewinnen; andererseits besteht jedoch die Notwendigkeit, das Know-how, das die Älteren gesammelt haben, an die junge Generation weiterzugeben.

Auch die **Systemkonflikte** dürfen nicht außer Acht gelassen werden: Sie beruhen meist auf unterschiedlichen Denksystemen oder verschiedenen kulturellen Werten und können meist nur über Mehrheitsentscheidungen überwunden (oft nicht gelöst!) werden.

Durch die Vorgaben des Systems, das heißt des Unternehmens, können zudem **Rollenkonflikte** hervorgerufen werden. Dazu zählen *Auslastungsprobleme* etwa durch Arbeitsüberlastung, *Professionskonflikte* durch die fehlende Übereinstimmung von Ausbildung und Tätigkeit sowie *Senderkonflikte*, die auf mangelnde Unterstützung bei Problemen zurückzuführen sind.

Angesichts dieser großen Anzahl von Konfliktfeldern bzw. -möglichkeiten auf persönlicher, zwischenmenschlicher oder organisierter Ebene könnte man meinen, dass ein „normaler" und konfliktfreier Arbeitsalltag nicht möglich ist. Doch lassen Sie sich von dieser wissenschaftlichen Systematik nicht abschrecken. Vielleicht wirkt sie erschreckender als sie ist. Wenn Sie also diese unüberschaubare Menge von Konfliktmöglichkeiten sehen, heißt das noch lange nicht, dass diese auch eintreten müssen. Die genaue Systematisierung hilft uns aber, die Art und den Charakter von Konflikten besser zu verstehen, zu erkennen – und somit sie schneller und effektiver lösen zu können.

2.1.1 Konflikte in der Wissensgesellschaft

Die Vorteile und Chancen der Wissensgesellschaft sind uns allen bewusst. Die weltweite Vernetzung durch das Internet beispielsweise bietet Möglichkeiten, an die vor zwanzig Jahren noch keiner zu denken gewagt hätte. Heutzutage können wir mit Freunden in Südostasien chatten, uns per Mausklick über das Wetter im hintersten Nepal informieren oder in der virtuellen Welt einkaufen gehen. Zeit und Raum spielen meist keine wesentliche Rolle mehr.

Doch bei allen Vorteilen dieser „schönen neuen Welt" bietet diese natürlich auch Risiken.

Die Vor- und Nachteile unserer informierten Gesellschaft gelten natürlich auch für das Arbeitsleben und haben den Arbeitsmarkt entscheidend beeinflusst und verändert.

Durch die steigende Bedeutung der EDV und der sich daraus entwickelnden neuen Informationsstrukturen hat sich schrittweise eine Erhöhung des Informationspotenzials ergeben.

In dessen Folge sind zahlreiche Veränderungen des Arbeitsmarktes zu verzeichnen:

– Wissen und Fähigkeiten treten immer mehr in den Vordergrund, Machtstrukturen sind weniger von dominierender Bedeutung. Wissen an sich wird somit zu einem zunehmend wichtigen Produktionsfaktor. Das hat natürlich auch Auswirkungen im Bereich des Konfliktmanagements.

– Es entwickeln sich zunehmend flexible Arbeitsmodelle – die Arbeit wird immer unabhängiger von Ort und Zeit. Das kann natürlich motivierend auf die Mitarbeiter wirken. Veränderte Kommunikationsformen bergen aber neue Konfliktpotenziale. Andererseits gibt es auch immer weniger Vollarbeitsplätze, was für Familien, die von nur einem Einkommen leben müssen, ein Problem darstellen kann.
– Das Büro wird „mobil", das heißt es entstehen immer mehr virtuelle Unternehmen, die über Handy, Internet und Videokonferenzen geführt werden können. Konflikte können also auch über geographische Distanzen hinaus entstehen und haben dadurch eine neue Qualität.
– Die Dynamik der Märkte verlangt eine anpassungsfähige Organisationsform: Diese muss vor allem in der Personalbesetzung flexibel sein. Oft entsteht eine zeitpunktbezogene Nachfrage nach kompetenten Mitarbeitern – diese müssen nicht mehr ständig „vor Ort" sein. Die Orte, an denen Konflikte entstehen können, werden also breiter.

Von Interesse ist für uns vor allem das Konfliktpotenzial, das sich daraus ergibt.

Die vorwiegenden Konfliktbereiche sind begründet in:

– der fortschreitenden Spezialisierung der Mitarbeiter und der abnehmenden Bedeutung von Generalisten,
– dem häufigeren Personalwechsel,
– der zunehmenden Bedeutung der Telearbeit und der Flexibilisierung der Arbeitszeit sowie
– der Komplexitätssteigerung durch das stetig steigende Informationspotenzial und immer größere Wissensansprüche.

> Durch die ansteigende **Spezialisierung** der Mitarbeiter haben diese in einigen Bereichen unter Umständen mehr Fachwissen und Kompetenz als ihre Vorgesetzen. Diese sind folglich in Sachfragen nicht mehr unbedingte Autorität.

Die Entscheidungen werden an der *ausführenden* Stelle getroffen und die sachliche Information ist durch die EDV kein Monopol der Spitze mehr.

Vorgesetzte, die diesen Verlust an Autorität nicht mit sich vereinbaren können, werden Probleme bekommen: Gewisse Kompetenzen müssen abgegeben werden und man muss lernen, dem anderen in bestimmten Fragen zu vertrauen und Selbständigkeit zunächst zuzulassen, zu akzeptieren und zu fördern.

Eine weitere Schwierigkeit, die sich daraus ergibt, ist, dass es nur einige wenige hochbe-
zahlte und hochqualitativ ausgebildete Spezialkräfte gibt. Der „normale", das heißt breit
ausgebildete Mitarbeiter wird sich daraufhin eventuell minderwertig und zurückgesetzt
fühlen. Die daraus entstehenden Konfliktpotenziale hatten wir bereits oben angedeutet.

Zu einer angenehmen Arbeitsatmosphäre gehört für uns oft auch, dass wir unsere Kollegen sehr gut kennen – der Betrieb ist ein wenig wie eine „zweite Familie". Häufiger
Personalwechsel kommt diesem „Wohlfühlanspruch" nicht unbedingt zugute:

> Wir müssen uns immer wieder mit neuen Kollegen auseinandersetzen und eine ver-
> trauensvolle Zusammenarbeit stets neu herbeiführen.

Das kann auf Dauer sehr anstrengend sein, so dass der eine oder andere sich vielleicht
bald nicht mehr die Mühe macht, sich wirklich auf einen neuen Kollegen einzulassen
und diesen von vorneherein ablehnt.

Bei allen Vorteilen der **Telearbeit**, die sie unbestritten hat, liegen in ihr auch zahlreiche
Risiken und ein nicht zu unterschätzendes Konfliktpotenzial.

> Der Kontakt mit anderen Mitarbeitern ist unerlässlich, da deren Meinungen und Rat-
> schläge – und oft auch bei der eigenen Arbeit – weiterhelfen.

Wenn Sie Ihren Kollegen jedoch nie zu Gesicht bekommen und nur über den Computer mit ihm kommunizieren, werden Sie mitunter Schwierigkeiten haben, den Umgang mit anderen Mitarbeitern zu erlernen. Deshalb ist es sicher nicht ratsam, in einem Unternehmen ausschließlich über Telearbeit arbeiten zu lassen.

Auch für den Mitarbeiter selbst ergeben sich zahlreiche Schwierigkeiten: Die Trennung von Berufs- und Privatleben ist sehr gering, und er kann sich leicht vom Betrieb entfremden.

Führungskräfte werden durch die Telearbeit vor eine vollkommen neue Aufgabe gestellt – es wird eine sehr große Koordinationsfähigkeit erforderlich. Zudem ist der Mitarbeiter nicht mehr so kontrollierbar wie früher: Er sitzt eben nicht mehr im Büro nebenan, wo man ihm ab und zu auf die Finger schauen kann. Auch in diesem Zusammenhang können zahlreiche Konflikte entstehen, etwa wenn ein Vorgesetzter seinem Mitarbeiter nicht genügend Vertrauen in dessen Fähigkeiten und Arbeitsmoral entgegenbringt.

Die **Komplexitätssteigerung** in der Wissensgesellschaft kann insbesondere zu persönlichen Konflikten führen.

Durch die Potenzierung des vorhandenen und verfügbaren Wissens ist auch ein zunehmender Verlust der Begreifbarkeit bzw. Anschaulichkeit zu vermerken.

Mitarbeiter, die sich das neue Wissen für den Umgang mit Computern zum Beispiel nicht aneignen oder mit der Informationsmenge nicht zurecht kommen, können zunehmend schlechter weiterarbeiten und werden früher oder später qualitativ abfallen. Denn der Bedarf nach Selbstorganisation und die Selbstverantwortung an sich wächst – eine Erscheinung, mit der nicht jeder problemlos zurechtkommt. Vor allem Mitarbeiter, die es schon seit langem gewohnt sind, immer nur Direktiven auszuführen und keine Eigeninitiative zu entwickeln, sind hierbei äußerst anfällig für persönliche Konflikte.

2.2 Wie entstehen Konflikte?

> Bei der Frage nach der Entstehung von Konflikten muss zwischen **Konfliktbedingungen, -ursachen und -gegenständen** bzw. **-inhalten** unterschieden werden.

Zu den **Konfliktbedingungen**, das heißt den persönlichen und sozialen Voraussetzungen, die jeden Konflikt beeinflussen, sind folgende sieben Aspekte zu zählen:
1. **Fakten**: Hierzu müssen etwa bauliche Gegebenheiten – zum Beispiel ist das Büro so gestaltet, dass „gleichwertige" Mitarbeiter unterschiedlich große Büros haben – oder finanzielle Mittel des Betriebes gerechnet werden. Zu dieser Ebene werden alle Aspekte der betrieblichen Organisation, ihrer Hierarchie und der betrieblichen Zuständigkeiten gezählt.
2. **Allgemeine Lebensaspekte**, das heißt unter anderem die Einordnung des Mitarbeiters in Familie und Gesellschaft sowie materielle und soziale Abhängigkeiten. Wir alle haben einmal Probleme in unserer Familie, was selbstverständlich auch Einfluss auf unser Verhalten im Berufsleben hat.
3. **Persönlichkeit**, das heißt Eigenschaften, Fähigkeiten, Interessen oder Werthaltungen einzelner Mitarbeiter.

4. **Psychische Kräfte** und **physisches Leistungsvermögen** (so wird ein älterer Mitarbeiter einen heftigen Konflikt schlechter durchstehen können als ein jüngerer und kräftiger Mitarbeiter).

5. **Unbewältigte Konflikte**: Wenn vorherige Konflikte nicht gelöst wurden, können diese auch den Umgang mit neu auftretenden Konflikten erschweren.

6. **Soziale Beziehungen** zwischen den einzelnen Mitarbeitern: Dazu ist eine gemeinsame Vertrauensbasis zu zählen, die den Umgang mit Konflikten erleichtern kann. Bereits gewonnene Überzeugungen und Einstellungen können die Konfliktlösung jedoch aufgrund von Vorurteilen erschweren.

7. **Wertorientierungen** von Unternehmen: So kann die grundsätzliche Ausrichtung eines Unternehmens unter Umständen nicht mit den eigenen Wertvorstellungen übereinstimmen.

Zudem haben natürlich auch allgemeine Merkmale des Unternehmens wie Betriebsgröße oder hierarchische Ausdifferenzierung Einfluss auf jeden Konflikt. Ein Problem wird sich generell in einem kleineren Betriebsrahmen leichter lösen lassen, da man enger zusammenarbeitet und sich des vorhandenen Konfliktpotenzials eher bewusst ist. Allerdings treten in einem solchen Rahmen Konflikte auch eher auf.

Die Ursachen von Konflikten und deren Inhalte sind zahlreich und vielfältig, wobei die Grenzen zwischen beiden fließend sind.

Grundsätzlich lassen sich neun Ebenen der **Konfliktursachen** und damit auch **-inhalte** eingrenzen:

- Unterschiedliche Informationsquellen und Informationsverarbeitung,
- nicht funktionierende Kommunikation,
- gegensätzliche Ziele und unterschiedliche Sichtweisen,
- unterschiedliche Normen, Werte, Meinungen und Einstellungen,
- Diskrepanz zwischen Mitteln und Ansprüchen,
- gegenseitige Abhängigkeit und relative Selbständigkeit,
- Persönlichkeitsmerkmale und unterschiedliche Erfahrungen,
- organisatorische Bedingungen des Unternehmens und
- Führungsstil.

In Hinsicht auf **verschiedene Informationsquellen und -verarbeitung** liegt die Kon-fliktursache meist in unterschiedlichen Informationsständen und damit Unterschieden im Faktenwissen zwischen einzelnen Mitarbeitern. Aber auch eine ungenügende Informati-onsweitergabe vom Vorgesetzten zu seinen Mitarbeitern kann Schwierigkeiten herbei-führen: Konfliktinhalt ist dabei die unvollkommene Bereitstellung arbeitsnotwendiger Informationen.

Auf der Ebene der **nicht funktionierenden Kommunikation** kann es zu Missverständ-nissen zwischen Vorgesetzten und Mitarbeitern sowie zwischen einzelnen Mitarbeitern kommen.

Die Konfliktursachen bei **gegensätzlichen Zielen** lassen sich an mehreren Punkten festmachen: Zum einen kann die Konfliktursache hier im Konkurrenzdenken zwischen zwei Mitarbeitern oder in unterschiedlichen Sichtweisen der Situation liegen. Zum ande-ren können Schwierigkeiten aber auch auftreten, wenn Mitarbeiter eine unterschiedliche Funktionszugehörigkeit haben und deshalb unterschiedliche Interessen vertreten. Solch ein Konflikt kann sich dann etwa darin äußern, dass ein Mitarbeiter der Marketingabtei-lung ein Konzept abliefert, das vom Rechnungswesen für zu kostspielig und nicht reali-sierbar gehalten wird.

Zuletzt kann zudem ein sehr egoistisches und übertriebenes Abteilungsdenken zum Konflikt führen.

Wir alle sind von unseren persönlichen **Normen und Werten** geprägt, die folglich auch Einfluss auf unsere Meinung bzw. Einstellung haben. Durch die vollkommen unter-schiedliche Erziehung und Sozialisation eines jeden Menschen kann man nicht zwin-gend davon ausgehen, dass diese Werte und Ansichten sich mit denen unserer Kolle-gen decken. Die subjektive Bewertung einzelner Tatsachen oder auch anderer Menschen kann nicht nur zu Meinungsverschiedenheiten, sondern auch zu Vorurteilen gegenüber anderen Kollegen führen.

Dies führt unter Umständen nicht nur zu Schwierigkeiten in der Zusammenarbeit zwischen Alten und Jungen oder bei der Eingliederung neuer Mitarbeiter, sondern kann sich auch auf der betrieblichen Ebene auswirken. So werden unterschiedliche Ansichten über die zukünftige Entwicklung des Unternehmens, über seine Möglichkeiten, aber auch über den „wünschenswerten" bzw. akzeptablen betrieblichen Prozess vertreten. Wenn etwa ein Mitarbeiter persönliche Anerkennung sucht, der Chef aber nur auf Leistung achtet, könnte der Mitarbeiter sich zurückgesetzt fühlen. Auch fehlende Unterstützung durch andere Mitarbeiter oder fehlender Gemeinschaftssinn können Konfliktgegenstände sein.

Die **Diskrepanz zwischen Mitteln und Ansprüchen**, das heißt das Spannungsverhältnis zwischen Zielen und finanziellen Mitteln des Unternehmens, äußert sich vor allem in Streitigkeiten, die unzureichende Weiterbildungsmöglichkeiten und ungenügende Arbeitsbedingungen betreffen. Wir alle haben gewisse Ansprüche an das Umfeld, in dem wir arbeiten: Ein eigener Computer und ein eigenes Telefon gehören sozusagen schon zur „Grundausstattung". Wir möchten unsere Konzentration auch nicht unbedingt von einer lauten Schreinerei stören lassen, die direkt unter unserem Büro arbeitet. Ein unruhiges Arbeitsumfeld und eine unzureichende Büroausstattung können die Arbeitsatmosphäre stark belasten. Denn wer möchte sich schon gerne jeden Morgen mit dem Kollegen um den PC streiten?

Die **gegenseitige Abhängigkeit** der Mitarbeiter bzw. der dazu im Gegensatz stehende Wunsch nach Selbständigkeit äußert sich vor allem bei der Planung und Koordination von Einzelaktivitäten. Wenn man bestimmte Ziele durchsetzen will, dafür aber immer auf andere Kollegen angewiesen ist bzw. das Vorgehen mit diesen abstimmen muss, fühlt man sich in seiner Selbständigkeit eingeschränkt. Dies führt nicht nur zu zwischenmenschlichen Problemen, sondern kann auch persönliche Belastungen hervorrufen.

Ein besonders großes Konfliktpotenzial bietet sich auf der Ebene der **unterschiedlichen Persönlichkeitsmerkmale**. Die Ursachen von Konflikten sind hier weit gestreut und liegen in

- unterschiedlichen Persönlichkeitsmerkmalen und Charaktereigenschaften,
- mangelnder Anpassungsfähigkeit und -bereitschaft,
- Egoismus und Eigeninteressen einzelner Mitarbeiter,
- unterschiedlicher Risikobereitschaft,
- unterschiedlichen Zielen und Präferenzen,
- persönlichen Differenzen und Antipathien,
- Fahrlässigkeit und
- Böswilligkeit einzelner Mitarbeiter.

Die **Konfliktinhalte und -gegenstände** sind hierbei folglich auch sehr persönlicher Natur. Wir streiten uns über Gewohnheiten und Manieren, Egoismus und Drückebergerei oder schlampige Aufgabenerfüllung. Häufiger Streitpunkt zwischen einzelnen Mitarbeitern und vor allem zwischen Mitarbeitern und Vorgesetzten ist eine unzureichende Arbeitsauffassung. Stellen Sie sich einen Mitarbeiter vor, der stets zu spät kommt, seinen Arbeitsplatz dann aber immer früher als alle anderen verlässt. Er bleibt länger in der Mittagspause als die anderen Kollegen und hält Termine nicht ein. Außerdem hat er innerhalb von zwei Monaten schon die fünfte Grippe und bleibt deswegen schon wieder der Arbeit fern. Würden Sie nicht auch damit rechnen, dass er bald Probleme bekommt und früher oder später seine Arbeit verliert? Wir können zwar davon ausgehen, dass es in modernen Unternehmen kaum Mitarbeiter dieser Art gibt – doch auch schon wesentlich geringere Nachlässigkeiten bieten ein nicht zu unterschätzendes Konfliktpotenzial. Wenn auch nur bei einzelnen Mitarbeitern der Eindruck entsteht, dass ihr Kollege oder ihre Kollegin seine bzw. ihre Freizeit vor allem auf ihre Kosten genießt, wird das sicher auch das Arbeitsklima vergiften.

Auch die organisatorischen Bedingungen eines Unternehmens können das Betriebsklima verbessern aber eben auch verschlechtern.

Konfliktursachen sind in diesem Bereich:

- Übertriebene Bürokratie und zu viel Formalismus,
- zu starke Betonung von Leistung und Wettbewerb,
- zu große Arbeitsgruppen,
- zu geringe Aufstiegsmöglichkeiten,
- zu geringe Möglichkeiten zur kreativen Eigengestaltung und Mitbestimmung,
- der arbeitsbedingte Zwang zur Zusammenarbeit sowie
- eine Vielschichtigkeit der Arbeit bzw. Unsicherheit durch beispielsweise technologische Veränderungen.

In Bezug auf die organisatorischen Konfliktursachen werden die Konfliktinhalte meist im allgemein betrieblichen Bereich gefunden – und am liebsten streiten wir uns doch um das Thema **Geld**. Seien es Gehalts- oder Budgetfragen, die Urlaubsregelungen oder Karrieremöglichkeiten eines Unternehmens: Jeder von uns hat sich bestimmt schon über eines dieser Themen mit seinem Vorgesetzten auseinandergesetzt. Aber auch über Fragen einer zu großen Arbeitsbelastung bzw. zu langen Arbeitszeit oder einer unzureichenden „Arbeitsqualität" können immer wieder Konflikte auftreten. So kann es etwa durchaus vorkommen, dass wir uns durch die Übertragung eines bestimmten Arbeitsbereiches über- oder auch unterschätzt fühlen. In diesen Bereich fallen ebenso die

Ansprüche nach **größerer Selbständigkeit**. Ein Mitarbeiter, der nicht genügend Verantwortung übertragen bekommt, um damit auch seine eigenen Ideen verwirklichen zu können, wird sich wahrscheinlich unausgefüllt und nicht genügend geschätzt fühlen. Vielleicht wird er sich deshalb einen anderen Betrieb suchen, in dem man ihn selbständiger arbeiten lässt.

Unbedingte Voraussetzung eines jeden Unternehmens ist auch eine klare Aufgabenzuteilung und die damit verbundene innerbetriebliche Abstimmung, wer wann welche Aufgaben zu erfüllen hat.

Diese Frage ist ebenso Teil des Führungsstils einzelner Vorgesetzter, der wiederum Konfliktursache sein kann. In diesen Bereich fallen:

– falsch verstandene bzw. falsch zu verstehende Anweisungen,
– unvereinbare (sich widersprechende) Anweisungen durch zwei Vorgesetzte,
– Furcht vor Autoritätseinbußen des oder der Vorgesetzten
– sowie ein übertrieben autoritäres Verhalten derselben. Dies kann zu Konflikten mit Mitarbeitern führen, die autoritäre Anordnungen nicht ohne weiteres akzeptieren.

Sie hören immer wieder von Managementkursen, die den Verantwortlichen eines Unternehmens dabei helfen sollen, gerecht, effektiv und verantwortungsvoll zu handeln. Das gilt insbesondere für den Umgang mit Mitarbeitern, da es auch hier immer wieder zu Konflikten kommen kann.

Konfliktinhalte sind dabei unter anderem die **Leistungsbeurteilung** bzw. die Anerkennung der eigenen Arbeit durch den Vorgesetzten und damit verbundene Beförderungen. Jeder Manager geht bei seiner Arbeit auf dem schmalen Grat zwischen Autorität und Anerkennung. Eine gewisse Autorität ist ohne Frage notwendig, doch die Beurteilung der Arbeit muss dabei stets gerecht bleiben und das Geleistete darf nicht als selbstverständlich hingenommen werden.

Eine zu große Kontrolle und Überwachung der Arbeitsleistung jedoch ist einer effektiven Produktivität sicher nicht förderlich – niemand arbeitet gerne unter zu großem Druck.

> Im Umgang mit Konfliktursachen und -inhalten kommt es in erster Linie darauf an, diese zu **erkennen** und zu **akzeptieren**. Denn zu größeren Schwierigkeiten kommt es immer dann, wenn wir den eigentlichen Konfliktgegenstand nicht erkennen und die Streitigkeiten auf eine andere Ebene verschieben.

Konfliktpotenzial ist in jedem Betrieb vorhanden – das ist jedoch keine Tatsache, die uns Angst machen sollte. Sie müssen als Mitarbeiter oder Vorgesetzter lernen, damit umzugehen und die Ursachen „an der Wurzel" zu packen.

2.3 Der Sinn von Konflikten

Bereits Heraklit von Ephesos sah im Krieg *den Vater aller Dinge* und damit die Bedingung für Wandlungs- und Evolutionsprozesse einer sich in Konflikten vollziehenden Menschheitsgeschichte. Das heißt, ein „alter" Grieche hat schon vor zweitausend Jahren erkannt, was uns heutzutage oft noch immer nicht bewusst ist:

> Konflikte haben einen Sinn. Sie bestehen nicht einfach nur, um unseren Arbeitsalltag zu erschweren, sie bieten uns vor allem die Möglichkeit, uns weiter zu entwickeln und noch vieles mehr.

Konflikte sind eine spezielle Form von Problemen. Wie Sie Ihre Einstellung zu Problemen trainieren sollten, lernen Sie im Systemteil Kreativität und Problemlösung. Das gleiche gilt auch hier.

Wir sehen Konflikte meist als etwas Negatives an und denken daher, dass die Vermeidung von Unstimmigkeiten ein erstrebenswertes Ziel ist. Das muss aber nicht so sein.

Konflikte bieten auch sehr sinnvolle Aspekte:

– Konflikte heben **Unterschiede** hervor, machen sie sichtbar und geben somit die Chance, diese zu überwinden bzw. sie zu akzeptieren. Dadurch wird eine Gruppeneinheit hergestellt, die sich wohl jeder Mitarbeiter und Vorgesetzte für seine Abteilung wünscht.

- Konflikte garantieren **Komplexität**. Niemand wünscht sich ein Arbeitsumfeld, in dem jeder genauso denkt und fühlt wie er selbst: Unterschiede machen andere Menschen oft erst interessant. Auch ein Vorgesetzter wird sich diese interpersonelle Komplexität wünschen, da sie verschiedene Meinungen und Ansichten beinhaltet. Durch Konflikte treten insbesondere persönliche Bedürfnisse und individuelle Fähigkeiten zum Vorschein, deren Kenntnis bei der Arbeit sehr hilfreich sein kann.
- Konkurrenz-Konflikte können auch **Ansporn** für andere Mitarbeiter sein, sich selbst in ihrem Tätigkeitsbereich mehr zu bemühen, um im Beruf weiterzukommen.
- **Organisationen und Interessengemeinschaften** entwickeln sich und die in ihnen vertretenen Meinungen durch Konflikte weiter. Sie erinnern sich sicher noch an das Beispiel der Evolution – nur die Fähigkeit zur Weiterentwicklung und Anpassung hat den Menschen dorthin gebracht, wo er heute ist. Das gilt im übertragenen Sinn auch für Konflikte: Sinnvolle Meinungen und Entscheidungen, die durch einen Konflikt zum Vorschein treten, werden meist vom überwiegenden Teil einer Gruppe unterstützt. Dadurch werden unter anderem Veränderungen eingeleitet, die für ein Unternehmen folgende Vorteile haben:
    - Identitätsgewinn,
    - Fortschritt und Modernität, sowie
    - bessere und leichtere Anpassung an Umweltveränderungen.
- Nur bewältigte Konflikte erlauben den Aufbau eines innerbetrieblichen **Kommunikationssystem**s, das die ursprünglich kontroversen Standpunkte zu einer Einheit bringt.

Aus diesen Gründen sollen auftretende Konflikte **nicht unterdrückt** werden – ganz im Gegenteil: Die Vermeidung von sinnvollen Konflikten kann erst zu grundlegenden Problemen führen, die dann schwerer zu lösen sind. Die Meinungsunterschiede sind dann lediglich unter der Oberfläche und kommen heftiger zum Ausbruch, als es eigentlich nötig gewesen wäre.

Um bisher unbeachtete Probleme zu lösen, Wege zur Neuorientierung aufzuzeigen und Selbsteinsicht und Horizonterweiterung zu fördern, können Konflikte sogar **absichtlich** herbeigeführt werden. Manche notwendige Veränderungen kommen durch die Einleitung und Bearbeitung eines Konfliktes überhaupt erst in Gang.

Oft kommt es uns so vor, als seien unsere **Entscheidungsmöglichkeiten einge-schränkt**: Wir glauben, dass sich die Durchsetzung von Sachinteressen nicht mit einer guten Beziehung zu unseren Kollegen vereinbaren lassen. So lange wir Menschen und die Probleme, die wir mit ihnen haben, jedoch *getrennt* behandeln, wird das durchaus möglich sein. Kapitel 3.3 wird Ihnen einige Anregungen geben, wie das funktioniert.

3. Konfliktlösung

Lernziele dieses Abschnitts:
Nachdem Sie diesen Abschnitt durchgearbeitet haben, sollten Sie wissen
- welche Modelle es gibt, die Empfehlungen zur Konfliktlösung geben,
- welche Bereiche der Konfliktlösung es gibt und was im einzelnen zu beachten ist bei Konflikten
    > im Umgang mit Vorgesetzen,
    > im Umgang mit anderen Kollegen,
    > der Organisationen,
    > mit Außenstehenden, wie z. B. Kunden,
- und mit welcher Methodik eine sinnvolle Konfliktlösung möglich ist.

Nachdem inzwischen geklärt ist, was Konflikte *sind*, wie man sie *einteilen* kann und welchen *Sinn* sie haben, können wir jetzt zum eigentlichen praktischen Abschnitt dieses Systemteils kommen: der **Konflikt*lösung*.**

Nochmals: Es gibt **keinen ultimativen Weg** der Konfliktlösung, sozusagen ein Schema oder Patentrezept, das sich an jeden Konflikt anpassen lässt. Es lassen sich jedoch einige grundsätzliche Prinzipien bzw. Maßregeln aufzeigen, die in fast jedem Konflikt weiterhelfen können. Diese lesen Sie im Folgenden.

Die **Ziele** einer sinnvollen Konfliktlösung bzw. das Verhaltenskonzept für ein optimales Konfliktmanagement liegen vor allem darin:

- die **Vernunft** und die **Emotionen,** also die **rationale** und **gefühlsmäßige Ebene** ins Gleichgewicht zu bringen: Wenn wir auf einen entstehenden Konflikt zu emotional reagieren, kann dies eine effektive Bewältigung desselben entscheidend behindern. Jede Konfliktsituation löst gefühlsgeladene Vorstellungen und Handlungsimpulse aus. Für die Konfliktbewältigung ist es wenig zuträglich, wenn eine der beiden Komponenten entweder nicht bewusst oder unterdrückt wird.
- **Verständnis** füreinander zu erlangen: Nur wenn man versucht, auch die Gefühle, Interessen und Gedankengänge des Gegenübers zu verstehen bzw. sich in ihn hinein zu versetzen, kann man kompromissfähige Lösungsvorschläge anbieten.
- die beiderseitige **Verständigung** zu fördern: Kommunikation ist hier das Stichwort. Wir müssen kommunizieren – und das heißt nicht nur reden, sondern auch zuhören –, um den anderen zu verstehen und auch die eigenen Meinungen und Emotionen zu verdeutlichen. Das kennen Sie bereits aus dem gleichnamigen Systemteil. Am besten sollte die Kommunikation zwischen den Beteiligten offen und freundlich sein: Klären Sie Ihr Gegenüber offen und täuschungsfrei über die eigenen Motive und Absichten auf.
- **Vertrauenswürdiger** zu werden: Wenn unser Gegenüber uns nicht vertraut, wird er / sie auch unseren Kompromissvorschlägen nicht zustimmen bzw. bloße Eigeninteressen dahinter vermuten. Zudem können Konflikte sehr viel schneller entstehen, wenn keine gemeinsame Vertrauensbasis vorhanden ist.
- Dem anderen zu zeigen, dass man ihn **akzeptiert**. Gegenseitige Akzeptanz ist sehr wesentlich für eine konstruktive Zusammenarbeit – wenn wir das Gefühl haben, dass

der andere uns aus persönlichen Gründen nicht akzeptiert, werden wir keinen An-
trieb haben, uns mit ihm auseinander zu setzen, geschweige denn, ihm zu vertrauen.
Deshalb sollten Konflikte immer partnerschaftlich geklärt werden: Seien Sie zu ge-
meinsamem Planen und Handeln auf einer gleichberechtigten Basis bereit.

– Ein als **Druckmittel** empfundenes *fait accompli* zu vermeiden, das heißt, wir müssen
  immer **Kompromissfähigkeit und -bereitschaft** signalisieren, um zu verhindern,
  dass die Fronten sich verhärten und eine Bewältigung des Konfliktes somit unmöglich wird.

Das jeweilige Vorgehen muss selbstverständlich der Situation angepasst werden, doch
es gibt einige **grundsätzliche Aspekte und Vorgehensweisen**, die für die Lösung
eines jeden Konfliktes sinnvoll sind:

Schritt 0: Vermeidungstendenzen

Bevor wir uns endgültig auf die Lösung eines bereits vorhandenen Konfliktes konzentrieren, sollen noch einige Mittel der „**Konfliktprophylaxe**" aufgezeigt werden. Denn es
gibt durchaus **vorbeugende Maßnahmen** zur Vermeidung von Konflikten, deren Umsetzung in allen Unternehmen wünschenswert wären:

– Wir alle sollten unsere **sozialen Rahmenbedingungen** zweckmäßig gestalten:
  Wenn Sie den Zeitaufwand für und die Konzentration auf die Familie, den Beruf und
  die Freizeit so abstimmen, dass sich diese Ebenen nicht ständig in die Quere kommen, werden sehr viele Konflikte gar nicht erst entstehen.
– Achten Sie nicht immer nur auf das **Verhalten der anderen**, sondern auch auf Ihre
  eigene Persönlichkeitsbildung. Vom Abbau von zum Beispiel Aggressivität, Arroganz, Selbstunsicherheit oder Ängsten wird auch das Arbeitsklima profitieren. Sinnvoll ist es ebenso, sich Kenntnisse und Fertigkeiten anzueignen, die den Umgang mit
  anderen Menschen erleichtern. Dazu gehören ein freundliches Sozialverhalten, eine
  entspannte Geisteshaltung sowie geistige Wendigkeit.

Natürlich gehören auch organisatorische Aspekte zur konfliktvermeidenden Atmosphäre
eines Unternehmens:

– Die **Arbeitsbedingungen** sollten zweckmäßig gestaltet sein. Viele Streitigkeiten
  entstehen aus einer zu großen *Arbeitsbelastung*, unzureichenden *Hilfsmitteln* oder
  ungeeigneten Räumlichkeiten – wenn der Ort und die Zeit des Arbeitsverhältnisses
  sowie die Arbeitsausstattung angemessen sind, werden wesentlich weniger Konflikte
  entstehen.

– Jeder Betrieb sollte feste **Verhaltensregeln** vorgeben, nach denen sich jeder Mitarbeiter – vom Top-Manager bis zur Putzfrau – zu halten hat. Diese Verordnungen
  bzw. Richtlinien können etwa festlegen, dass während der Arbeitszeit keine privaten
  e-mails geschrieben werden oder auch, dass jeder mal mit dem Kaffee kochen an
  der Reihe ist. Dies ist sozusagen ein Unternehmensleitbild auf unterer Ebene.
– Die Organisation sollte auf allen Ebenen versuchen, **Kommunikation und Interaktion** zwischen ihren Mitarbeitern zu schaffen.

Trotz aller Maßnahmen, die wir zur Konfliktvermeidung treffen können, lehrt uns die
Erfahrung, dass es ein konflikt*freies* Leben nicht gibt. Deshalb erscheint es uns von
vornherein zwecklos, Konflikte radikal lösen und damit endgültig beseitigen zu wollen.
Es ist realistischer, Konflikte als alltägliche Ereignisse zu betrachten und zu lernen, sie
zu bewältigen.

Schritt 1: Analyse

> *Zunächst* einmal sollte man versuchen, den Konflikt grundlegend zu **analysieren**. Da-
> für ist es zweckmäßig, die *Sichtweisen* aller am Konflikt beteiligten Personen aufzu-
> decken und vor allem erst einmal nüchtern Informationen zu sammeln ohne diese zu
> werten.

In dieser ersten „Phase" der Konfliktbewältigung kommt es vor allem darauf an,

– möglichst **viele sinnvolle Informationen** über die Situation und die beteiligten Personen – das heißt aber nicht automatisch über ihre Privatsphäre! – zu sammeln;
– den **zeitlichen Rahmen** des Konfliktes zu klären: Seit wann gibt es Konflikte und
  hängen diese eventuell mit Veränderungen des betrieblichen oder privaten Umfeldes
  zusammen?
– zu klären, ob hinter den Sachfragen, über die diskutiert wird, nicht eigentlich **Beziehungsprobleme** zwischen einzelnen Mitarbeitern stehen;

- Informationen über die **Verhältnisse und Beziehungen innerhalb der Gruppe**, also zum Beispiel innerhalb der Abteilung, zu sammeln; sowie
- die **Motivation** der beteiligten Personen zu klären. Denn wenn zum Beispiel ein Mitarbeiter einen Konflikt nur „herbeiredet", um die Stelle eines Kollegen zu bekommen, wird auch eine objektive Konfliktbewältigung nichts an den Schwierigkeiten ändern können.

Schritt 2: Psychologie anwenden

> *Anschließend*, in der zweiten Phase der Konfliktlösung, sollte versucht werden, die bereits gesammelten Fakten mit **psychologischem Wissen zu unterlegen**. Fragen Sie nach dem „**Warum?**" der Gegebenheiten.

Durch diese verhaltenspsychologische Vorgehensweise können Sie dann auch die Hintergründe eines Konfliktes klären: Vielleicht fehlt ein Mitarbeiter ja nicht aus „Lust und Laune", um einmal wieder einen freien Montag zu genießen, sondern er hat Probleme am Arbeitsplatz, mit denen er nicht zurechtkommt.

Schritt 3: Tun

Schließlich bleibt noch die Frage, was nun zu tun ist.

> Meist stehen uns nur zwei Alternativen zur Verfügung: Entweder wir reagieren auf der **organisatorischen** Ebene oder nehmen **personalpolitische** Veränderungen vor.

Wie das im Einzelnen aussehen kann, erfahren Sie im folgenden Abschnitt.

3.1 Modelle der Konfliktlösung

Schon viele mehr oder weniger schlaue Menschen haben sich den Kopf darüber zerbrochen, auf welche Art und Weise ein Konflikt *generell* gelöst werden kann. Es ist wohl unmöglich und noch dazu für Sie denkbar uninteressant, sämtliche Modelle aufzuzeigen, die bis heute ausgedacht wurden.

Hier soll exemplarisch das Konfliktmanagement von Gerhard Schwarz verdeutlicht werden, um Ihnen eine Vorstellung darüber zu vermitteln, wie solche Konflikttheorien aussehen können.

> Schwarz sieht die Lösung eines Konfliktes darin, dass die Konfliktgegner einen **Punkt** finden, in dem der **Gegensatz** zwischen ihnen so weit **verschwunden** ist, dass die Handlungsfähigkeit von beiden (oder im Extremfall nur von einem) nicht weiter beeinträchtigt wird.

Eine zunächst einfach erscheinende Lösung eines Konfliktes wird hierbei in der **Flucht** einer Partei gesehen – ein Verhalten, das wir wohl alle schon einmal an den Tag gelegt haben, wenn Schwierigkeiten aufgetreten sind.

Dadurch wird ein Konflikt jedoch nicht bewältigt, sondern dessen Lösung nur *hinausge-schoben*. Er kommt dann meist in schärferer Form wieder zurück, wie das bei Problemen üblich ist.

Wenn sich ein Konfliktbeteiligter der Auseinandersetzung entzieht, kann es zudem keine Weiterentwicklung in der Arbeitsbeziehung geben – ein Lernprozess findet nicht statt. Wenn sich die Beteiligten dem Konflikt jedoch stellen, sind vier weitere Lösungen des Konfliktes möglich:

– die „**Vernichtung**" des Gegners,
– die **Unterordnung** des einen unter den anderen,
– die **Delegation** des Konfliktes an eine dritte Instanz sowie
– der **Kompromiss** bzw. im wünschenswertesten Falle der **Konsens**.

Die beiden ersten Möglichkeiten sind nach Schwarz kein sinnvoller oder wünschenswerter Konfliktausgang. Da werden Sie sicher zustimmen: Bei der **Vernichtung** des Gegners, das heißt, wenn etwa ein Mitarbeiter nach einem Konflikt entlassen wird, freiwillig kündigt oder in eine andere Abteilung wechselt, ist der bestehende Konflikt zwar rasch und dauerhaft beseitigt, doch der Verlust des Konfliktgegners bringt auch zahlreiche Nachteile. Mit ihm verlieren wir auch eine Alternative.

> Selten hat ein Mitarbeiter den uneingeschränkt richtigen Standpunkt, und die Unterschiede in Meinungen, Ansichten und Herangehensweisen bringen uns auch die Chance zur Weiterentwicklung. Fehler sind hier zudem nicht mehr korrigierbar.

Auch die **Unterordnung** des einen unter den anderen, die sich ergibt, wenn sich von zwei Positionen nur eine als nützlich erweist, die aber auch durch Überredung, Überzeugung, Bestechung, Drohungen oder Abstimmungen herbeigeführt werden kann, hat zahlreiche Schattenseiten. Auch hierbei werden viele Konflikte nicht gelöst, und es geht eine unflexible und starre Rollenverteilung hervor, die neue Konflikte schaffen kann. Zwar werden auf diese Weise klare Verantwortungen zugeteilt, doch nur auf Kosten der Selbstbestimmung und Selbständigkeit der Mitarbeiter. Zudem geht es bei dieser Art der Konfliktlösung meist nicht darum, wer Recht hat – es wird sich derjenige durchsetzen, der sich in der stärkeren Position befindet oder in dieser positioniert.

Sinnvoller, wenn auch nicht optimal, ist da schon die **Delegation** des Konfliktes an eine dritte Instanz – etwa an den Vorgesetzten oder an einen neutralen und objektiven Kollegen. Dies muss aber nicht unbedingt eine Person sein, eine entscheidende Instanz können auch anonyme Strukturen wie Gesetze oder Prinzipien sein.

> **Voraussetzung** für diese Art der Konfliktlösung ist, dass es im jeweiligen Konfliktfall eine objektiv *richtige* und *falsche* Lösung gibt und die hinzugezogene Instanz auch die richtige Lösung findet.

Schwarz sieht auch in dieser Konfliktlösungsstrategie zahlreiche Nachteile. Zwar wird durch eine dritte Instanz im Optimalfall **Objektivität** und **Sachlichkeit** in einen Konflikt gebracht, doch die jeweilige persönliche Identifikation mit der Lösung ist wesentlich geringer als wenn man den Konflikt selbst löst. Auf diese Weise wird Ihnen sozusagen die *Konfliktkompetenz genommen*, was auch dazu führt, dass Sie nicht lernen, mit Konflikten umzugehen und sie selbständig zu lösen.

Sehr viel eher werden wir da schon eine Konfliktlösung annehmen, die einen **Kompromiss** darstellt. Bei einem guten Kompromiss enthält die Vereinbarung, die getroffen wurde, wichtige und große Teile des kontroversen Inhaltes. Wenn diese wesentlichen Teile ausgeklammert werden, kann man nur von einem scheinbaren Kompromiss sprechen.

> Jeder Kompromiss stellt jedoch nur eine Teileinigung in einem bestimmten Bereich dar, und wir müssen nach der Lösung des Konfliktes mit seinen Vor- *und* Nachteilen leben. Da zudem Kompromisse meist nicht dauerhaft sind, ist der optimale Weg, einen Konflikt zu bewältigen, der **Konsens**.

Der **Konsens** wird, so Gerhard Schwarz, immer dann eingesetzt, wenn die anderen Konfliktlösungsmöglichkeiten *kein Ergebnis* gebracht haben. Das passiert meist dann, wenn eine *Aporie*, eine sogenannte *logische Ausweglosigkeit*, vorliegt. In einer Aporie sind stets zwei einander widersprechende Behauptungen und Interessen vertreten, die jedoch beide wahr oder berechtigt sind. Sie sind voneinander abhängig: Nur wenn eine wahr ist, kann es auch die andere sein.

Um ein Beispiel zu nennen: Von den Mitarbeitern wird sowohl Selbständigkeit als auch „Gehorsam" erwartet – eine Entscheidung zwischen diesen beiden Alternativen ist nicht möglich.

Solch ein Konflikt kann nur durch einen *dialektischen* Entwicklungsprozess gelöst werden, dessen Ziel eine gemeinsame Synthese ist. Wir müssen zunächst den Charakter eines Konfliktes diagnostizieren, um daraufhin den optimalen Mittelweg zu finden.

Wenn Ihnen das alles jetzt viel zu theoretisch vorkommt und Sie nicht wirklich wissen, wie Sie das Vorgehen von Gerhard Schwarz auf Ihre eigenen Konflikte anwenden sollen, ist das nur allzu verständlich. Deshalb sollen im Folgenden Konfliktlösungsmöglichkeiten aufgezeigt werden, die den konkreten Problemen im Büro vielleicht ein bisschen näher kommen.

3.2 Konfliktlösungsbereiche

Das Vorgehen bei der Konfliktlösung unterscheidet sich im jeweiligen Fall sehr stark – je nachdem, ob es Sie selbst, den Vorgesetzten, andere Mitarbeiter oder andere betrifft. Deshalb wird im Folgenden zu unterscheiden sein zwischen **persönlicher** Konfliktlösung, Konfliktlösung **im Umgang mit Vorgesetzten** (das richtet sich jedoch nicht nur an die Mitarbeiter, sondern fragt auch danach, was der Vorgesetzte eventuell verändern und verbessern kann) sowie **im Umgang mit anderen Mitarbeitern**, aus dem sich wohl das größte Konfliktpotenzial ergibt. Außerdem darf auch die Konfliktlösung der Organisationen bzw. Institutionen sowie das Konfliktpotenzial, das sich im Umgang mit „Außenstehenden", hier sind etwa Kunden gemeint, ergibt, nicht vergessen werden.

3.2.1 Persönliche Konfliktlösung

Nicht nur die althergebrachten Probleme, die unseren gewohnten Arbeitsalltag erschweren, auch die Ausdifferenzierung der Wissensgesellschaft hat zu einem hohen „Konfliktpotenzial Person" geführt. Seien es die neuen Informationsmedien wie e-mail oder Internet oder der inzwischen normale Umgang mit bits und bytes – wir alle mussten bzw. müssen uns an das Informationszeitalter gewöhnen und lernen, damit umzugehen.

> Dennoch unterscheiden sich die persönlichen Probleme, die sich aus der Informationsgesellschaft entwickeln, in ihren Lösungsmöglichkeiten nicht wesentlich von denen, die es schon immer gab.

Ob Sie nun das neue Computerprogramm nicht verstehen und in „e-mail-Stress" geraten, oder ob nur die zugewiesenen Aufgaben unlösbar erscheinen – der Konflikt ist im Grunde der gleiche.

Innere bzw. persönliche Konflikte, wie sie bereits erläutert worden sind, weisen vor allem eine hohe Verunsicherung und emotionale Belastung auf. Daraus ergibt sich ein Druck, die Störung so bald wie möglich wieder zu überwinden.

> Die Bewältigung eines solchen Konfliktes, das heißt im Sinne einer Entscheidung, erfordert vor allem, dass Sie imstande sind, auch mit den negativen Folgen Ihrer Entscheidung fertig zu werden.

Wenn Sie nur hoffen, dass sich eine Möglichkeit auftut, die Ihnen diese negativen Begleiterscheinungen erspart, werden Sie meist überhaupt nicht zu einer Entscheidung gelangen. Persönliche Konfliktbewältigung erfordert daher auch immer die Fähigkeit, mit Gefühlsambivalenzen innerlich fertig zu werden.

Um persönlichen Konflikten gewachsen zu sein bzw. diese effektiver angehen zu können, lassen sich einige grundsätzliche Verhaltensmaßregeln aufzeigen, die Ihnen unter Umständen weiterhelfen können:

- Versuchen Sie, auch unter starkem Druck Ruhe und Übersicht zu bewahren. Wenn Sie sich zu den Menschen zählen, die bei zu großem Stress fast „arbeitsunfähig" werden, könnte es vielleicht helfen, Entspannungstechniken wie etwa autogenes Training zu erlernen. Diese lernen Sie im Systemteil „Konzentration und Entspannung" kennen.
- Schwierige Entscheidungen und Probleme sollten Sie nicht als Belastung empfinden.
- Ein Gleichgewicht zwischen Berufs- und Privatleben ist auch für unser seelisches Gleichgewicht hilfreich. Arbeit ist eben doch nur das *halbe* Leben – und wenn Sie Familie und Freunde vernachlässigen, wird das Ihren Arbeitsalltag sicherlich auch beeinflussen. Je zufriedener wir mit unserem gesamten Leben sind, desto ausgeglichener und produktiver sind wir auch.
- Vertrauen Sie auf Ihre eigenen Fähigkeiten. Wenn Sie einmal ein Problem ohne die Hilfe eines Kollegen oder Ihres Vorgesetzten gelöst haben, vom dem Sie vorher dachten, es nie bewältigen zu können, werden Sie schon sehen, wie viel in Ihnen steckt.
- Machen Sie Ihre Leistungsmotivation nicht allein von finanziellen Größen und den Urlaubsregelungen abhängig. Betrachten Sie Ihre Tätigkeit vor allem als Herausforderung.
- Versuchen Sie, ihre Entscheidungen zügig, sicher und ohne langes Grübeln zu fällen. Eine zu lange Überlegungszeit macht Entscheidungen oft nicht besser, sondern bereitet Ihnen nur schlaflose Nächte. Natürlich sollen Sie sich aber auch für jede Entscheidung die Zeit zugestehen, die Sie dafür brauchen. Handeln Sie nicht träge – aber auch nicht hastig und übereilt.

Wenn Sie sich diese Auflistung Punkt für Punkt noch einmal durchlesen, wird Ihnen vielleicht auffallen, welche Bereiche Ihres Arbeitsalltags Sie selbst verbessern können, um weitgehend ohne Druck und Störungen tätig sein zu können.

> Die Lösung eines persönlichen Konfliktes erfordert vor allem persönliche Reife: Es geht immer darum, ob Sie bereit sind, etwas oder jemanden aufgeben oder annehmen zu können und zwar vollständig und mit aller Konsequenz.

3.2.2 Konfliktlösung im Umgang mit Vorgesetzten

Betriebliche Rangordnungen können unter anderem Konflikte, indem sie auch autoritäre Lösungen vorsehen und im Vorgesetzten eine richtlinien- und entscheidungsgebende Instanz haben. Wenn Ihr Chef entscheidet, wer diesmal mit der äußerst attraktiven Vertreterin verhandeln darf, müssen Sie sich nicht mehr darüber streiten.

> Da jedoch in komplizierten Sachfragen sinnvolle Entscheidungen nur unter Berücksichtigung aller Aspekte und Dimensionen eines Problems möglich sind, sollte hier auch den Mitarbeitern die Möglichkeit gegeben werden mitzuentscheiden, bzw. die eigenen Ansichten und Meinungen einzubringen.

Die Entscheidungs- und Konfliktinhalte des Top-Managements lassen sich vor allem auf den sechs folgenden Ebenen finden:

– Führungskräfte-Entscheidungen: Das betrifft in erster Linie Personalangelegenheiten – wer wird entlassen, wer neu eingestellt, wem wird welches Arbeitsgebiet zugeteilt;
– Entscheidungen zu Investition und Desinvestition: So können etwa der jährliche Investitionsplan oder die Einstellung von Produktionszweigen sehr große Konflikte mit Mitarbeitern nach sich ziehen. Wenn die Gelder verteilt werden und wir immer noch keinen neuen PC bekommen, auf den wir schon seit Jahren warten, werden wir unserem Vorgesetzten beim nächsten Zusammentreffen nicht unbedingt freudestrahlend gegenüber treten. Und wenn ausgerechnet die Produktlinie, für die wir uns schon seit langer Zeit unter großem Einsatz „aufopfern", eingestellt wird, werden wir unseren Arbeitseinsatz als nicht genügend geschätzt ansehen.

– Auf der Ebene der Investitionen können für die Führungskräfte allerdings auch persönliche Konflikte entstehen. Hierunter fallen auch die Fragen des Erwerbs oder der Veräußerung von Beteiligungen – Entscheidungen, die für die Zukunft eines Unternehmens große Tragweite besitzen und daher nicht unbedingt sehr leicht zu fällen sind.
– Finanzierungs- und Bilanzierungsentscheidungen: So kann die Verteilung des Jahresergebnisses ebenso wie die Investitionsfragen Konflikte mit der Belegschaft mit sich bringen. Der Vorgesetzte muss sich entscheiden, ob Rücklagen gebildet, Dividenden ausgeschüttet oder der Gewinn für soziale Leistungen verwendet werden. Wird die letztgenannte Verwendung Jahr für Jahr übergangen, können Sie sich vorstellen, dass Mitarbeiter darauf nicht sonderlich positiv reagieren werden.
– Innerbetriebliche Organisationsfragen: Nur ausreichende und gut funktionierende Informations- und Kommunikationsstrukturen sowie effektiv koordinierte Unternehmensbereiche lassen einen weitgehend konfliktfreien Arbeitsalltag zu;
– Belegschafts- und Sozialfragen: In den Fragen der Personalpolitik geht es vor allem um das Ausmaß der Mitwirkung und Mitbestimmung der Arbeitnehmer in wirtschaftlichen und sozialen Belangen des Unternehmens. Wenn wir das Gefühl haben, uns nicht einbringen zu können und alle wesentlichen Entscheidungen über unseren Kopf hinweg gefällt werden, wird das unsere Arbeitsmoral sicherlich einschränken.
– Wertorientierung und -darstellung: Ein Unternehmen, das Ziele vertritt, mit denen wir uns absolut nicht identifizieren können und diese auch nach außen durch Public Relations vermittelt werden, sind wir weniger dazu geneigt, noch länger in diesem Unternehmen zu arbeiten.

Jede Führungskraft hat im Umgang mit auf diesen Ebenen entstehenden Konflikten drei Möglichkeiten:

– sie betont Macht, Autorität und Stärke und betreibt damit das sogenannte **forcing**,
– sie betont Nachsichtigkeit und freundliche Atmosphäre – man nennt dies **smoothing**,
– sie betont gemeinsame Problemlösungsbemühungen und sucht nach Bestlösungen. Man spricht hier von **confrontation**.

> Eine „gute Mischung" aus all diesen Konfliktstilen ist optimal. Bisher allerdings überwiegt in den meisten Unternehmen das *forcing*, da von der Überlegenheit autoritärer Lösungen ausgegangen wird.

Um nun jedoch die etwas allgemeinere Ebene der optimalen Mitarbeiterführung zu verlassen, sollen mehrere Aspekte genannt werden, die das Konfliktpotenzial im Speziellen wesentlich verringern können.

Abgesehen von der leistungsorientierten Führung, in der der Vorgesetzte vor allem auf Leistungsbereitschaft und Zielverwirklichung achtet und dabei auch fordert, dass private Ziele den Interessen des Unternehmens untergeordnet werden, ist auch eine mitarbeiterorientierte Führung möglich. Diese erscheint insbesondere für den Umgang mit Konflikten sinnvoller.

Hierbei versucht der Vorgesetzte

- für eine gerechte Verteilung der Aufgaben zu sorgen,
- auch ein Ohr für private und persönliche Probleme zu haben,
- den Mitarbeitern zu ermöglichen, ihre Fähigkeiten optimal zu entfalten,
- sich um eine tatsächliche Mitentscheidung seiner Arbeitsgruppe zu bemühen,
- seine Maßnahmen gegenüber den Betroffenen zu begründen,
- seinen Mitarbeitern auch zuzugestehen, einmal Fehler zu begehen,
- überwiegend sachlich zu sein und auf verletzende Kritik zu verzichten,
- offen und verständlich über wichtige und neue Maßnahmen zu sprechen,
- mangelhafte Leistungen nicht nur zu tadeln, sondern auch deren Ursachen zu ergründen,
- sich zu bemühen, die Arbeit abwechslungsreich zu gestalten,
- sich partnerschaftlich zu verhalten und den Mitarbeitern das Gefühl der Gleichberechtigung zu geben,
- für ein angenehmes Betriebsklima zu sorgen und
- auch bei Anweisungen demokratische Umgangsformen zu wahren.

Hält der Vorgesetzte sich an diese Grundsätze, werden viele Konflikte sicher gar nicht erst entstehen.

Ist der Konfliktfall jedoch eingetreten, sollte der Vorgesetzte

- Neutralität bewahren,
- Spannungen nicht durch ein Machtwort lösen, sondern sie offen und genau analysieren,
- diese nicht unter Zeitdruck zu lösen versuchen und
- offene Konfliktgespräche führen.

Selbstverständlich kann auch der Mitarbeiter zu einem guten Verhältnis mit seinem Arbeitgeber beitragen. Er sollte:

- allgemeine Regeln des Anstands und der Höflichkeit beachten,
- dem Vorgesetzten durchaus den ihm gebührenden Respekt zollen ohne aber zu „katzbuckeln",
- sich bei Schwierigkeiten – sei es mit der Arbeit, mit anderen Kollegen oder anderem – an den Vorgesetzten wenden. Wenn dieser nicht Bescheid weiß, kann er Ihnen auch nicht weiterhelfen (allerdings heißt das nicht, dass Sie Kollegen, mit denen Sie nicht auskommen, bei ihm anschwärzen sollen!),
- dessen Meinung respektieren und im Konfliktfall versuchen, eine gemeinsame Lösung zu finden – auch wenn er sich vollkommen im Recht fühlt.

Diese Liste ließe sich noch nahezu endlos fortsetzen. Da Sie jedoch im Folgenden auch einige wichtige Punkte im Umgang mit Kollegen im Allgemeinen erfahren, wollen wir uns zunächst auf diese kurze Liste beschränken.

Konflikte zwischen Personen, Gruppen oder ganzen Abteilungen sind – das wurde schon mehrfach erläutert – selbstverständlicher Bestandteil unseres Berufsalltags. Oft sind gerade Vorgesetzte ursächlich an deren Entstehung beteiligt. Daher sollten sich gerade Führungskräfte rechtzeitig und umfassend mit der Dynamik von Konflikten befassen. So kann verhindert werden, unbeabsichtigt oder unbemerkt in existenzgefährdende Konflikte zu geraten.

> Man sollte nicht die gesamte Verantwortung auf Vorgesetze abwälzen. Jeder kann – unabhängig von seiner beruflichen Position – mit seiner Einstellung und seinem Verhalten dazu beitragen, Konflikte leichter zu lösen bzw. sie gar nicht erst entstehen zu lassen.

3.2.3 Konfliktlösung im Umgang mit anderen Mitarbeitern

Konflikte zwischen zwei Menschen können unterschiedliche Ursachen haben: Gegensätzliche Interessen und Wertvorstellungen, Unterschiede in Temperament und Lebensstil etc. Grundsätzlich lassen sich zwischenmenschliche Konflikte diesen vier Bereichen zuordnen:

– **Verhaltensweisen:** Jeder Mensch verhält sich in jeder Situation individuell. Dieses Verhalten kann natürlich übereinstimmen – muss es aber nicht.

> Die zwischenmenschlichen Beziehungen werden von Aktion und Reaktion beherrscht.

Wenn also Ihr Kollege es nicht für nötig hält, Ordnung im Büro zu halten, werden Sie das entweder bald auch nicht mehr tun oder ihm – das ist wahrscheinlicher – mal gehörig die Meinung sagen. Der Konflikt ist da.

– **Wahrnehmungen**: Wir alle sehen die Welt unterschiedlich, niemand steckt in der Haut des anderen. Dadurch beurteilen wir Themen und Sachfragen natürlich auch unterschiedlich – ein Aspekt, der großes Konfliktpotenzial bietet.

> Im Konfliktfall treten Unterschiede und Differenzen in Interessen und Meinungen dadurch besonders hervor: Nun wird deutlicher gesehen, was uns unterscheidet.

Zudem wird das Verhalten unseres Konfliktgegners bald eindimensional und verzerrt wahrgenommen.

– **Gefühle**: Auch diese sind selbstverständlich sehr individuell und rufen daher auch unterschiedliche Verhaltensweisen hervor. Man unterscheidet dabei zwischen **Hinwendung**, **Gegenwendung** und **Abwendung**. Im Falle der *Hinwendung* ist ein sehr großer Anspruch nach Akzeptanz und Anerkennung vorhanden. Mitarbeiter dieses „Gefühlsschlages" haben meist ein schwaches Selbstbewusstsein, leiden unter Kritik und Ablehnung und gehen Konkurrenz und Auseinandersetzungen aus dem Weg. Dies ist bei der *Gegenwendung* ganz und gar nicht der Fall: Möglichst viele Gelegenheiten werden zur „Aggressionsfreigabe" benutzt. Ein solcher Mitarbeiter will meist andere beherrschen und pocht dafür auf das formale Recht.
Bei der *Abwendung* hingegen sind Distanz und Unabhängigkeit wichtig: Emotionale Bindungen werden als Bedrohung empfunden, da sie zu Abhängigkeiten führen könnten.

Solche Menschen haben oft Schwierigkeiten, sich in andere Personen einzufühlen. Sie können sich wohl vorstellen, was passieren würde, wenn alle Mitarbeiter eines Betriebes sich der Gegenwendung verschrieben hätten. Aber auch die anderen Gefühlsregungen können Probleme hervorrufen – etwa wenn ein „hingewendeter" Mitarbeiter von Kollegen kritisiert wird (und konstruktive Kritik müssen wir alle vertragen können!) oder ein abgewendeter Mitarbeiter dazu verpflichtet ist, eng mit anderen Kollegen zusammenzuarbeiten.

– **Einstellungen**: Dass diese verschieden sind, muss wohl nicht weiter erläutert werden. Auch hierbei lässt sich eine Dreiteilung vornehmen: Man unterscheidet zwischen **individualistischer**, **kooperativer** und **konkurrierender** Einstellung.
    Die *individualistische Einstellung* zeichnet sich vor allem dadurch aus, dass dem Betroffenen die Beziehung zu anderen Mitarbeitern gleichgültig ist. Das einzige, das zählt, ist der persönliche – materielle oder immaterielle – Vorteil. Dieser soll nicht unbedingt auf Kosten der anderen bestehen, wenn dies der Fall sei, wäre es aber auch nicht weiter störend. Verschärft läuft dies bei der *konkurrierenden Einstellung*. Auch dieser Mitarbeiter will seinen eigenen Nutzen und Vorteil vergrößern – allerdings auf jeden Fall und mit voller Absicht auf Kosten der anderen.

> Optimal für jedes Unternehmen ist eine *kooperative Einstellung* seiner Mitarbeiter: Wenn diese gemeinsame Ziele vorantreiben und eine gegenseitige Unterstützung und Arbeitsteilung befürworten, werden alle Beteiligten von der Beziehung profitieren.

In diesen Bereichen und unter diesen Bedingungen entstehen Konflikte – aber wie laufen sie ab? Rapoport sieht Konflikte entweder als **Kampf**, als **Spiel** oder als **Debatte**.

Wird der Konflikt als *Kampf* ausgetragen, haben die Kollegen tiefsitzende Abneigungen gegeneinander. Sie steigern sich langsam bis zu einem Punkt, an dem beide fordern: Entweder geht der oder ich! Merkmale dieser Konfliktform sind:
– Der Gegner soll persönlich getroffen – das heißt verletzt, geschädigt oder ähnliches – werden. Dazu ist jedes Mittel recht, seien es Einschüchterung oder Drohungen oder schließlich auch Gewalt.

- Ein Kampf entsteht dann, wenn der Gegner als Ursache angesehen wird und allein schon seine Anwesenheit Widerwillen, Ablehnung und Feindseligkeit hervorruft.
- Entschieden ist der Kampf erst, wenn ein Gegner ausgeschaltet ist.

Beim **Spiel** geht es zwar nicht um die Vernichtung eines Gegners, dieser soll aber in jedem Fall besiegt werden. Dabei kann folgendes festgestellt werden:
- Im Unterschied zum Kampf sind nicht alle Mittel gerechtfertigt: Es gelten vereinbarte Regeln, denen sich die Konfliktparteien unterwerfen.
- Ungleiche Gegner machen ein Spiel zur Farce – deshalb sollten diese möglichst gleich stark sein.
- Erst wenn für alle offenkundig ist, wer gewonnen hat, endet das Spiel.

Die Konfliktform **Debatte** ist sicherlich die harmloseste und verträglichste:
- Der Gegner soll nicht beschädigt oder besiegt, sondern überzeugt werden. Die Debatte wird mit Worten geführt – und auch dafür stehen den Gegnern eine Menge Einflussstrategien und -taktiken zur Verfügung.
- Eine Debatte ist nur dann sinnvoll, wenn es *eine* richtige und wahre Meinung gibt, der Gegner hingegen nicht ausreichend informiert ist oder unzutreffende Maßstäbe anlegt.
- Abgeschlossen ist die Debatte erst, wenn eine Seite die Argumentation der anderen annimmt.

Natürlich müssen nicht alle Konflikte auf eine dieser Arten ablaufen, doch lassen sich durchaus einige Auseinandersetzungen in dieses Schema einfügen.
Damit Sie nicht das Gefühl haben, Sie müssten sich an eine dieser Konfliktformen anpassen und vergeblich nach „Waffen" oder Spielregeln suchen, sollen im Folgenden einige grundsätzlich sinnvolle Verhaltensweisen zur **Konfliktvermeidung und -lösung** aufgezeigt werden:

- Sorgen Sie für eine offene und aufrichtige **Kommunikation**. Unzureichende und eventuell bewusst irreführende Informationen bzw. Unaufrichtigkeit beschwören Konflikte geradezu herauf. Versuchen Sie, Konflikte durch Diskussion und Überzeugung, nicht durch Drohungen oder Druck zu lösen. Wichtige Hinweise dazu finden Sie im Systemteil Kommunikation.

– Bauen Sie **Vertrauen** zu Ihren Kollegen auf: Seien Sie vertrauenswürdig und vertrauen Sie den anderen. Seien Sie bereit, den anderen zu unterstützen.
– Verstehen Sie Ihre Aufgabe im Betrieb als **gemeinsame Anforderung**. Fördern Sie
zweckmäßige und sinnvolle Arbeitsteilung.
– Betrachten Sie Konflikte als **grundsätzlich lösbares Problem**, dessen Lösung für
beide Seiten zufriedenstellend ist und ihnen Vorteile bringt. Betrachten Sie Konflikte
als *gemeinsames* Problem und versuchen Sie auch einmal, sich in den anderen hineinzuversetzen.

3.2.4 Konfliktlösung der Organisationen und Institutionen

Konflikte, die eine gesamte Organisation betreffen, entstehen meist aus ihrer Wertorientierung.

Bei den meisten Unternehmen sieht diese Orientierung wie folgt aus:
– **Größe**: Ein Unternehmen soll wachsen – ein großes Budget ist besser als ein kleines.
– **Leistung**: Weiterkommen, das heißt etwa Beförderungen, Entwicklung und Leistung,
werden hoch bewertet. Ein zu ausgeprägter Konkurrenzkampf, der aus hoher Bewertung von Leistung resultiert, ist jedoch sicher nicht förderlich für ein gutes Betriebsklima.
– **Schnelligkeit**: Je schneller eine Arbeit erledigt oder ein Problem gelöst ist, desto
besser für das Unternehmen. Insbesondere im Zuge der Wissensgesellschaft ist die
Zeit ein immer bedeutenderer Wettbewerbsfaktor geworden – das Arbeitsergebnis
und seine Qualität dominiert zwar die Arbeitszeit, doch gleichzeitig steigt der Zeitdruck. Durch diesen Zeitdruck können sich die Mitarbeiter jedoch überfordert fühlen.
Das wiederum kann zu persönlichen Problemen sowie zu Konflikten mit Vorgesetzten führen, die einem dieses hohe Arbeitspensum zugemutet haben.
– **Zufriedenheit**: Im Konfliktfall werden Lösungen vorgezogen, mit der so viele Mitarbeiter wie möglich zufrieden sind – eine Vorgehensweise, die zwar sicher nicht immer eingehalten wird, wenn zum Beispiel Einzelinteressen von Vorgesetzten im Vordergrund stehen, für ein gutes Betriebsklima aber sicher von Vorteil ist.
– **Innovation**: Neue Ideen und Objekte werden sehr hoch bewertet und den alten vorgezogen. Das ist grundsätzlich sicher sinnvoll, da sich ein Unternehmen nur so effizient weiterentwickeln kann. Wenn man alte und traditionelle Ideen und Objekte allerdings als zu gering erachtet, kann die hemmungslose „Modernisierungswut"
mancher Unternehmen jedoch durchaus Probleme hervorrufen. Kein Mitarbeiter orientiert sich gerne jede Woche neu.
– **Effizienz**: Es wird stets eine möglichst effiziente Organisation und Arbeit angestrebt.
Wenn dies allerdings zu Lasten der persönlichen Betreuung der Mitarbeiter geht, das
heißt, wenn dadurch allein die Arbeit und nicht der Mensch im Vordergrund steht,
sind Konflikte vorprogrammiert.
– **Wandel**: Veränderungen, Wechsel (zum Beispiel im Verkaufsangebot) und die Anpassung an veränderte Verhältnisse werden positiv bewertet – allerdings darf hierbei
nicht vergessen werden, dem Mitarbeiter bei Veränderungen weiterzuhelfen und ihn
nicht mit Anpassungsproblemen alleine zu lassen.

–   **Unabhängigkeit** wird Abhängigkeit vorgezogen. So begrüßen es die meisten Betriebe durchaus, wenn Aufgaben aus eigener Kraft gelöst werden („make"), ohne fremde Hilfe in Anspruch zu nehmen („buy"). Dies ist eine Einstellung, die natürlich auch eine gewisse Selbständigkeit garantiert. Indes darf diese Vorstellung nicht so konsequent durchgezogen werden, dass ein Mitarbeiter es nicht mehr wagt, nach Hilfe zu fragen.

Nur wenn die Organisation bzw. die dafür verantwortlichen Personen diese Konfliktbereiche anerkennen und versuchen, die Konfliktpunkte zu verhindern, ist ein weitgehend konfliktfreies Arbeiten möglich. Konfliktlösung beginnt also hier schon im Voraus – sozusagen prophylaktisch.

Weiteres **Konfliktpotenzial** der Organisationen ergibt sich aus folgenden sechs Punkten:
–   In einem Großteil der Unternehmen sind **Verantwortungs- und Entscheidungsbefugnisse** exakt abgegrenzt. Hierarchie und Unterschiede darin spielen eine große Rolle. Das ist in bestimmten Bereichen sicher sinnvoll, etwa wenn grundlegende unternehmerische Entscheidungen – wie die Einstellung neuer Mitarbeiter – getroffen werden müssen. Zudem sind manchmal zügige Entscheidungen nötig, die nicht das Ergebnis einer „Gruppendiskussion" aller Mitarbeiter abwarten können.
    Doch wird ein Unternehmen, das seine Mitarbeiter nicht an Entscheidungen beteiligt, eine sinnvolle Weiterentwicklung aufs Spiel setzen.
–   **Routine und Gleichförmigkeit** überwiegen meist, nur selten ändern sich Arbeitsabläufe tatsächlich fundamental. Auch wirklich neuartige Problemstellungen fallen nur selten an. Das wird auf lange Sicht die Mitarbeiter womöglich ermüden und sie dazu bewegen, sich auf die Suche nach einem neuen und abwechslungsreicheren Job zu machen.
–   Durch die zahlreichen **Abteilungen, Bereiche und Zuständigkeiten** wird nicht selten der Blick für die Gesamtunternehmung verloren. Wenn jedoch die einzelnen Arbeitsgebiete nicht auf den gesamten Betrieb abgestimmt sind, können sehr leicht Konflikte zwischen „Basis" und „Führung" entstehen – ideeller wie praktischer Natur (abgesehen davon, dass der gesamte betriebliche Ablauf durch eine undurchschaubare Organisationsgliederung erschwert wird).
–   Ein Großteil der gegenseitigen Abstimmung – etwa zwischen Vorgesetzten und Mitarbeitern – wird durch **Standardprogramme und exakte Planungen** bestimmt. Nur wenn es der Anlass erfordert, werden persönliche Arbeitsanweisungen erteilt.
    Dieser Verlust an persönlicher Zuwendung kann die Zufriedenheit der Angestellten in hohem Maße beeinträchtigen, da der Mensch ein soziales Wesen ist.

- Oft finden keine regelmäßigen **Abteilungs- und Gruppenbesprechungen** statt. Doch nur der gegenseitige Austausch von Informationen, Meinungen und Ansichten kann eine effiziente Zusammenarbeit garantieren.
- Zahlreiche Betriebe sind durch eine sehr **hohe Formalisierung** gekennzeichnet. Dies beginnt mit der großen Bedeutung von Handbüchern, Arbeitsanweisungen und sonstigen schriftlichen Regelungen und setzt sich mit der Kontrolle der Einhaltung dieser Regelungen sowie der hohen Bewertung der formellen Einhaltung des Dienstweges fort.

  Sie können sich denken, dass sicher eine gewisse Bandbreite von Richtlinien und Regelungen für jedes Unternehmen nahezu überlebensnotwendig ist, da sonst im Büro eine regelrechte Anarchie ausbrechen würde. Eine zu strikte Einhaltungsvorgabe dieser Richtlinien und eine zu genaue Festlegung der Arbeit dadurch kann die Arbeitnehmer jedoch ebenso einengen und in ihrer Kreativität behindern.

> Auch die Auffächerung der Wissensgesellschaft hat in der organisatorischen Struktur vieler Unternehmen ihre Spuren hinterlassen – und nicht zuletzt neues Konfliktpotenzial hervorgerufen.

Durch die Anpassung an neue **Organisationsformen und Informationstechniken** sind auf der Ebene der Organisationen bzw. Institutionen zahlreiche neue Konfliktfelder aufgetreten:

So finden für viele Vorgesetzte immer mehr **Autoritätseinschränkungen** und **Kompetenzabgaben** statt. Die Mitarbeiter werden zunehmend *spezialisierter* und somit auch immer *selbständiger*. Dies bringt eine Individualisierung der Arbeit und zurückgehende *Kontrollierbarkeit* mit sich. Sicher muss sich jeder Mitarbeiter in seinem Arbeitsbereich zuerst bewähren – anschließend sollte ihm jedoch so viel Vertrauen entgegengebracht werden, dass er *selbständig* und *eigenverantwortlich* arbeiten kann. Denn niemand lässt sich gerne bei seiner Arbeit ständig über die Schulter blicken.

Auch das Verschwinden der lebenslangen Beschäftigung und die hohe Rate des Personalwechsels stellt die Organisation immer wieder vor neue Aufgaben. Sie muss versuchen, neue Mitarbeiter so schnell wie möglich in die Gruppe zu integrieren, damit diese weiterhin effektiv arbeiten kann.

3.2.5 Konfliktlösung mit „Außenstehenden"

Selbstverständlich entstehen Konflikte nicht nur innerhalb eines Betriebes, sie können auch im Umgang mit außenstehenden Personen, so zum Beispiel Händlern oder Kunden, entstehen.

> Da sich die Tätigkeit eines Unternehmens heutzutage auch nicht mehr ausschließlich auf den eigenen Betrieb beschränkt, das heißt einzelne Unternehmen nicht mehr für sich alleine dastehen, können auch hier Schwierigkeiten zwischen Unternehmen und anderen Interessensgruppen (zum Beispiel Kunden, Lieferanten) auftreten.

Jedes mögliche Problemfeld hier aufzuzeigen, ist, wie Sie sicher zustimmen werden, unmöglich.
Doch um diese Schwierigkeiten zu lösen bzw. sie gar nicht erst auftreten zu lassen, sollten Sie folgende Hinweise beachten:

– Schaffen Sie stets eine ruhige und freundliche **Gesprächsatmosphäre**. Hektik und Unruhe behindern ein effektives Gespräch in nicht zu unterschätzendem Ausmaß.
– Lassen Sie keine aggressive **Stimmung** aufkommen – lange Auseinandersetzungen oder gar Streit sind für eine Zusammenarbeit auf jeden Fall von Nachteil. Lernen Sie eventuelle Einwände des Gegenübers möglichst schnell kennen und versuchen Sie, diese zu entkräften bzw. zu lösen.
– Hören Sie **aufmerksam** zu. Wenn der Gesprächspartner einen Einwand hat, zeigen Sie ihm, dass sie diesen verstanden haben.
– Verlieren Sie Ihr eigenes Gesprächsziel nicht aus den Augen, aber gehen Sie auch auf Einwände Ihres Gegenübers ein. Wenn Sie diese für unberechtigt halten, versuchen Sie, sie argumentativ aufzulösen.
   Wenn die Argumente jedoch stichhaltig sind, empfiehlt es sich, praktische Konsequenzen zu ziehen und zum Beispiel einen vom Kunden gerügten Missstand zu beseitigen.

Diese Stichpunkte gelten vor allem für den Umgang mit Personen, die nicht unmittelbar zum Unternehmen gehören. Sie finden dazu ausführlichere Ausführungen im Systemteil Kommunikation.

Grundsätzlich lässt sich feststellen, dass eine zwischenmenschliche Konfliktlösung auf allen Ebenen – mit Ausnahme der persönlichen Konfliktlösung – auf **denselben Prinzipien** beruht.
Welche Möglichkeiten Sie dabei haben, Konflikte zu lösen, sie im Idealfall noch vor dem „Ausbruch" abzuwenden und eine gute und produktive Beziehung zu Vorgesetzten, Kollegen und Außenstehenden aufzubauen, soll das folgende Kapitel zeigen.

3.3 Methodik einer sinnvollen Konfliktlösung

Wie schon mehrfach erwähnt, gibt es kein Nonplusultra der Konfliktlösung im Konfliktfall. Doch lassen sich durchaus einige Verhaltensweisen nennen, die Ihnen helfen werden, mit Meinungsunterschieden umzugehen. Wichtig sind hierbei vor allem die nachstehenden sechs Aspekte:

– Bringen Sie **Vernunft** und **Emotionen** ins **Gleichgewicht**. Gefühle wiegen in Konfliktsituationen oft mehr als rationales Denken. Sie wissen, dass ein Wutanfall jedoch sicher keine übermäßig klugen Entscheidungen zulässt. Sie sollen Ihre Gefühle nicht abschalten, aber versuchen Sie, sie unter Kontrolle zu bringen. Eine gute Vorgehensweise, in konfliktreichen Situationen vorzugehen, ist es, sich ausschließlich auf die **Sachebene** zu konzentrieren. Dies ist eine Gewohnheit, die Sie einüben können.
– Beschäftigen Sie sich mit Ihrem **Gegenüber**. Versuchen Sie, den anderen zu **verstehen** und seine Probleme und Vorstellungen nachzuvollziehen. Nur wenn man ein gewisses Verständnis aufbringt, können beiderseitig zufriedenstellende Lösungen gefunden werden. Überlegen Sie also, wie Ihr Gesprächspartner die Sachebene sieht.
– Eine funktionierende **Kommunikation** ist das A und O sinnvoller Konfliktlösung. Durch sie wird das gegenseitige Verständnis verbessert und Grund zu Misstrauen abgebaut.

> Dabei kommt es vor allem darauf an, zuzuhören und nachzudenken, bevor man den Mund aufmacht. Sie kennen doch sicher auch das Gefühl, im Zorn etwas gesagt zu haben, das man im Nachhinein am liebsten nie ausgesprochen hätte.

Denken Sie daran, dass auch Gestik und Mimik Ebenen der Kommunikation sind. Vielleicht ist Ihnen schon einmal etwas unglaublich Nettes gesagt worden, das allein durch den Gesichtsausdruck ins Gegenteil verkehrt wurde. Im Systemteil Körpersprache erfahren Sie dazu mehr.

Wenn wir von einem anderen Menschen ein negatives Bild haben, wird sich das sicher auch in der Kommunikation äußern – es kommt nicht immer nur darauf an, *was* man sagt, sondern auch *wie* man es sagt!

– Seien Sie **vertrauenswürdig**: Durch ein länger fortdauerndes, ehrliches und verlässliches Verhalten wird sich sicher das Verhältnis zu Ihrem Gegenüber verbessern.
– Üben Sie im Konfliktfall **keinen Druck** aus, das heißt, stimmen Sie ihr Gegenüber nicht durch Drohungen oder ähnliches um, sondern *überzeugen* Sie den anderen. Bringen Sie Aufklärung und logische Argumente, dann wird es auch dem Gegenüber leichter fallen, Ihre Seite zu akzeptieren und vielleicht. sogar anzunehmen.
– Es ist ein menschliches Grundbedürfnis, akzeptiert und geschätzt zu werden – erfüllen Sie es. **Akzeptieren** Sie Ihren Gesprächspartner und drücken Sie ihm – wenn möglich – Ihre **Wertschätzung** aus. Wenn Sie im Konfliktfall das Gefühl haben, dass Ihre Meinung und Ansichten nicht anerkannt werden und Ihnen zu wenig Aufmerksamkeit geschenkt wird, werden Sie sich sicher bald aus dem Gespräch zurückziehen (wollen).

> Wenn wir in einen Konflikt geraten, suchen wir oft – wenn nicht sogar meist – die Schuld daran bei den **anderen**. Sie sollten es jedoch bei allem Ärger über Ihre Kollegen, der natürlich durchaus berechtigt sein kann, nicht versäumen, Ihr eigenes Verhalten zu überprüfen.

Schon ganz einfache Handlungen wie die Verspätung zu einer Versammlung können Konflikte hervorrufen. Halten Sie also die allgemeinen Regeln des Anstandes und der Höflichkeit unter allen Umständen ein. Bei der Bildung von positivem bzw. erwünschtem Verhalten entsteht eine Tendenz zur Wiederholung und damit eine entsprechende Verhaltensgewohnheit. Im umgekehrten Falle gilt das für negatives Verhalten – damit werden Sie früher oder später auf jeden Fall anecken.

> Von großer Bedeutung für eine effektive und sinnvolle Konfliktlösung ist außerdem eine produktive Vorgehensweise bei Konfliktgesprächen.

Dabei sollten Sie vor allem die folgenden sieben Aspekte beachten:

– Schaffen Sie ein freundliches **Gesprächsklima**. Dazu gehört primär die richtige Wahl von Gesprächspartnern und Gesprächsort. So könnte ein Mitarbeiter durch ein Konfliktgespräch im Büro des Vorgesetzten eingeschüchtert sein und es daher nicht mehr wagen, sein Anliegen vorzubringen.
– Verlassen Sie sich nicht auf „Augenblickseinfälle": **Planen** Sie in Konfliktgespräch, das heißt, machen Sie sich vorher gewisse Verhaltensregeln bewusst – zum Beispiel den anderen nicht bei seiner Argumentation zu unterbrechen – und formulieren Sie Ihre eigenes **Gesprächsziel**.
– Gehen Sie mit **Fingerspitzengefühl** vor und versuchen Sie, sich in Ihren Gegenüber hineinzuversetzen. Dazu gehört in erster Linie, dessen Gefühle und Beweggründe zu verstehen und tieferliegende Interessen auszuloten. So entbrennt manchmal ein Streit um ein Thema, das nicht den eigentlichen Konfliktgegenstand darstellt.
– Nehmen Sie den Konflikt **ernst** und akzeptieren Sie das Anliegen Ihres Gesprächspartners. Dieser könnte sonst möglicherweise in die Defensive gehen und überhaupt

nicht mehr mit sich reden lassen. Wichtig ist dabei auch, das eigene Verhalten und die persönlichen Ziele transparent zu machen. Der andere wird sich nur ernst genommen fühlen, wenn Sie ihm Ihre Ansichten offen legen.
– Wählen Sie ein angemessene **Gesprächsdistanz**. Diese definiert sich stets über die Beziehung zu Ihrem Gegenüber – ein Kollege etwa, zu dem Sie sonst kein besonders enges Verhältnis haben, wird sich durch eine zu große Gesprächsnähe unter Umständen bedroht fühlen.
– Seien Sie **überzeugend**. Versuchen Sie stets, Ihren Gesprächspartner durch schlüssige Argumente und faire Argumente umzustimmen und nicht durch Druck.
– Entwickeln Sie **neue Ideen**. Verrennen Sie sich nicht in extreme Positionen, sondern streben Sie Kompromisse bzw. gemeinsame Lösungen an. Meistens gibt es eben nicht nur schwarz und weiß, sondern zahlreiche Grautöne dazwischen.

Von Interesse kann jedoch nicht nur sein, wie man im Konfliktfall zu **reagieren** hat, um diesen vernünftig zu lösen, sondern auch, wie man durch den Aufbau einer gut funktionierenden Beziehung Konflikte im Voraus verhindern kann. In diese Prophylaxe hatten wir bereits eingeleitet.

3.3.1 Der Aufbau einer gut funktionierenden Beziehung

Viele von uns denken, dass für eine gut funktionierende Beziehung gegenseitiges Einverständnis und gemeinsame Wertvorstellungen – frei nach dem Prinzip „gleich und gleich gesellt sich gern" – nötig sind. Natürlich kann dies eine Beziehung beeinflussen – unbedingte Voraussetzung ist es jedoch *nicht*.

So sind auch die Annahmen, dass die Vermeidung von Unstimmigkeiten in einer Beziehung ein erstrebenswertes Ziel ist und die Durchsetzung von Sachinteressen sich nicht mit einer guten Beziehung vereinbaren lässt, *falsch*.
Eine gute Beziehung ist nicht mit gegenseitigem Einverständnis gleichzusetzen, denn Meinungsunterschiede können sehr nützlich sein.

Das Ziel muss folglich sein, eine funktionierende Beziehung trotz Meinungsverschiedenheiten aufzubauen, gute Sachergebnisse zu erzielen und jeder für sich eine Art „inneren Frieden" zu finden.

Eine solche Beziehung erhält dadurch auch die Fähigkeit zur Problemlösung. Dies setzt jedoch die Fähigkeit voraus, mit Meinungsunterschieden umzugehen und auch die eigenen Interessen, Auffassungen und Wertvorstellungen in Frage stellen und verändern zu können.
Eine Beziehung wegen eines Konfliktes zu beenden, macht hingegen keinen Sinn. Dadurch wird das Problem nicht gelöst, die Klärung zukünftiger Meinungsverschiedenheiten wird beeinträchtigt. Wenn also ein weiterer Umgang erforderlich ist – wie es wohl in den meisten Fällen von innerbetrieblichen Konflikten der Fall ist – *müssen Konflikte gelöst werden*.

Dabei kommt es in erster Linie darauf an, Menschen nach dem Prinzip der Gerechtigkeit zu behandeln, **Menschen und Probleme getrennt voneinander** zu betrachten sowie vorbehaltlos konstruktiv zu sein.

Viele Regeln und Verhaltensrichtlinien, die auch schon für den eingetretenen Konfliktfall gelten, sich auch für eine gute Beziehung und die Konfliktvermeidung hilfreich – und umgekehrt. Dazu zählen primär die nachstehenden acht Gesichtspunkte:

- **Trennung von Beziehungs- und Sachproblemen,**
- **vorbehaltlos konstruktives Verhalten,**
- **Gleichgewicht zwischen Emotionen und Vernunft,**
- **Verständnis,**
- **Vertrauenswürdigkeit,**
- **Kommunikation,**
- **Überzeugungsfähigkeit** sowie
- **Akzeptanz.**

Bei der **Trennung von Beziehungs- und Sachproblemen** kommt es in erster Linie darauf an, die *Beziehung* als eigenständigen Prozess zu betrachten, da sie sonst den *Sachproblemen* untergeordnet wird. Daher müssen Beziehungsziele unabhängig von Sachzielen verfolgt werden. Dies ist nicht immer einfach, aber notwendig.

Die Bedeutung der Beziehung darf nicht von Zugeständnissen abhängig gemacht werden, denn ebenso wie eine Freundschaft kann auch eine gute Arbeitsbeziehung nicht erkauft werden – niemand fühlt sich gerne bestochen.

Grundloses Nachgeben schafft zudem keinesfalls eine gute Beziehung. Wenn wir unseren eigenen Standpunkt nicht weiter vertreten, weil wir uns Konflikte ersparen wollen, vermeidet das vielleicht für eine Weile Streitigkeiten, aber die Fähigkeit, Probleme anzugehen und Lösungen zu finden, wird dadurch nicht erreicht.

Ein **vorbehaltlos konstruktives Verhalten** gründet sich vor allem darauf, sich vor parteiischen Wahrnehmungsweisen zu hüten und nicht nach dem Prinzip der Gegenseitigkeit zu handeln. Menschen sehen Dinge nun einmal unterschiedlich, daher darf man auch nicht erwarten, dass alle anderen dem eigenen Beispiel folgen. Andererseits sollten Sie auch nicht immer blind dem Beispiel der anderen folgen.

> Menschen gehen besser mit Meinungsverschiedenheiten um, wenn jeder den anderen als Person akzeptiert, dessen Interessen und Ansichten es wert sind, berücksichtigt zu werden.

Eine gewisse Gegenseitigkeit ist natürlich nicht von Schaden – wenn Ihnen jemand geholfen hat, werden Sie in Zukunft auch versuchen, ihm zu helfen. Man muss aber stets darauf achten, dass dabei die Unterstützung nicht gegeneinander aufgewogen wird. Wenn die Hilfe nicht aus freien Stücken, sondern nur aufgrund einer moralischen Verpflichtung erfolgt, ist sie schon nicht mehr halb so viel wert.

Wichtig ist zudem, ein **Gleichgewicht zwischen Emotionen und Vernunft** herzustellen. Emotionen haben auf alle Beziehungen Einfluss und können dabei durchaus *hilfreich* sein. So können uns Zuneigung und Einfühlungsvermögen dazu bewegen, Meinungsverschiedenheiten beizulegen.
Andererseits können *zu heftige Emotionen* das logische Denkvermögen *beeinträchtigen* und ein Verhalten bewirken, das uns daran hindert, mit Meinungsunterschieden zurechtzukommen.

> Eine wirklich sinnvolle Entscheidungsfindung erfordert ein Gleichgewicht von Vernunft und Gefühlen.

Zu viele Emotionen kann das Urteilsvermögen trüben und Emotionen, die wir eigentlich für positiv halten, können der Lösung von Problemen im Wege stehen – zum Beispiel falsche Loyalität.

Ein Mangel an Emotionen hat jedoch negative Auswirkungen: auf die Motivation, auf das gegenseitige Verständnis und somit auch auf die Beziehung. So kann ein aufrichtiges Interesse an den Mitarbeitern und ihren Problemen eine hohe Arbeitsmoral sowie ein emotionales Engagement bewirken, da die Arbeitnehmer sich stärker in den Betrieb integriert fühlen. Wie aber gelingt es uns, ein Gleichgewicht zwischen Vernunft und Gefühlen herzustellen?

Grundsätzlich sollten Sie diese vier Ratschläge beherzigen:
- Lernen Sie, Ihre Emotionen zu *erkennen*. Wenn Sie sich Ihrer Gefühle bewusst sind, können Sie verhindern, dass Sie von ihnen mitgerissen werden und dann unkontrolliert reagieren.

– Reagieren Sie nicht emotional – verhalten Sie sich kontrolliert. Manche emotionalen Reaktionen beruhen allein auf Gewohnheiten. Bringen Sie Ihre Gefühle also erst einmal unter Kontrolle, bevor Sie etwas sagen. Machen Sie zum Beispiel während einer Diskussion eine Pause, um wieder etwas Abstand zu gewinnen. Oder nehmen Sie sich einen kurzen Moment zum Nachdenken, indem Sie einfach bis zehn zählen.

– Auch wenn es gegensätzlich klingt: *Lassen* Sie Ihre Gefühle *zu*. Das Verbergen von Gefühlen staut diese nur auf, so dass sie früher oder später zum Ausbruch kommen. Gefühle können dabei Sachprobleme und auch positive Emotionen überdecken. Sprechen Sie also über Ihre Gefühle und sagen Sie, warum Sie etwas stört. Vermeiden Sie dabei aber Schuldzuweisungen.
– Stellen Sie sich auf Emotionen ein, *bevor* sie entstehen! Ziehen Sie möglichst alle Probleme in Betracht, die sich in der Beziehung entwickeln könnten und entschärfen Sie so eventuell auftretende emotionale Probleme. Fördern Sie dabei konstruktive Emotionen, indem Sie sich zum Beispiel in den anderen hineinversetzen und sich dabei auch überlegen, welche Emotionen er sich vielleicht von Ihnen wünscht.

Ein weiterer bedeutsamer Punkt für den Aufbau einer gut funktionierenden Beziehung ist **gegenseitiges Verständnis**.

> Sie sollten sich stets bemühen, auch die Sichtweise des anderen zu verstehen. Je besser Sie die Ansichten, Interessen und Wertvorstellungen Ihres Gegenübers kennen, desto besser können Sie mit ihm zusammenarbeiten – und zudem Missverständnisse vermeiden.

Meinungsverschiedenheiten können nicht geregelt werden, wenn man sie nicht versteht. Daher sollten Sie sich an die folgenden drei Richtlinien halten:

– *Finden Sie heraus*, was die anderen *denken*. Ein besseres Verständnis führt auf jeden Fall zur Problemvermeidung bzw. zu besserer Problembewältigung. Gehen Sie dabei immer davon aus, dass Sie noch etwas dazulernen können. Und achten Sie nicht nur auf die eigenen Bedürfnisse, sondern fragen Sie auch danach, was den anderen wichtig ist. Erst wenn man die Bedürfnisse und Sorgen des Kollegen oder Mitarbeiters kennt, kann man ihnen auch gerecht werden.

– *Haben Sie keine Angst*, etwas *Neues zu lernen*. Ab und zu müssen Sie Ihre Meinung auch einmal revidieren können ohne Angst zu bekommen, dass Sie in der Vergangenheit Fehler gemacht haben. Wichtig sind dabei vor allem Aufgeschlossenheit und Selbstvertrauen. Dazu gehört auch, zu fixierte Entscheidungen zu vermeiden, neuen Informationen gegenüber aufgeschlossen und für überzeugende Argumente offen zu sein.

– *Verwenden* Sie bestimmte *Techniken*, um sich die Welt der anderen zu *erschließen* und Abstand von sich selbst zu gewinnen. Das kann dadurch gelingen, dass sie die Vergangenheit der anderen kennen lernen, sich auch in deren Situation hineinversetzen oder eine dritte Person zu Rate ziehen.

Ein weiterer Pluspunkt für eine gut funktionierende Beziehung, in der Konflikte leichter gelöst bzw. möglicherweise sogar vermieden werden können, ist **Vertrauenswürdigkeit**. Sie sollten stets vertrauenswürdig sein, aber niemals uneingeschränkt Vertrauen schenken.

Vertrauen ist oft die wichtigste Eigenschaft in einer Beziehung, da man dadurch Aussagen akzeptieren und sich auf Versprechungen verlassen kann. Tiefes Misstrauen hingegen schafft Probleme und erschwert deren Lösung.

Verhalten Sie sich also vertrauenswürdig, indem Sie die nachstehenden fünf Punkte beachten:

– **Meinen** Sie Äußerungen und Versprechungen *so*, wie Sie sie sagen, **nehmen** Sie Ihre Versprechungen ernst.
– Verhalten Sie sich **berechenbar**.
– Formulieren Sie Ihre Äußerungen **klar und deutlich** und äußern Sie auch, wenn Sie sich nicht genau festlegen wollen, am besten mit einer ehrlichen Begründung.
– Seien Sie **ehrlich**.
– Sprechen Sie **aufrichtig** über Probleme, bevor sie auftreten.

Auf der anderen Seite sollten Sie aber auch das Verhalten der anderen im Blick behalten. Manchmal müssen Sie sich fragen, ob Sie dem anderen zu viel oder zu wenig Vertrauen entgegenbringen, denn mit zu wenig Vertrauen schaden wir der Vertrauenswürdigkeit der anderen.

Zudem stellt sich die Frage, ob wir die anderen kritisieren, egal, wie sie sich verhalten. Denn ungerechtfertigte Anschuldigungen oder Schuldzuweisungen verringern die Bereitschaft, sich vertrauenswürdig zu zeigen. Wie also können Sie Ihrem Gegenüber helfen, vertrauenswürdig zu werden?

- Vertrauen Sie den anderen nicht in *übertriebenem* Maße. Gewisse Sicherheitsmaßnahmen können von Vorteil sein und Risiken vermindern.
- Vertrauen Sie den anderen, wenn sie es verdienen. Falls Sie ein Risiko befürchten, sollten Sie offen darüber sprechen.
- Verteilen Sie gezielt Lob und Kritik. Die Anerkennung von Vertrauenswürdigkeit wird geschätzt – diese Beurteilung sollte allerdings auch begründet werden. Zudem wird nach einem positiven Feedback auch Kritik offener aufgenommen werden.

- Behandeln Sie problematisches Verhalten nicht als Vergehen sondern als gemeinsames Problem. Daher sollten Sie es unbedingt vermeiden, über die Person selbst zu sprechen. Kritisieren Sie keine Ansichten oder Einstellungen – das *Verhalten* stellt schließlich das Problem dar.
- Wichtig ist zudem, nie *vorschnell* über eine andere Person zu urteilen. Jeder macht Fehler – das heißt jedoch noch lange nicht, dass er grundsätzlich nicht vertrauenswürdig ist.

Versuchen Sie zuerst, das Verhalten der anderen realistisch einzuschätzen, bevor Sie urteilen. Das Ziel ist dabei, ein Gleichgewicht zwischen gesunder Skepsis und wohlbegründetem Vertrauen zu finden.

Ein schon mehrfach genannter und somit folglich auch sehr wesentlicher Aspekt der Konfliktlösung und auch -bewältigung ist eine funktionierende **Kommunikation**.

> Eine schlechte Verständigung kann zu Missverständnissen, Vertrauensverlust und unbefriedigenden Ergebnissen führen.

Dabei sollte stets beachtet werden, dass schon Gesten und Körperhaltung Offenheit oder auch Ablehnung zum Ausdruck bringen können.

Die Hindernisse für eine effiziente Kommunikation liegen in erster Linie in

- dem Standpunkt, dass keine Notwendigkeit für eine Kommunikation mit dem Gegenüber bestehe. Meist möchte der andere jedoch durchaus, dass seinen Ansichten und Interessen Beachtung geschenkt wird;
- einseitiger Kommunikation. Wenn wir den anderen nicht zuhören, vergeben wir auch die Chance, etwas Neues zu lernen oder andere Beiträge zur Problemlösung zu bekommen. Wenn zudem nicht beide Parteien ihre Meinung äußern dürfen, stehen diese weitaus weniger überzeugt hinter Vereinbarungen; sowie
- die Übermittlung widersprüchlicher Botschaften.

> Für eine erfolgreiche Kommunikation dürfen die eigenen Aussagen einander nicht widersprechen – egal, ob man mehrere Aussagen tätigt oder mit zwei verschiedenen Personen über dieselbe Sache spricht.

Wenn jemand anders handelt, als er es zuvor gesagt hat, entsteht zudem persönliches Unbehagen. Das äußert sich in Skepsis und Verwirrung in Hinsicht auf die wirklichen Interessen des Betreffenden und seine Glaubwürdigkeit.

Gründe für widersprüchliche Aussagen können widersprüchliche Gefühle, verschiedene Ziele (zum Beispiel lang- oder kurzfristige Interessen) sowie ein heterogener Adressatenkreis sein. So könnte ein Vorstandsmitglied gegenüber Aktionären wohl andere Aussagen tätigen als gegenüber den Arbeitnehmern.

Um die Kommunikation und somit auch das Verhältnis zum Beziehungspartner zu verbessern, sollten Sie folgende Richtlinien beachten:

- Halten Sie vor möglichst vielen Entscheidungen Rücksprache. Nur wenn unser Gegenüber uns um Rat bittet und diesen auch in der Entscheidung berücksichtigt, werden wir uns nicht ausgeschlossen fühlen. Muss ein Arbeitgeber etwa die Lohnkosten senken, sollte er *vorher* mit seinen Mitarbeitern darüber sprechen. Wenn allerdings eine schnelle Entscheidung erfordert wird oder der erwartete Widerstand zu groß ist, sollte man hier eine Ausnahme machen.
- Hören Sie aktiv zu. Beziehen Sie den andern mit ein, indem Sie zum Beispiel Fragen stellen oder Zwischenbemerkungen als Zeichen einschieben, dass sie den anderen verstanden haben.
- Planen Sie den Kommunikationsprozess, um widersprüchliche Mitteilungen auszuschließen. Das gilt natürlich nicht für jegliches Gespräch, das sie im Arbeitsleben führen. Die wichtigen Gespräche sollen Sie jedoch von vornherein überdenken. Sie sollten Ziele abklären, das heißt sich über Ihre eigenen Ziele klar werden und ambivalente Ziele zugeben.
  Achten Sie zudem darauf, zunächst ein möglichst kleines Gesprächsforum zu haben, dort können Probleme meist sehr viel einfacher gelöst werden.

Planen Sie außerdem das *Wo* und das *Wie* das Zusammentreffens: Ein allen Gesprächspartnern bekannter Ort wird die Gesprächsatmosphäre sicherlich auflockern. Des Weiteren sollten Sie sich schon vor der Zusammenkunft überlegen, wie an heikle Fragen herangegangen wird und sich Aufrichtigkeit vornehmen. Auf diese Weise können Sie emotionale Störungen verhindern.

Wenn Sie auch nicht jeden dieser Vorschläge für eine funktionierende Kommunikation für sich annehmen können bzw. wollen, oder Ihnen die Richtlinien zu umfangreich sind, halten Sie sich am besten immer an die eine goldene Regel: Halten Sie stets Rücksprache, und hören Sie aufmerksam zu, was Ihr Gegenüber Ihnen zu sagen hat!

Die Qualität einer Beziehung wird auch durch die Verhandlungsweise geprägt. Bestimmte Verhandlungsmethoden können dabei eine Beziehung zerstören. Deshalb ist es wichtig, dass sie versuchen, den anderen zu *überzeugen* und *keinen Druck* auf ihn ausüben. Druck führt dazu, dass

- negative Emotionen und Frustration die Oberhand über die Vernunft gewinnen,
- das gegenseitige Verständnis abnimmt,
- eine produktive und effiziente Kommunikation unmöglich wird,
- die Vertrauenswürdigkeit verringert wird sowie
- beim Gegenüber der Eindruck entsteht, dass seine Ansichten und Interessen abgelehnt bzw. nicht akzeptiert werden.

Druck schadet zudem meist der Qualität einer Übereinkunft, da sie nicht den allgemein gültigen Vorstellungen von Fairness entspricht.
Verhandlungspartner üben Druck oft aus taktischen Gründen aus, um den Willen des anderen zu brechen.

Sie sollten ein Verhandlungsgespräch jedoch nicht als Wettkampf ansehen, in dem es Gewinner und Verlierer gibt, sondern als einen Prozess gemeinsamer Problemlösung. Denn die Taktik der Erpressung wird auch sehr negative Auswirkungen auf zukünftige Verhandlungen haben.

Bleiben Sie also für überzeugende Argumente offen und konzentrieren Sie sich auf beiderseitige Interessen. Überzeugen Sie ihr Gegenüber mit fairen Argumenten – nur so werden sie zu einer gemeinsamen Lösung kommen, mit der beide zufrieden sind und die ebenso ein weiteres produktives Zusammenarbeiten erlaubt.
Zuletzt kommt es noch darauf an, die Gegenseite als ernstzunehmenden Verhandlungspartner zu *akzeptieren*, dessen Ansichten und Interessen unsere Beachtung verdienen. Wir müssen unseren Beziehungspartner ernst nehmen, auch wenn er anders ist und denkt als wir selbst.

Für die Lösung von Problemen ist Ablehnung bzw. Nicht-Akzeptanz ein psychisches Hindernis: Wir werden weder Vertrauen zu jemandem haben, der uns nicht akzeptiert, noch werden wir mit dieser Person zusammenarbeiten wollen.

Daher kommt es in erster Linie darauf an, dass Sie den anderen vorbehaltlos akzeptieren. Man muss die Wertvorstellungen seiner Kollegen nicht akzeptieren, seine Auffassungen als korrekt ansehen oder sein Verhalten billigen. Aber man muss die Bereitschaft aufbringen, sich mit einer Person auseinander zu setzen, ihre Ansichten anzuhören und ihren Interessen Aufmerksamkeit zu schenken. Beachten Sie dabei die folgenden vier Aspekte:

– Behandeln Sie Ihr Gegenüber mit Respekt. Versuchen Sie, etwas darüber zu erfahren, wie er wirklich ist und vermeiden Sie vorgefasste Meinungen und Klischeevorstellungen. Dies wird die Lösung von Meinungsunterschieden in jedem Fall behindern.
– Räumen Sie den Interessen der anderen das ihnen gebührende Gewicht ein.
– Behandeln Sie die anderen als grundsätzlich ebenbürtig.
– Zeigen Sie Interesse. Wenn Sie nur vorgeben, Ihr Gegenüber zu akzeptieren, wird es das wohl früher oder später merken. Ein gewisses Interesse ist für eine Beziehung sehr förderlich, denn um die eigenen Interessen zu verwirklichen, sollte man auch die der anderen kennen.

Damit eine Beziehung funktioniert, sollte jeder der acht Aspekte – Trennung von Beziehungs- und Sachproblemen, vorbehaltlose Konstruktivität, Gleichgewicht zwischen Gefühl und Vernunft, Verständnis, Vertrauenswürdigkeit, Kommunikation, Überzeugung sowie Akzeptanz – Berücksichtigung erfahren.

Das Verhalten sollte dabei jedoch mit der Beziehung und der Situation übereinstimmen. Versteifen Sie sich nicht auf eine bestimmte Vorgehensweise, sondern achten Sie auch auf besondere Eigenschaften des Beziehungspartners und den Zustand Ihrer Beziehung zu ihm.

Konzentrieren Sie sich dabei in erster Linie auf die wichtigeren Beziehungen – denn wenn sie allen Personen vom Generalmanager bis zur Putzfrau die gleiche Aufmerksamkeit zu widmen versuchen, werden Sie keine Zeit mehr für Ihre eigentliche Arbeit finden.
Und denken Sie daran, dass schon das Fehlen eines einzigen Elementes der Beziehung schaden kann.

Natürlich sollten Sie aber auch nicht krampfhaft versuchen, die hier aufgezeigten Möglichkeiten zur Beziehungsverbesserung umzusetzen, wenn Sie nicht davon überzeugt sind. Wenn dieses Verhalten Ihren eigenen Grundsätzen zuwiderläuft, kann so auf keinen Fall eine gute Beziehung aufgebaut werden. Diese würde auf falschen und unehrlichen Voraussetzungen beruhen. Allerdings sollten Sie sich dann auch überlegen, ob Sie überhaupt an Konfliktvermeidung und -bewältigung interessiert sind.

4. Konflikte und deren Lösung als schaffender Prozess

Lernziele dieses Abschnitts:
Nachdem Sie diesen Abschnitt durchgearbeitet haben, sollten Sie
- gelernt haben, inwiefern die Konfliktlösung als Schaffungsprozess zu verstehen ist und wie dieser abläuft,
- den wesentlichen Inhalt des vorliegenden Systemteils wiederholt haben.

Konflikte sind – da sind wir uns wohl alle einig – manchmal unvermeidlich und schon von jeher Bestandteil unseres Arbeitslebens gewesen. Durch die neuen Organisationsformen in der Wissensgesellschaft ist zudem eine neue Konfliktgefahr aufgetreten: Neue Organisationsformen verlangen Wandel und Veränderung von althergebrachten Strukturen sowie von allen Beteiligten.

Konflikte verschwinden dabei nicht von allein, wir können sie nicht einfach ignorieren und hoffen, dass sie sich dadurch in Luft auflösen. Wir müssen uns wohl oder übel mit widerstreitenden Interessen auseinandersetzen: Weder durch die Meidung noch durch die Bemäntelung von Streitigkeiten gehen wir effektiv mit im Widerspruch zueinander stehenden Interessen um.

Ganz im Gegenteil – unsere Interessen leiden, wenn wir uns konfliktscheu verhalten. Auch eilig gesuchte Lösungen entsprechen unseren Interessen meist weniger als ein sorgfältig überlegter Kurs.

Ein effektiver Umgang mit Konflikten kann zudem eine Festigung der Arbeitsbeziehungen zwischen den beteiligten Seiten bewirken und sie in die Lage versetzen, mit künftigen Meinungsverschiedenheiten besser fertig zu werden.

Während bei einem produktiven Umgang mit Konflikten die Verbesserung der Art und Weise, wie wir miteinander umgehen, das Ziel ist, führt die Ausrichtung auf den praktischen Prozess der Konfliktbewältigung des Weiteren oft dazu, dass die Konfliktgegner am Schluss auf der gleichen Seite stehen.

Es geht grundsätzlich auch nicht um die Frage, wer im Recht ist. Vielmehr geht es um den Prozess der Bewältigung von widerstreitenden Auffassungen über Recht und Unrecht von unvermeidlichen Veränderungen, die vor uns liegen.

Und gerade in Zeiten dynamischer und teilweise turbulenter Wandlungsprozesse sichert eine zum größten Teil reibungslose Hervorbringung von Dauerleistungen den betrieblichen Fortbestand. Denn erst diese Dauerleistungen schaffen das wirtschaftliche Fundament, das für die Umsetzung neuer – und möglicherweise konfliktträchtiger – Ideen notwendig ist. Wandel und Stabilität befruchten sich dabei gegenseitig, so dass auch extreme Positionen in ihren Ausprägungen und Wirkungen nur scheinbar Widersprüchlichkeit bedingen.

Den ideellen Rahmen bildet dabei eine Organisation, die sowohl bürokratisch ausgerichtet ist, also Sicherheit und Orientierung bietet, als auch selbstlernende Züge trägt. Denn sie sollte auch Flexibilität, Konfliktfähigkeit und Innovation bieten.

In fast jedem Konfliktphänomen wohnt ein gesellschaftlich nutzbares Fortschrittspotenzial inne. Diese Gegensatzbeziehungen können in Verbindung mit einer offenen Konfliktaustragung produktiv umgesetzt werden.

> Konfliktlösung ist damit nicht nur ein bewältigender, sondern auch ein schaffender Prozess – nicht zuletzt, da unterschiedliche Sichtweisen und Erfahrungen einen sinnvollen Wandel vorantreiben.

Vielleicht werden Sie sich jetzt fragen, inwieweit es etwas nutzt, wenn Sie sich mit Ihrem Kollegen darüber streiten, wer für das Kaffee kochen verantwortlich ist. Nun, Sie lernen mit Konflikten umzugehen und werden, sobald ernstere Probleme anstehen, auch diese bewältigen können.

Sie haben jetzt einiges über Konfliktlösung gelernt und sich dabei sicher ab und zu gefragt, wie Sie sich diese umfangreichen theoretischen Ausführungen merken und dann auch umsetzen sollen. Deshalb nun zum Schluss noch einmal eine **Zusammenfassung** der grundsätzlichen Aussagen:

Kapitel 2 hat sich mit der Frage beschäftigt, was ein Konflikt nun eigentlich ist.

> Die wichtigste Aussage ist hier, dass Konflikte grundsätzlich die Gegensätzlichkeit oder Unvereinbarkeit zweier oder mehrerer Elemente, das heißt etwa Verhaltensweisen oder Einstellungen, sind.

Des Weiteren bleibt festzuhalten:

- Nicht jeder Konflikt ist gleich: Es gibt zum Beispiel Unterschiede zwischen persönlichen und zwischenmenschlichen Konflikten.
- Konflikte haben immer eine sachliche Komponente, sind aber stets auch mit Emotionen behaftet.
- Der Wunsch, Konflikte vermeiden zu wollen, rührt aus den Problemen, die diese mit sich bringen und den Veränderungen, die durch sie entstehen können.

Kapitel 2.1 behandelt verschiedene Konfliktarten.

Grundsätzlich lässt sich unterscheiden in

- persönliche Konflikte,
- Paarkonflikte bzw. zwischenmenschliche Konflikte,
- Gruppenkonflikte (zum Beispiel zwischen verschiedenen Abteilungen),
- Organisationskonflikte,
- Institutionskonflikte und
- Systemkonflikte.

Den besonderen, neu entstandenen Konflikte in der Wissensgesellschaft wird in Kapitel 2.1.1 nachgegangen.

Die Veränderungen unserer Gesellschaft im Informationszeitalter hatten Einfluss auf das Arbeitsleben. Betroffen sind dabei vor allem die nachstehenden Gebiete:

- Die zunehmende Bedeutung des Produktionsfaktors Wissen kann zu persönlichen Problemen führen – zum Beispiel aus Angst, den Anforderungen nicht zu genügen.
- Die steigende Spezialisierung, zwischenmenschliche Schwierigkeiten mit sich zu bringen, das heißt, wenn etwa der Vorgesetzte keine Kompetenzen abgeben will oder zwei Mitarbeiter nicht mehr die gleiche „Arbeitsgrundlage" haben und das Vorgehen des anderen nicht unbedingt versteht.
- Häufiger Personalwechsel ist für ein gutes Arbeitsklima nicht unbedingt von Vorteil – zu oft muss man sich an neue Mitarbeiter und ihre Eigenheiten gewöhnen.

Kapitel 2.2 fragt danach, wie Konflikte entstehen. Die Konfliktursachen liegen vor allem in

- unterschiedlichen Informationsquellen und unterschiedlicher Informationsverarbeitung: Hierbei ist das Problem in erster Linie eine unzureichende Informationsweitergabe zum Beispiel durch den Vorgesetzten;
- nicht funktionierender Kommunikation (wie Sie Fehler im Kommunikationsprozess vermeiden können, wurde in Kapitel 3.3.1 erläutert);
- gegensätzlichen Zielen und unterschiedlichen Sichtweisen, die etwa durch verschiedene Funktionszugehörigkeiten entstehen können;
- unterschiedlichen Normen, Werten, Meinungen und Einstellungen: Wir alle haben unsere eigenen Werte. Dass diese nicht immer übereinstimmen, kann wohl nicht verwundern. Verstärkt werden solche „Nicht-Übereinstimmungen" zudem durch weitere Aspekte wie Altersunterschiede;
- der Diskrepanz zwischen Mitteln und Ansprüchen, die vor allem zu Konflikten mit Vorgesetzten führen kann – wenn diese sich zum Beispiel gegen Ihre Pläne entscheiden, da diese zu kostspielig sind;
- Persönlichkeitsmerkmalen und unterschiedlichen Erfahrungen: Ähnlich wie bei den unterschiedlichen Werten prallen auch hier ab und zu sehr gegensätzliche Welten aufeinander;
- organisatorischen Bedingungen des Unternehmens: Sie erinnern sich vielleicht noch an das Beispiel mit dem Telefon – wenn wir kein eigenes haben, wird das unsere Arbeitsmoral sicher nicht verbessern; und
- dem Führungsstil, der sicher auch nicht immer perfekt ist und somit Reaktionen der Mitarbeiter hervorrufen kann.

In Kapitel 2.3 finden Sie eine Ausführung über den Sinn von Konflikten.

> Dieser liegt vor allem darin, dass wir uns durch Auseinandersetzungen und damit auch durch das Bemerken und Anhören von anderen Meinungen und Einstellungen persönlich weiterentwickeln können.

Daher macht es auch keinesfalls Sinn, Konflikte zu unterdrücken. Vermiedene Konflikte werden früher oder später erneut ausbrechen – dann jedoch um ein Vielfaches heftiger!

Kapitel 3 wendet sich dann endlich dem eigentlichen Thema dieses Beitrages zu: der Konfliktlösung.

Doch schon bevor ein Konflikt überhaupt entsteht, kann dieser durch bestimmte Techniken schon im Voraus vermieden werden. Dazu gehören unter anderem gegenseitiges Verständnis und Vertrauenswürdigkeit.

Grundsätzlich sollte eine Konfliktbewältigung mit den Fragen „Was?" und „Warum?" begonnen werden. Das heißt, dass zuerst geklärt werden sollte, was passiert ist (hierbei wird etwa der zeitliche Rahmen eine Konfliktes oder die Motivation der beteiligten Personen beachtet), um darauf nach dem psychologischen Hintergrund des Konfliktes zu fragen. Wie ein Konflikt schließlich gelöst werden kann, folgt erst später im Beitrag.

In Kapitel 3.1 wird ein Modell der Konfliktlösung vorgestellt: das Konfliktmanagement von Gerhard Schwarz. Die Darstellung dieser Theorie soll nicht als optimale Konfliktbewältigung verstanden werden, dies dient lediglich dazu, Ihnen eines von zahlreichen Modellen vorzustellen. Der optimale Weg, einen Konflikt zu lösen, ist nach Gerhard Schwarz der Konsens. Hierbei sehen beide Konfliktparteien ihre wesentlichen Ziele erfüllt.

Mit 3.2 beginnt ein Abschnitt des Beitrages, der zahlreiche Konfliktlösungsbereiche vorstellt. Das beginnt mit der persönlichen Konfliktlösung (3.2.1). Um persönliche Probleme bewältigen zu können, kommt es in erster Linie darauf an, dass Sie auch mit negativen Folgen einer Entscheidung zurecht kommen. Damit Sie aber auch nicht in allzu viele persönliche Konflikte geraten, sollten Sie ebenso darauf achten, Ihr Leben insgesamt im Gleichgewicht zu halten: Neben der Arbeit dürfen auch Familie und Freunde nicht zu kurz kommen. Das wird nicht nur die Menschen in Ihrer unmittelbaren Umgebung freuen, auch Sie werden bei der Arbeit wesentlich ausgeglichener sein, wenn die Arbeit nicht Ihr ganzes Leben darstellt.

Für die Konflikt zwischen Mitarbeitern und Vorgesetzten gelten im Grund die gleichen Richtlinien wie für die zwischenmenschliche Konfliktlösung. Allerdings gibt es einige Grundregeln, die Vorgesetzte beachten sollten, um Konflikte im Betrieb gar nicht erst aufkommen zu lassen. Sie sollten

- die Mitarbeiter nicht nur als „Arbeiter" sondern auch als Menschen sehen und auch eine gewisse persönliche Beziehung mit ihnen anstreben,
- offen und sachlich über Probleme sprechen,
- Maßnahmen vor den Mitarbeitern begründen und sie nicht einfach nur durchsetzen,
- mangelhafte Leistungen konstruktiv kritisieren und vielleicht auch versuchen, die Gründe dafür herauszufinden,
- versuchen, die Arbeit so abwechslungsreich wie möglich zu gestalten und ein angenehmes Betriebsklima herzustellen.

Zwischenmenschliche Konflikte (3.2.3) werden vor allem durch unterschiedliche Verhaltensweisen, Wahrnehmungen, Einstellungen und Gefühle hervorgerufen.

Im Konfliktfall kommt es vor allem darauf an,

- für eine offene und aufrichtige Kommunikation zu sorgen,
- Konflikt durch Überzeugung und nicht durch Druck beizulegen,
- Vertrauen zu den Kollegen aufzubauen,
- Konflikte nicht als unüberwindbares Hindernis, sondern als grundsätzlich lösbares Problem zu betrachten.

Die in Kapitel 3.2.4 beschriebenen Konfliktfelder der Organisationen bzw. Institutionen konzentrieren sich vor allem auf:

- eine zu hohe Bewertung von Leistung,
- dem Anspruch nach größtmöglicher Schnelligkeit; dieser Anforderung könnte sich ein Mitarbeiter nicht gewachsen fühlen,
- der großen Bedeutung der betrieblichen Effizienz, die zu Lasten der persönlichen Betreuung der Mitarbeiter gehen kann, sowie
- die Entwicklung von Routine und Gleichförmigkeit im Betrieb, die die Mitarbeiter bald ermüden kann.

Die Entwicklungen der letzten Jahre und das Eintreten ins „Informationszeitalter" haben auf dieser Ebene neue Konfliktmöglichkeiten entstehen lassen. Dazu gehört unter anderem die fortschreitende Spezialisierung der Mitarbeiter, die für Vorgesetzte eine zurückgehende Kontrollierbarkeit sowie einen Kompetenzverlust bedeutet. Es ist auch die Aufgabe der Organisationen, hier Problemen vorzubeugen.

Die Konfliktlösung mit Außenstehenden (3.2.5) konzentriert sich überwiegend auf die optimale Gesprächsführung. Da wir mit außenstehenden Personen nicht Tag für Tag umgehen müssen, sondern nur ab und zu ein Verkaufsgespräch oder ähnliches mit ihnen führen, sind hier vor allem Richtlinien für die Gesprächsführung wichtig.
Grundsätzlich gelten natürlich auch hier die Grundregeln der zwischenmenschlichen Beziehungen.

Ab dem Kapitel 3.3 schließlich werden die grundsätzlichen Verhaltensmaßregeln aufgezeigt, die Ihnen zum einem helfen, einen Konflikt zu lösen, die zum anderen aber auch den Aufbau einer gut funktionierenden Beziehung fördern. Da diese beiden Ebenen sehr eng zusammenhängen (in einer funktionierenden Beziehung lassen sich Konflikte sehr viel einfacher lösen), sollen hier noch einmal die grundsätzlichen Richtlinien aufgezeigt werden, die für beide Ebenen gelten:

– Trennen Sie Beziehungs- von Sachproblemen!
– Verhalten Sie sich vorbehaltlos konstruktiv!
– Bringen Sie Gefühle und Vernunft ins Gleichgewicht!
– Bringen Sie Verständnis auf!
– Seien Sie vertrauenswürdig und helfen Sie den anderen, vertrauenswürdig zu werden!
– Sorgen Sie für eine offene, ehrliche und gut funktionierende Kommunikation!
– Seien Sie überzeugend und versuchen Sie nicht, Konflikte durch Druck oder Drohungen zu bewältigen!
– Akzeptieren Sie Ihr Gegenüber!

Nun wollen Sie sicher auch die Fragen beantwortet bekommen, die bereits im ersten Kapitel gestellt wurden. Genug der Theorie – es geht nun um die Frage, wie Sie die Konfliktlösung praktisch umsetzen können: Wie also sagen Sie Ihrem Chef, dass Ihnen sein Umgangston nicht gefällt? Und wie bringen Sie Ihrem Kollegen bei, dass sein Rauchen im Büro eine Belästigung für Sie darstellt?

Im Grunde gelten für beide Probleme die gleichen Grundregeln.

> Zunächst einmal: Reden Sie darüber! Sprechen Sie die betreffende Person an, denn sonst kann sie nicht wissen, dass Sie mit ihrem Verhalten Probleme haben.

Aber versuchen Sie dabei nicht, einfach nur eine Beschwerde loszuwerden, die keinen Widerspruch duldet und das sofortige und uneingeschränkte Abschaffen der bemängelten Verhaltensweise fordert. Beachten Sie dabei stets die nachstehenden Richtlinien:

– Äußern Sie Ihr Anliegen freundlich, aber mit Nachdruck! Unhöflichkeit war noch nie ein Weg, etwas zu erreichen. Dabei sollten Sie aber dennoch nicht aus den Augen verlieren, was Sie der betreffenden Person mitteilen wollten.
– Sagen Sie offen und ehrlich, was Ihnen auf dem Herzen liegt! Wenn Sie um das eigentliche Thema „herumreden", wird die Konfliktlösung hinausgezögert oder sogar überhaupt nicht möglich.

– Versuchen Sie nicht, Ihr Gegenüber durch Druck oder Drohungen von seinem Verhalten abzubringen – seien Sie überzeugend! Wenn Sie also Ihrem Vorgesetzten
  mitteilen, dass sie kündigen werden, wenn er sein Verhalten nicht ändert, wird er Sie
  wahrscheinlich mit Freuden gehen lassen. Wenn Sie Ihrem Kollegen drohen, Ihn
  beim Chef anzuschwärzen, wird dieser für eine Einigung sicher nicht mehr offen
  sein.
– Reagieren Sie nicht zu emotional! Wenn Sie Ihr Anliegen ruhig äußern, wird es sicher mehr Gehör finden als wenn Sie anfangen zu schreien.
– Zeigen Sie auch Verständnis für die Situation des anderen. Räumen Sie zum Beispiel ein, dass Sie sich durchaus vorstellen können, dass Ihr Vorgesetzter sehr im
  Stress ist und deswegen vielleicht unbedacht unfreundlich zu Ihnen ist.
– Versuchen Sie, einen Kompromiss zu schließen. Sie sollten nicht immer auf Maxi-
  malforderungen bestehen, sondern auch zu Zugeständnissen bereit sein. Vielleicht
  können Sie sich mit Ihrem rauchenden Kollegen ja darauf einigen, dass er weniger
  raucht oder wenigstens regelmäßig das Büro lüftet. Oder Sie bieten ihm an, mit ihm
  zusammen auf den Hof zu gehen, damit er dort nicht so einsam ist.

Multiple-Choice-Fragen

1. Was ist ein Aversions-Aversions-Konflikt?
Wenn wir in einen Konflikt geraten, weil
  a) wir uns zwei unterschiedliche Dinge wünschen, deren gleichzeitige Verwirklichung unmöglich ist.
  b) wir vor einer Entscheidung stehen, die wohl positive als auch negative Auswirkungen haben wird.
  c) wir vor einer Aufgabe stehen, die – egal wie wir uns entscheiden – negative Auswirkungen haben wird.

2. Wodurch entstehen Koalitionskonflikte (diese sind zu den Paarkonflikten zu zählen)?
Sie entstehen
  a) wenn zur Bewältigung eines Konfliktes eine dritte Person hinzugezogen wird, mit deren Meinung eine Konfliktpartei nicht einverstanden ist.
  b) wenn sich zwei Mitarbeiter zusammenschließen, um gemeinsam einen dritten Mitarbeiter aus dem Unternehmen zu mobben.
  c) wenn ein neuer Mitarbeiter in einen Betrieb kommt und sich von den bereits dort länger arbeitenden Kollegen ausgeschlossen fühlt.

3. Wodurch entstehen Territorialkonflikte (diese sind zu den Gruppenkonflikten zu zählen)?
  a) Durch Streit über unzureichende Büroräume – jeder will für sich das beste Büro haben.
  b) Durch Kompetenzüberschneidungen, d.h. wenn zwei Mitarbeiter für dieselbe Aufgabe zuständig sind.
  c) Durch die Einmischung des Vorgesetzten in die Angelegenheiten des Mitarbeiter.

4. Was versteht man unter Doppelmitgliedschaftskonflikten (zu den Organisationskonflikten gehörig)?
  a) Konflikte, die für freie Mitarbeiter entstehen: Sie können das Arbeiten zu Hause und die Tätigkeit für ein Unternehmen nicht in Einklang bringen.
  b) Konflikte, denen insbesondere Abteilungsleiter ausgesetzt sind: Sie vertreten sowohl die Interessen des Unternehmens als auch die der Mitarbeiter und müssen diese oftmals gegensätzlichen Aspekte ausbalancieren.
  c) Konflikte, die entstehen, wenn ein Mitarbeiter in eine andere Abteilung versetzt wird: Er muss sich in seinem neuen Tätigkeitsfeld zurechtfinden, möchte aber auch die Beziehungen zu seiner ehemaligen Abteilung nicht beenden.

5. Welche Veränderungen haben sich für zahlreiche Unternehmen durch die zunehmende Bedeutung des Produktionsfaktors „Wissen" in der Informationsgesellschaft ergeben?

a) Unternehmen müssen wesentlich mehr Geld für Fortbildungen aufwenden, um ihre Mitarbeiter auf den „neuesten Stand" zu bringen.

b) Viele bisherige Betriebsstrukturen werden verändert: Mitarbeiter, die z.B. nicht genügend Kompetenz in Hinsicht auf das Internet haben, werden ersetzt.

c) Die Bedeutung von Machtstrukturen wird vermindert – die Kompetenz für eine Aufgabe ist nicht mehr von der Stellung sondern eher von den Fähigkeiten abhängig.

6. Warum ist ein zu häufiger Personalwechsel schädlich für das Betriebsklima?

a) Die Personalchefs können bei der hohen Fluktuation die neuen Mitarbeiter nicht mehr sorgfältig genug aussuchen – oft wird nicht mehr festgestellt, ob der neue Mitarbeiter überhaupt in das Unternehmen passt.

b) Eine gute Beziehung zu unseren Kollegen wird auch durch das Schaffen einer gemeinsamen Vertrauensbasis erreicht. Wenn zu häufig neue Kollegen hinzukommen, wird das oft nicht mehr möglich sein.

c) Jeder Mitarbeiter, der neu in ein Unternehmen kommt, muss erst lernen, sich zurechtzufinden. Wenn die anderen Kollegen zu häufig neue Mitarbeiter „einweisen" müssen, werden sie keine Zeit mehr für ein entspanntes Arbeiten haben.

7. Welcher der nachstehenden Aspekte gehört *nicht* zu den neun Ebenen der Konfliktursachen?

a) Einmischung in den Betrieb durch Außenstehende

b) Diskrepanz zwischen Mitteln und Ansprüchen

c) Persönlichkeitsmerkmale und unterschiedliche Erfahrungen

8. Worin äußern sich Konflikte auf der Ursachenebene „Gegenseitige Abhängigkeit und relative Selbständigkeit"?

a) Mitarbeiter möchten ihre Selbständigkeit auch auf andere Bereiche – etwa auf die zeitliche Arbeitsgestaltung – verlagern, was zu Problemen mit Vorgesetzten führt.

b) In Konflikten zwischen einzelnen Abteilungen: Diese müssen häufig zusammenarbeiten, haben aber dennoch einen Anspruch auf vollkommene Eigenständigkeit – Konflikte sind vorprogrammiert.

c) In der Planung und Koordinierung von Einzelaktivitäten: Wenn man bei der Durchsetzung von Zielen immer auf andere Kollegen angewiesen ist, fühlt man sich in seiner Persönlichkeit eingeschränkt.

9. Warum sollte jedem Mitarbeiter ein größtmögliches Maß an Verantwortung übertragen werden?

a) Um die Zufriedenheit der Mitarbeiter zu erhöhen – Verantwortungsübergabe ist auch ein Zeichen von Wertschätzung und hilft dem Mitarbeiter zudem, eigene Ideen zu verwirklichen.

b) Damit der Vorgesetzte entlastet werden und sich um andere organisatorische Dinge des Unternehmens kümmern kann.

c) Um eine aufwendige und kostspielige ständige „persönliche Betreuung" der Mitarbeiter zu vermeiden.

10. Warum können Konkurrenz-Konflikte sinnvoll sein?
  a) Nachdem ein Konkurrenz-Konflikt durch den „Sieg", also die Beförderung, eines Mitarbeiters ausgetragen ist, wurden die unfähigen Mitarbeiter ausgesiebt.
  b) Sie können ein Ansporn für die Mitarbeiter sein, sich selbst in ihrem Aufgabengebiet mehr zu bemühen, um im Beruf weiterzukommen.
  c) Andere Mitarbeiter, die den Konflikt beobachten und sich einer solchen Auseinandersetzung nicht gewachsen sehen, können ihre Konsequenzen ziehen und den Betrieb verlassen.

11. Warum sollte man bei jedem Konflikt Kompromissbereitschaft signalisieren und ein als Druckmittel empfundenes fait accompli vermeiden?
  a) Sonst übernehmen alle anderen Kollegen dieses Verhalten und das Betriebsklima wird unerträglich.
  b) Sonst verhärten sich die Fronten und die Bewältigung des Konfliktes wird unmöglich.
  c) Sonst wird in Zukunft kein anderer Kollege mit einem zusammenarbeiten wollen – man gilt als nicht teamfähig.

12. Was ist bei der Konfliktbewältigung zu tun, nachdem grundlegende Informationen (über die Konfliktbeteiligten, den zeitlichen Rahmen etc.) gesammelt worden sind?
  a) Man leitet diese Liste an eine dritte Instanz weiter, die daraufhin über die Lösung des Konfliktes zu entscheiden hat.
  b) Man konfrontiert die Konfliktbeteiligten mit den Fakten, damit diese die Fehler in ihrem Verhalten erkennen.
  c) Man versucht, nach dem „Warum?" der Gegebenheiten zu fragen. Dazu werden die gesammelten Fakten mit psychologischem Wissen unterlegt.

13. Wer wird sich bei der Konfliktlösung der Unterordnung des einen unter den anderen (nach Gerhard Schwarz) durchsetzen?
  a) Derjenige, der Recht hat.
  b) Derjenige, der die meisten Mitarbeiter auf seine Seite ziehen kann.
  c) Derjenige, der sich in der stärkeren Position befindet.

14. Welche Lösungsmöglichkeit eines Konfliktes sieht Gerhard Schwarz als optimal an?
  a) Den Konsens, in dem alle Konfliktparteien ihre wesentlichen Ziele verwirklicht sehen.
  b) Die Delegation an eine dritte Instanz: Diese entscheidet aus einem objektiven Standpunkt, wie der Konflikt gelöst wird.
  c) Den Kompromiss, der eine Teileinigung in bestimmten Bereichen darstellt.

15. Was kann man tun, wenn man unter starkem Druck die Ruhe und Übersicht verliert und in einen persönlichen Konflikt gerät?
  a) Entspannungstechniken, wie etwa autogenes Training, zu lernen.
  b) Am besten die Stelle wechseln – Arbeitsüberlastungen können immer wieder auftreten.
  c) Die Arbeit an andere Kollegen weitergeben – diese werden ihr bestimmt besser gewachsen sein.

16. Wann spricht man beim Führungsstil von „confrontation"?
a) Wenn Macht, Autorität und Stärke betont werden.
b) Wenn Nachsichtigkeit und eine freundliche Atmosphäre betont werden.
c) Wenn gemeinsame Problemlösungsmöglichkeiten angestrebt werden und nach Bestlösungen gesucht wird.

17. Wodurch zeichnet sich die individualistische Einstellung eines Mitarbeiters aus?
a) Er befürwortet die gegenseitige Unterstützung und Arbeitsteilung und treibt gemeinsame Ziele voran.
b) Ihm ist die Beziehung zu den anderen Mitarbeitern gleichgültig. Wichtig ist allein der eigene Vorteil, der allerdings nicht unbedingt auf Kosten der anderen bestehen muss.
c) Für ihn zählen nur der eigene Nutzen und persönliche Vorteile. Diese sollen mit voller Absicht auf Kosten der anderen Mitarbeiter vergrößert werden.

18. Inwiefern ist „Zeit" in der Wissensgesellschaft zu einem bedeutenden Wettbewerbsfaktor geworden?
a) Die Übertragungsgeschwindigkeit von Daten per Internet hat Einfluss auf die Arbeitsgestaltung.
b) Unternehmen müssen immer schneller auf Entwicklungen an der Börse reagieren.
c) Das Arbeitsergebnis wird über die Arbeitszeit dominiert.

19. Worin liegt der Sinn von regelmäßigen Abteilungs- und Gruppenbesprechungen? Wieso können Organisationen bzw. Institutionen dadurch Konflikte vermeiden?
a) Der gegenseitige Austausch von Informationen, Meinungen und Ansichten garantiert eine effektive Zusammenarbeit.
b) Die Kollegen lernen sich besser kennen, der Betrieb wird zu einer Art kleiner Familie.
c) Die Mitarbeiter fühlen sich verpflichtet, teilzunehmen und ihre Arbeit ernster zu nehmen.

20. Stellen Sie sich vor, Sie haben ein schwieriges Kundengespräch – müssen also Konfliktlösung mit Außenstehenden betreiben. Wie reagieren Sie, wenn der Kunde Einwände gegen Ihr Vorgehen hat?
a) Sie zeigen ihm, dass Sie den Einwand verstanden haben. Wenn Sie diesen für berechtigt halten, geben Sie das zu, wenn nicht, versuchen Sie, ihn argumentativ aufzulösen.
b) Sie beenden das Kundengespräch. Ihr Gegenüber sollte sich noch einmal Zeit nehmen, um seine Wünsche und Ziele zu überdenken.
c) Sie ziehen einen weiteren Mitarbeiter hinzu, der dem Kunden erneut die Position Ihres Unternehmens nahe legt. Mit schlüssigen Argumenten werden zwei Personen ihn schon umstimmen können.

21. Was muss bei der Planung eines Konfliktgespräches beachtet werden?
a) Möglichst viele Mitarbeiter einzubeziehen, damit viele unterschiedliche Sichtweisen gehört werden können. Nur so kann eine objektiv richtige Lösung gefunden werden.

b) Sich nicht auf plötzliche Eingebungen zu verlassen, sondern das eigene Gesprächsziel zu formulieren. Sich zuvor gewisser Verhaltensregeln bewusst zu machen – etwa den anderen nicht zu unterbrechen.

c) Das Konfliktgespräch nicht im Unternehmen abzuhalten. Es sollte zuvor ein auswärtiger Ort gesucht werden, an dem alle Beteiligten sich wohl fühlen. Sonst kann keine hundertprozentige Konzentration auf das Gespräch erfolgen.

22. Worauf gründet sich ein vorbehaltlos konstruktives Verhalten beim Aufbau einer gut funktionierenden Beziehung?
   a) Stets seine Meinung zu bestimmten Themen zu äußern, selbst wenn man persönlich nicht davon betroffen ist – als neutraler Beobachter sozusagen.
   b) Dem anderen gegenüber vollkommen ehrlich und offen zu sein, indem man ihn über alle persönlichen und privaten Dinge informiert.
   c) Parteiische Wahrnehmungen zu vermeiden und nicht nach dem Prinzip der Gegenseitigkeit zu handeln.

23. Warum schadet es einer gut funktionierenden Beziehung, wenn man dem anderen zu wenig Vertrauen entgegenbringt?
   a) Man schadet der Vertrauenswürdigkeit des anderen – wenn andere Kollegen sehen, dass ihm nicht vertraut wird, werden sie ebenso handeln.
   b) Der andere wird einem keine persönlichen Dinge mehr erzählen, so dass uns die Möglichkeit verloren geht, ihn einzuschätzen.
   c) Man geht das Risiko ein, dass der Kollege sich deswegen an den Vorgesetzten wendet. Dessen Reaktion daraufhin kann einem selbst schaden.

24. Was gehört *nicht* zur vorbehaltlosen Akzeptanz eines Kollegen?
   a) Die Auseinandersetzung mit dieser Person.
   b) Die Aufmerksamkeit für seine Interessen und Ansichten.
   c) Die Akzeptanz seiner Wertvorstellungen und Auffassungen.

25. Warum müssen wir uns mit widerstreitenden Interessen, also Konflikten, auseinandersetzen?
   a) Das Lernen des Umgangs mit Streitigkeiten gehört auch zur Sozialisation in einem Betrieb.
   b) Durch die Vermeidung von Streitigkeiten gehen wir nicht effektiv mit sich widersprechenden Interessen um.
   c) Um unsere Kollegen kennenzulernen – erst im Konfliktfall verhalten sie sich so, wie sie wirklich sind.

Wissensfragen

1. Was ist ein Konflikt aus einer allgemein psychologischen und sozialwissenschaftlichen Sichtweise? Und wie entsteht er?

2. Inwiefern haben persönliche Konflikte Einfluss auf den Arbeitsalltag?

3. Was sind Loyalitäts- und Verteidigungskonflikte?

4. Worauf beruhen Systemkonflikte und wie können sie meist überwunden werden?

5. Warum kann die fortschreitende Spezialisierung der Mitarbeiter in der Informations-gesellschaft zu betrieblichen Konflikten führen?

6. Warum ist auch bei der Telearbeit der Kontakt zu anderen Mitarbeitern unerlässlich?

7. Worin äußern sich Konflikte auf der Ebene der Diskrepanz zwischen Mitteln und An-sprüchen, d. h. welche Konfliktinhalte sind auf dieser Ursachenebene festzustellen?

8. Worin liegt der hauptsächliche Sinn von Konflikten?

9. Warum sollen Konflikte nicht unterdrückt bzw. vermieden werden?

10. Wie können wir selbst ‚Konfliktprophylaxe' ausüben, d. h. durch welche Maßnahmen können wir Konflikte vermeiden?

11. Warum hat die Konfliktlösungsstrategie der Delegation an eine dritte Instanz (nach Gerhard Schwarz) zahlreiche Nachteile?

12. Warum erfordert die Lösung eines persönlichen Konfliktes vor allem persönliche Reife?

13. Welchen vier Bereichen lassen sich zwischenmenschliche Konflikte zuordnen, d. h. auf welchen Ebenen entstehen diese Konflikte?

14. Warum kann es zu innerbetrieblichen Konflikten kommen, wenn im Unternehmen zu viel Wert auf neue Ideen und Objekte gelegt wird?

15. Warum ist es für eine sinnvolle Konfliktlösung notwendig, Vernunft und Emotionen ins Gleichgewicht zu bringen?

16. Worauf kommt es bei der Trennung von Beziehungs- und Sachproblemen in einem Konflikt in erster Linie an?

17. Warum ist Vertrauen so wichtig für eine gut funktionierende Beziehung?

18. Welche ‚goldene Regel' muss beachtet werden, damit die zwischenmenschliche Kommunikation funktioniert?

19. Nennen Sie mindestens vier der acht Aspekte, die für den Aufbau einer gut funktio-nierenden Beziehung nötig sind.

20. Welche Vorteile hat ein effektiver Umgang mit Konflikten?

Teamwork

1. Gruppenarbeit, Teamwork, Teamarbeit

Seit mehr als einem Jahrzehnt geistern Begriffe wie Arbeitsgruppe, Kooperation, Gemeinschaft, Gruppenarbeit oder Teammanagement durch die Etagen deutscher Unternehmen. Und so ist mit Sicherheit jeder Einzelne von uns schon einmal mit einem dieser Begriffe konfrontiert worden.

Man könnte sogar so weit gehen, und behaupten, dass wir alle in irgendeiner Weise mit Teamarbeit zu tun haben, denn mittlerweile gibt es kaum mehr einen Betrieb, der gänzlich auf die Einzelleistung seiner Mitarbeiter setzt. Im Gegenteil, der Großteil der Arbeitnehmer arbeitet – in welcher Form auch immer – mit Kollegen zusammen; der eine intensiv und mit Freude, der andere nur dann, wenn es sich nicht vermeiden lässt.

Es ist nicht zu abzustreiten, dass der Teamgedanke auf dem Vormarsch ist: Nach dem Muster amerikanischer Großkonzerne motivieren sich die Mitarbeiter deutscher Supermarktketten mit morgendlichen Gruppensitzungen und gemeinsamen Mottos, die das Zusammengehörigkeitsgefühl sowohl verdeutlichen als auch verstärken sollen.

Firmeninhaber führen Teamphilosophien, die sie im Vorreiterland Japan kennen gelernt haben, auch in ihre Betriebe ein, und junge Internet Start Up-Unternehmen arbeiten in offenen Großraumbüros, um gruppendynamische Prozesse in höchstem Maße ausschöpfen zu können.

Es scheint also, als ob dieses Konzept der Arbeitsorganisation großen Anklang finden würde und sich bereits effektiv in der Wirtschaft etabliert hätte.

Einhergehend mit der Tatsache, dass Gruppenarbeit in deutschen Unternehmen bereits Alltag ist, wissen wir alle, was wir unter dem Begriff der Teamarbeit zu verstehen haben. Aber warum widmen wir der Teamarbeit einen kompletten Systemteil, wenn wir alle bereits mit dem Thema vertraut sind?

Die Antwort finden Sie, wenn Sie einen Blick auf die derzeitige Arbeitssituation werfen: Im Zuge der Umstrukturierungen, die auf dem Arbeitsmarkt innerhalb der letzten Jahre stattgefunden haben, kommt es vielen Arbeitgebern nicht mehr ausschließlich auf die berufliche Qualifikation eines Mitarbeiters an. Immer mehr verlangen von ihren Angestellten Eigenschaften wie Flexibilität, soziale Kompetenz und Anpassungsfähigkeit, kurz: die Eignung, als Teammitglied im Sinne des Unternehmens an einem Strang zu ziehen. Gruppenkompetenz ist damit zu einer unumgänglichen Eigenschaft für beinahe jeden Arbeitnehmer geworden. Um also im harten Wettbewerb des Berufsalltags bestehen zu können, sollte sich jeder Basiswissen über und Kompetenz im Umgang mit Teams aneignen.

Dieser Text wird Sie dabei unterstützen. Sie werden einiges an Theorie über Gruppen und die Zusammenarbeit innerhalb dieser erfahren, außerdem bekommen Sie praktische Tipps, die Sie sowohl als Teamleiter als auch als Teammitglied in Sachen Teamwork voranbringen werden.

Um uns den Faktoren, die ein Team ausmachen, zu nähern, wollen wir uns zunächst mit der Entwicklung der Teamarbeit auseinandersetzen. Im Anschluss daran verdeutlichen wir uns, welche Möglichkeiten das Teamwork bietet und wo seine Grenzen liegen.
Im zweiten Kapitel lernen wir Grundlagen der Teamarbeit kennen, indem wir uns mit der Bildung von Teams und den dazu notwendigen Voraussetzungen beschäftigen und die Phasen der Teamentwicklung genauer beleuchten.
Der dritte Abschnitt schließlich gibt eine Einführung in die Aspekte der Teamarbeit. Wir werden dazu verschiedene Formen der Kooperation innerhalb von Gruppen untersuchen.
Das vierte Kapitel versucht, einen Blick in die Zukunft des Teamwork zu werfen und zu verdeutlichen, warum ausgerechnet diese Arbeitsform so zukunftsträchtig ist.

Lernziele des ersten Kapitels:
Nachdem Sie das gesamte erste Kapitel durchgearbeitet haben, sollten Sie
- die Entwicklung der Teamarbeit grob umreißen können,
- in der Lage sein, den Begriff des Teams zu definieren,
- wissen, was Teamarbeit bewirken kann.

1.1 Warum Teamarbeit? – Ein kleiner Einblick in typische Arbeitsstrukturen

Als vor über zweihundert Jahren die Grundprinzipien der Arbeitsteilung in Wirtschaftsunternehmen eingeführt wurden, revolutionierten sie innerhalb kürzester Zeit die Unternehmensstrukturen. Es bildeten sich klare Arbeitsprofile, Aufgabengebiete und Zuständigkeitsbereiche heraus. Die Produktivität der Betriebe steigerte sich daraufhin um ein Vielfaches, weshalb die Fragmentierung der Arbeit als absolutes Plus im Wettbewerb gewertet wurde.

Bis heute ist ein Großteil der Unternehmen nach diesem Prinzip organisiert: es gibt voneinander getrennte Aufgabengebiete und eine innerbetriebliche Hierarchie, die den Berufsalltag prägt. Doch was sich vor einem viertel Jahrhundert noch als Segen erwiesen hat, ist heute zu einem Problemfall geworden.
Im Zuge der wirtschaftlichen Veränderungen bedeutet Arbeitsteilung heutzutage nicht mehr eine uneingeschränkt höhere Wettbewerbsfähigkeit.

Dabei gibt es einige zentrale Faktoren, die auf die Entwicklung der Wirtschaft Einfluss genommen haben und es noch immer tun:

- **Globalisierung**
  Die Welt als *global village* ermöglicht Unternehmern eine völlige Spezialisierung. Unternehmen konzentrieren sich auf sehr individuell zugeschnittene Aufgabengebiete und rüsten sich somit für den Wettbewerb am globalen Markt.

- **Wandel der Arbeitsstrukturen**
  Der Dienstleistungssektor und der damit verbundene Wandel zur Wissensgesellschaft boomt unaufhörlich und fordert sehr spezifisches Wissen vom Einzelnen.

- **Innovationen**
  Der Markt wird immer schneller mit immer mehr Produkten überschwemmt. Dadurch entsteht Zeitdruck, um wettbewerbsfähig zu bleiben.

- **Sozialer Wertewandel**
  Das Individuum und die sich ihm bietenden Möglichkeiten erfahren einen immer größer werdenden Stellenwert in der Gesellschaft. Das Splitten der Arbeit entspricht nicht mehr den Anforderungen, die der Einzelne als seinen persönlichen Erfolg betrachtet.

Um sich derartigen Veränderungen anpassen zu können, müssen moderne Unternehmen gesteigerten Wert auf Flexibilität, Innovationsgeist, Schnelligkeit, hohe Qualitätsanforderungen und Kundenorientierung legen.
Wer versucht, seine herkömmliche Arbeitsweise beizubehalten und trotzdem die Wettbewerbsfähigkeit seines Unternehmens zu steigern, wird auf erhebliche Probleme stoßen.

Verdeutlichen wir uns dies an einem einfachen Beispiel:
Der Unternehmer U. hat eine mittelständische Firma, die sich regional einen Namen für Bürotechnik gemacht hat.
In den vergangenen Jahren schrieb U. mit dem Prinzip der Arbeitsteilung immer schwarze Zahlen. Die klar gegliederten Aufgabengebiete innerhalb seines Unternehmens und eindeutige hierarchische Strukturen hatten stets für ein gesundes Arbeitsklima gesorgt. Schließlich wusste jeder Angestellte, wer welche Aufgaben inne hatte, und große Entscheidungen wurden nur nach Absprache mit dem Chef gefällt. Auf diese Weise wurde die Zahl der Fehlerquellen gering gehalten und jeder der Beschäftigten war auf seinem Aufgabengebiet kompetent.
Nachdem der Computer Einzug in das deutsche Alltagsleben fand, konnte U. sogar kurzzeitig ein Umsatzplus verbuchen, da sich sein Kundenkreis nun nicht mehr auf andere Unternehmen beschränkte, sondern auch Privatpersonen bei ihm kauften. Die

gesteigerte Zahl an Abnehmern bedeutete allerdings auch eine zusätzliche Belastung für die Mitarbeiter. Plötzlich mussten mehr Kunden bedient werden, wollten mehr Käufer ausführlich beraten werden und sollten in der firmeneigenen Werkstatt mehr Geräte repariert werden.

Schon bald fühlte U. sich überlastet, denn ständig kamen seine Mitarbeiter auf ihn zu, um ihn, wie gewohnt, vor Entscheidungsfragen zu stellen. Die Flut an Anfragen war für U. nur schwer zu bewältigen, weshalb es immer länger dauerte, bis Entscheidungen getroffen wurden.

Unter der vielen Arbeit litt auch die Planung und Kooperation der einzelnen Abteilungen: während einem Kunden vom Kundenservice eine Reparatur innerhalb der nächsten drei Tage zugesichert wurde, versank die Werkstatt in Arbeit und konnte nicht schnell genug arbeiten. Somit fand eine Einbuße im Bereich der Qualität statt, und viele Kunden bemängelten die schlampige Wartung ihrer zur Reparatur gegebenen Geräte.

Ebenso mussten Kunden immer wieder feststellen, dass die Beratung im Geschäft sehr schlecht war. Ständig wurden sie von Mitarbeitern mit dem Hinweis, für diese Fragen nicht zuständig zu sein, an einen der Kollegen verwiesen.

Auch die Einkäuferin der Firma ging nach wie vor auf Nummer sicher und fragte bei größeren Bestellung ihren Vorgesetzten. Durch die zeitliche Verzögerung kam es im Verkauf zu Engpässen, da die Bestellungen für Druckerpatronen, Modems und Webcams zu spät in Auftrag gegeben wurden.

Schließlich blieben die Kunden aus, und U. hatte große Umsatzeinbußen zu verbuchen.

Dieses Beispiel zeigt, dass mangelnde Flexibilität aufgrund strenger Hierarchien, zu wenig Innovationsgeist und stockender Informationsfluss innerhalb eines Unternehmens enorme Probleme aufwerfen können. Obwohl in seiner Branche ein Aufwärtstrend zu verzeichnen war, konnte U. seine Wettbewerbsfähigkeit nicht erhalten, weil er zu lange am gewohnten Prinzip der Arbeitsteilung festhielt.

Er merkte nicht, dass die Wirtschaftskraft zunehmend von Faktoren wie Qualität, Service, Innovation, Flexibilität, Mitverantwortung, Vielseitigkeit und Schnelligkeit abhängig geworden war und musste um den Erhalt seines Unternehmens kämpfen. Die eben genannten Wettbewerbsfaktoren widersprechen größtenteils dem herkömmlichen Arbeitsprinzip der Fragmentierung, das Arbeiten im Team jedoch wirkt sich auf diese Faktoren unterstützend aus.

Durch die Anwendung teamorientierter Konzepte wird die Effizienz eines Unternehmens nämlich genau in den Bereichen gesteigert, die für die Zukunft von Bedeutung sind:

Teamarbeit
- richtet die Arbeit nach den **Ansprüchen des Kunden** aus;
- sorgt für **transparentere Aufgabenabwicklung** und hilft so, Fehler frühzeitig zu erkennen;
- **rationalisiert** Arbeitsprozesse;
- gewährleistet **ungehinderten Informationsfluss** zwischen den Beteiligten;
- **steigert** die **Geschwindigkeit** von Arbeitsabläufen;
- macht die **Organisation** für alle Beteiligten **steuerbar** und **motiviert** damit den Einzelnen.

All diese Vorteile der Teamarbeit in Unternehmen lösen natürlich auch einige Veränderungen aus. Im Vergleich zur herkömmlichen Methode der Arbeitsteilung ist beim Teamwork mit nachstehenden – durchaus positiven – Folgeerscheinungen zu rechnen:

– Abflachung der Hierarchien
Indem die Hierarchieebenen innerhalb eines Unternehmens verringert oder abgeflacht werden, erhöht sich die Reaktions- und Entscheidungsgeschwindigkeit. Ein wichtiger Faktor, wenn man die Ansprüche des Kunden in Betracht zieht und diese zur größten Zufriedenheit erfüllen möchte.
Herr U. aus unserem Beispiel hätte sich auf diese Weise selbst entlasten können, da er nicht mehr der alleinige Verantwortliche für größere Entscheidungen gewesen wäre. Im Gegenzug dazu hätten mehrere Mitarbeiter bestimmte Bereiche leitend geführt; so hätten Entscheidungen effizienter und schneller getroffen werden können.

– Entwicklung eines gemeinsamen Ziels
Der Kunde ist in der Regel an einer Dienstleistung interessiert. Die klar abgegrenzten Aufgabengebiete der Arbeitsteilung sorgen dafür, dass diese Perspektive verloren geht und Probleme zwischen den einzelnen Abteilungen entstehen. Arbeitet man dagegen als Team, summieren sich die Einzelziele der Abteilungen zu einem gemeinsamen Ziel. Probleme wie Unstimmigkeiten zwischen den Versprechungen der Kundenbetreuer und der Kapazität der Reparaturwerkstatt, wie wir sie im Beispiel gesehen haben, entstehen auf diese Weise erst gar nicht.

– Vermehrte Kooperation
Das Beispiel der Bürotechnik-Firma hat gezeigt, dass eine gute Kooperation mit externen Leistungsanbietern notwendig ist, um am wirtschaftlichen Wettbewerb teilnehmen zu können. Hätte die Einkäuferin frühzeitiger mit den Zulieferern kooperiert, wäre es nicht zu den beschriebenen Verkaufsengpässen gekommen.
Untersuchungen haben gezeigt, dass Unternehmen die nach dem Prinzip des Teamwork organisiert sind, kooperativer sind und damit ihre Wirtschaftlichkeit erhöhen.

Sie sehen, Teamarbeit in ein Unternehmen zu integrieren bedeutet nicht, lediglich ab und an mit Kollegen zusammen an einem Projekt zu arbeiten. Vielmehr ist Teamwork ein tiefgreifender Einschnitt in die Struktur eines Unternehmens, der – sofern er wohl überlegt und vernünftig integriert ist – positive Auswirkungen auf jede Unternehmensbilanz haben wird.

1.2 Begriffsdefinition – Was ist ein Team?

Wir wissen nun, dass Teamarbeit im Vergleich zu herkömmlichen Arbeits- und Organisationsstrategien effektive Auswirkungen auf die Wirtschaftlichkeit eines Unternehmens haben kann. Doch eine Frage ist bisher offen geblieben: Was ist eigentlich ein Team oder eine Gruppe?

Im Alltag verwendet man den Begriff der Gruppe ohne genau über seine Bedeutung nachzudenken. Schlagworte wie Gruppendynamik, Grüppchenbildung oder Gruppenzwang benutzen wir tagtäglich, ebenso wie

„Wir schaffen das, wir sind doch ein Team!",
„Das nenn' ich Teamwork!" oder
„In der Gruppe sind wir stark."

Solche Aussagen sind in unseren Sprachgebrauch übergegangen und werden ganz selbstverständlich verwendet, ohne dass wir dabei genauer über den Charakter einer Gruppe oder eines Teams nachdenken.

Im Zusammenhang mit Unternehmensstrategien hat man sich mit dieser vertrauten Art des Umgangs mit dem Begriff nicht zufrieden gegeben. Sozial- und organisationspsychologische Experten verwenden unzählige Richtlinien hinsichtlich Struktur, Zusammensetzung, Zielvorstellung, Emotionen oder Größe, bis sie eine Ansammlung von Menschen mit dem Begriff Gruppe würdigen. Aus der Schnittmenge dieser Definitionen kann man einige Minimalanforderungen erstellen, die ein grundlegendes Verständnis dafür geben, was eigentlich mit dem Begriff gemeint ist.

– Anzahl
Zunächst geht man davon aus, dass eine Gruppe aus mindestens drei Personen (manche Sozialwissenschaftler setzen die Untergrenze bereits bei zwei Personen an) besteht. Als Obergrenze nimmt man in der Wissenschaft meist eine Teilnehmerzahl von bis zu 25 Personen. Eine darüber hinausgehende Größe würde die wechselseitige positive Beeinflussung der Gruppenmitglieder nicht mehr gewährleisten.

– Kooperation
Womit wir beim nächsten Merkmal wären: Eine Ansammlung von mindestens drei Personen ist nur dann eine Gruppe, wenn jedes einzelne Mitglied so interagiert, dass alle anderen Mitglieder davon beeinflusst werden.
Diese Vorgabe ist beispielsweise bei der Teamarbeit erfüllt, da sie von der Zusammenarbeit untereinander lebt. Ohne ein gewisses Maß an Kooperation kann man nicht von einem Team sprechen.

– Ziel
Des Weiteren besteht eine Gruppe nur dann, wenn sie ein gemeinsames Ziel verfolgt. Das bedeutet, die Mitglieder kommen zusammen, um ihr gemeinsames Interesse zu verfolgen.

– Dauer
Eine über einen längeren Zeitraum hinweg bestehende Zusammengehörigkeit ist ein weiteres Merkmal von Gruppen. Ist diese nicht gegeben, spricht man in der Soziologie von flüchtigen Begegnungen, wie dies etwa beim Publikum eines Konzerts der Fall ist. Es handelt sich dabei nicht um eine Gruppe, da die Dauer der Zusammengehörigkeit zu kurz ist.

– Wir-Gefühl
Dadurch, dass die Gruppenmitglieder das selbe Ziel verfolgen und aufgrund dessen miteinander handeln und kommunizieren, entsteht auf Dauer ein Gefühl der Zusammengehörigkeit untereinander, was ebenfalls als Gruppenmerkmal gewertet wird.

Der **Begriff des Teams** ist eine weitere Bezeichnung für Gruppe, der im Alltag oft synonym verwendet wird.
Streng genommen müsste man jedoch auch zwischen einer Gruppe und einem Team unterscheiden, denn während ein Team immer auch eine Gruppe ist, muss eine Gruppe nicht zwingend ein Team sein.

Wissenschaftler erkennen das Team an folgenden Eigenschaften:

- **ein stark ausgeprägter Zusammenhalt,**
- **die tief etablierte Gruppenstruktur,**
- **gemeinsame Ziele, an die allgemein geglaubt wird** und
- **eine eingeübte Diskussionskultur und Konsensfindung.**

Ein Team entsteht folglich erst durch lange Zusammenarbeit, die die sozialen Beziehungen und Abhängigkeiten der Mitglieder untereinander stark ausprägt.
Etwas vereinfacht könnte man deshalb sagen, dass ein Team schlichtweg eine Weiterentwicklung der Gruppe ist, da in ihm alle eine Gruppe konstituierenden Faktoren in noch größerem Ausmaß vorhanden sind.

Hinzu kommt noch, dass **ein Team**
- sich meist **selbst organisiert,**
- **für seine Arbeit** selbst **verantwortlich** ist und
- das **Ergebnis** seiner Arbeit **an einen Empfänger** (z.B. Kunden) **liefert.**

1.3 Zielsetzung – Was kann Teamarbeit leisten?

In den vergangenen Jahrzehnten wurde Teamarbeit von allen Seiten propagiert.
Gepriesen als die Arbeitsform der Zukunft schlechthin, wurden unzählige Teams gebildet, die sich als Hauptstütze eines modernen Unternehmens sehen durften.

Im Vergleich zu traditionell geführten Unternehmen konnte eine Verbesserung der Arbeitsleistung bis zu 50% gemessen werden.

In Kapitel 1.1 sind bereits einige Begriffe gefallen, die andeuten, welche Möglichkeiten die Teamarbeit in sich birgt:
- die **Ansprüche des Kunden** werden verstärkt berücksichtigt;
- die Abwicklung der Aufgaben wird durchsichtiger, wodurch **Fehler frühzeitig erkannt** werden;
- Arbeitsprozesse können durch Teamarbeit **rationeller** gestaltet werden;
- der **Informationsaustausch** zwischen den Beteiligten erfolgt **schnell und lückenlos;**
- Arbeitsabläufen können **schneller** vor sich gehen;
- alle Beteiligten haben teil an der Organisation und sind somit **motiviert.**

Doch dies ist längst noch nicht alles. In Anbetracht der Tatsache, dass das Arbeiten in Gruppen die perfekte Ergänzung zu den Bedürfnissen der modernen Wirtschaft zu sein scheint, bietet das Teamwork eine Reihe weiterer Möglichkeiten. Diese beziehen sich sowohl auf die Verbesserung der Wirtschaftlichkeit eines Unternehmens, als auch auf die Hebung des persönlichen Standards der einzelnen Mitarbeiter.
Die beiden folgenden Kapitel werden diese beiden Seiten genauer untersuchen.

1.3.1 Wirtschaftliche Faktoren der Teamarbeit – was bringt Teamwork einem Unternehmen?

Konzentrieren wir uns erst auf die wirtschaftlichen Leistungen des Teamworks.
Neben den bereits genannten Faktoren sind es vor allem folgenden Vorteile, die Unternehmen dazu bewegen in organisierten Gruppen zu arbeiten:

- **Leistungsfähigkeit**
Da jedes einzelne Mitglied eines Teams ganz besonders seine persönlichen Stärken einbringt, ist ein Team viel leistungsfähiger und auch in Stresssituationen belastbarer als eine Gruppe, die sich aus Einzelkämpfern zusammensetzt.

- **Zielorientierung**
Wir haben bereits gelernt, dass eine der Teameigenschaften das gemeinsame Ziel ist. Für die Wirtschaftlichkeit eines Teams bedeutet das, dass jedes Mitglied ein hohes Maß an Verantwortungsbewusstsein für die Gruppe an den Tag legt und damit gleichzeitig seine persönlichen Ziele dem des Teams unterordnet.

- **Synergieeffekt**
Der Synergieeffekt eines Teams bedeutet, dass die Gesamtleistung eines Teams größer ist als die Summe der Einzelleistungen.

Das heißt, die Leistungen der einzelnen Teammitglieder führen durch sinnvolle Koordination und vernünftige Planung zu einem Ergebnis, das durch Arbeitsteilung nicht in der selben Zeit und mit einem vergleichbaren Qualitätsstandard erreicht werden könnte.

– **Optimale Kompetenzverteilung**
Aufträge können mit hoher Geschwindigkeit und auf hohem Niveau erfüllt werden, da die Aufgaben innerhalb eines Teams so verteilt werden, dass jedes Mitglied das tut, worin es die meiste Kompetenz aufweist. So muss so gut wie nie jemand eine Aufgabe erfüllen, die weder seinen Interessen oder Kenntnissen entspricht.

1.3.2 Soziale Faktoren der Teamarbeit – inwiefern profitiert der Einzelne vom Teamwork?

Die eben genannten Vorzüge des Teamwork sind in erster Linie wirtschaftlicher Art und daher vor allem für den Unternehmer von Relevanz.
Im Fokus unseres Interesses soll aber nicht ausschließlich der Aspekt der Wirtschaftlichkeit, sondern auch der Vorteil für Sie als Arbeitnehmer und Einzelperson erläutert werden.

Wir fragen uns deshalb, inwiefern der Einzelne von Teamarbeit profitieren kann?

Bereits in den 1930er Jahren haben Sozialforscher festgestellt, dass es für die Qualität von Arbeit nicht nur auf offensichtliche Faktoren wie Arbeitsbedingungen, Umfeld oder Qualifikation ankommt, sondern auch auf die subjektive Einstellung der Mitarbeiter zu ihrer Tätigkeit, das, was heute im allgemeinen als Motivation oder Spaßfaktor bezeichnet wird. So wurde damals in einem Großunternehmen der Zusammenhang zwischen

Arbeitsumfeld und Arbeitsqualität und -quantität erforscht. Die recht eindeutige Hypothese war, dass die Arbeitsleistung sich direkt proportional zur Lichtstärke im Arbeitsraum verhält. Bereits die ersten Ergebnisse ließen die Forscher aber an ihrer Hypothese zweifeln. Zwar stieg die Arbeitsleistung bei steigender Lichtstärke an, jedoch nicht in einer solch proportionalen Weise wie man das erwartet hatte. Es mussten also noch andere Faktoren eine Rolle spielen. Perfekt muss die Verwirrung der Wissenschaftler dann gewesen sein, als sowohl in einer Kontrollgruppe, in der die Lichtintensität konstant war, als auch in einer Testgruppe, in der die Lichtleistung gesenkt wurde, die Leistung kontinuierlich anstieg.

Später wurde dieses Phänomen dadurch erklärt, dass die Testpersonen sich in ihrer Arbeit ernst genommen fühlten, es genossen im Zentrum der Aufmerksamkeit einer Untersuchung in einer sozialen Gruppe zu arbeiten und deshalb mit erhöhter Motivation und Freude ans Werk gingen.

Jüngere Untersuchungen über Gruppenarbeit bestätigten diese Effekte. Der momentane Stand der Wissenschaft geht davon aus, dass die meisten Menschen die Zugehörigkeit zu einem Team aus folgenden Gründen schätzen:

– **Kontakt und Kommunikation**
Viele der Bedürfnisse nach Sicherheit, Anerkennung und Zuwendung, die in unserem Leben so wichtig sind, werden in einer Gruppe befriedigt.
Da Teammitglieder in der Regel eng zusammenarbeiten, lernen sie sich auf Dauer gut kennen. Gerade für Menschen die viel Zeit an ihrem Arbeitsplatz verbringen oder deren soziales Netz am Arbeitsplatz am engsten geknüpft ist, legen Wert auf die Anerkennung und das Sicherheitsgefühl, das ihnen von der Gruppe vermittelt wird.

– **Steigerung der Motivation**
Wie wir bereits wissen, spricht man unter anderem dann von einem Team, wenn gemeinsame Ziele verfolgt werden. Eben dieser Faktor ist einer der großen Vorteile des Teamwork. Jedes Teammitglied weiß, wofür es arbeitet und sieht sich nicht Tag für Tag die selbe Tätigkeit ausführen. Die logische Konsequenz: Der Motivationsfaktor in Teams ist um ein Vielfaches höher als es bei anderen Arbeitsformen der Fall ist; und jeder von uns hat mit Sicherheit schon einmal am eigenen Leib erfahren können, wie viel mehr Spaß Arbeit macht, wenn man motiviert ist.

– **Selbstbewusstsein und Ausdauer**
Einhergehend mit der erhöhten Motivation berichten Teammitglieder immer wieder über Selbstbewusstseinsschübe und mehr Ausdauer.
Dies kommt durch die Synergieeffekte der Teamarbeit zustande: Sobald man – oft nur unbewusst – das Gefühl hat, etwas zu leisten, sinnvolle Arbeit zu erledigen, arbeitet man mit mehr Ausdauer an einem Projekt. Die sich durch den persönlichen Einsatz einstellenden Erfolge tun ihr Übriges, indem sie uns mehr Selbstbewusstsein geben.

– **Vertrauen und Offenheit**
Ein weiterer positiver Effekt des Teamwork ist ein großes Potenzial an Vertrauen und Offenheit. Da die Arbeit im Team zusammenschweißt, geht man unbefangener und offener miteinander um. Wissenschaftler haben beobachtet, dass in Firmen, die stark hierarchisch strukturiert sind, einzelne Mitarbeiter oft Angst haben, offen zu sagen, was

sie denken, oder sich bei Problemen jemandem anzuvertrauen. Stattdessen kämpfen sie verbissen allein gegen die Probleme an und schlucken Missstände stillschweigend. In Unternehmen, die mit Teams arbeiten, herrscht ein Klima der Offenheit und des Vertrauens. Hier tendieren die Mitarbeiter dazu, sich bei Problemen gegenseitig zu beraten und zu unterstützen, und sobald jemandem etwas nicht passt, wird offen darüber diskutiert, damit auch diese Schwierigkeiten aus der Welt geschafft werden. Somit verringert sich die Gefahr des Mobbings in gut funktionierenden Teams enorm und trägt auf diese Weise zum Wohlbefinden jedes Einzelnen bei.

1.4 Teamarbeit als Problemlöser – Wann macht sie wirklich Sinn?

Obwohl Teamwork bis heute als Zauberwaffe gegen sinkende Umsatzzahlen und schlecht motivierte Mitarbeiter propagiert wird, muss man sich immer vor Augen halten, dass die Bildung von Arbeitsgruppen nicht alle Probleme zu lösen vermag. Untersuchungen haben gezeigt, dass Gruppenarbeit keineswegs in universaler Überlegenheit jede Aufgabe besser löst, da die Menschen in der Gruppe ganz anderen Verhaltensregeln folgen, und unter Umständen manche Aufgaben besser in Einzelarbeit bearbeitet werden sollten. Das alte Sprichwort "Viele Köche verderben den Brei" hat zwar nach den Erfahrungen mit Gruppenarbeit an Würze verloren, jedoch kann es eben auch manchmal noch zutreffend sein. Beispielsweise neigen Gruppen dazu, sehr kritikfähig auch gegenüber dem Unternehmen zu sein, was natürlich prinzipiell positiv zu sehen ist, in einigen Fällen jedoch Schwierigkeiten und Ineffizienz auslösen kann.

Gruppenarbeit ist kein einfaches, homogenes Konzept – sie funktioniert weder auf Anhieb noch in allen Fällen, trotzdem ist sie nach wie vor eine Arbeitsmethode, die modernen Ansprüchen gerecht wird.

> In diesem Kapitel wollen wir uns mit dem Sinn und Unsinn von Teamwork auseinandersetzen.
> Wir werden erfahren,
> – wann Teamarbeit sinnvoll sein kann und
> – für welche Problemstellungen sie sich besonders gut eignet.

1.4.1 Warum überhaupt eine Umstellung?

Gruppenarbeit wird heute in vielen Unternehmen genutzt. Als eine der ersten Gruppeneuphoriewellen in den 70er Jahren ausgehend von Japan über Nordamerika und England nach Deutschland schwappte, hatten besonders Gewerkschaften und andere Organisationen das Thema Gruppenarbeit begeistert aufgenommen. Sie forderten mehr Mitbestimmungsrecht der Arbeiter im Betrieb, humanere Arbeitsbedingungen besonders in Hinsicht auf die weit verbreitete Fliessbandarbeit und hielten das Konzept dabei für das Ende von Hierarchie und Repression. Damals erhielt die Gruppenarbeit einen arbeitspolitischen Touch, der ihr bis heute anlastet. Tatsächlich gab es aber in den späten 80er-Jahren und frühen 90ern eine zweite große Welle, die diesmal allerdings besonders von den Unternehmensführungen und deren

Beratern vorangetrieben wurden. Auslöser dafür waren Studien und Praxisfälle, beispielsweise im „Manager´s Magazine", die modernen Unternehmen die Lösung vieler neu aufgetretener Probleme versprachen.

In den vorhergehenden Kapiteln 1.3.1 und 1.3.2 haben wir bereits einige wirtschaftliche und soziale Aspekte kennen gelernt, die durchaus für den Einsatz von Teamarbeit sprechen.

An dieser Stelle weitere Gegebenheiten, die die Vorzüge der Gruppenarbeit verdeutlichen:

– Ergebnisorientiertheit

Es hat sich gezeigt, dass Gruppen in vielen Aufgabengebieten bessere Ergebnisse erzielen. Durch den Austausch von Meinungen, Sichtweisen, Standpunkten, Erfahrungen und so weiter, also einfach durch die Verschmelzung des Intellekts mehrerer Individuen, kommt es zu einer objektiveren Betrachtung einer Tatsache und so zu einem fruchtbaren Ausgangspunkt für weitere Schlüsse.

Dies lässt sich an einem einfachen Beispiel belegen: Legt man Einzelpersonen eine geometrische Figur vor, die aus einer Vielzahl von Quadraten besteht und lässt die Anzahl der Quadrate bestimmen, so erhält man die unterschiedlichsten Ergebnisse. Die Vielfalt von Meinungen darüber ist bei Top Managern nicht anders als bei Grundschülern. Schließt man aber die Einzelpersonen zusammen zu einer Gruppe, die ein gemeinsames Ergebnis vorlegen soll, steigt die Nennung der richtigen Lösung enorm. Es kommt zu einem statistischen Ausgleich, oder einer Anpassung der Meinungen aneinander und einer kritischen wechselseitigen Betrachtung.

Erfahrungen belegen, dass auch komplexere Lösungen diesem Effekt unterliegen, ja ihn sogar verstärken, je nachdem, wie gut eine Gruppe zusammenarbeitet.

– Wissensexplosion

Die Wissensexplosion der vergangenen Jahre ist für viele Unternehmen eine Problem, denn manche Aufgaben sind zu komplex, als dass sie von Einzelarbeitern gelöst werden könnten.

So sind die Umstände unserer Zeit zu einem weiteren Gesichtspunkt für einen Strategiewechsel geworden: in der Gruppe gibt es die Möglichkeit, Wissen, Ressourcen und Aufgabenfelder zu teilen, so dass in ein ausgearbeitetes Konzept nicht nur vielfältige Meinungen und Erfahrungen mit einfließen, sondern eben auch unterschiedliches Fachwissen verankert ist.

– Akzeptanz von Entscheidungen

Des weiteren haben Untersuchungen gezeigt, dass gerade in den unteren Ebenen die Akzeptanz von durch Gruppen getroffenen Entscheidungen weit höher liegt, als dies bei Entscheidungen durch Einzelpersonen in der herkömmlichen Hierarchie der Fall ist. Dies vollzieht sich aus dem Grund, weil die Prozesse, die zu einer Entscheidung geführt haben, für die Mitarbeiter von Anfang an transparent und nachvollziehbar sind.

– Kostenfaktor

Ebenso war und ist ein wesentlicher Anlass zur Einführung von Gruppenarbeit die Hoffnung auf Kosteneinsparungen.

Indem man zum Beispiel Arbeitsgruppen zur vollständigen oder teilweisen Bearbeitung von zielsetzenden, reflektierenden, kontrollierenden, planenden oder lenkenden Aufgaben einsetzt, erreicht man die Aufweichung von Hierarchien und effizientere Strukturen, was zu Personal- und dadurch Kostenersparnissen führt.

Vielversprechend wirkt auch die ausgeprägte Fähigkeit von Gruppen, bestehende Prozesse und Abläufe zu hinterfragen und gegebenenfalls Verbesserungen auszuarbeiten. Zu solchen Aufgabenstellungen werden heute Qualitätszirkel oder Lernstattgruppen eingesetzt, die dann laufende Prozesse überprüfen und gegebenenfalls verbessern sollen. Dadurch erhöht sich wiederum nicht nur die Produktivität, weil die Qualitätszirkel häufig im eigenen Interesse Prozesse verkürzen und besonders auf Effizienz achten, sondern es werden auch Kosten gesenkt.

– Innovation und Kreativität

Angesichts eines verstärkten, sich globalisierenden Wettbewerbs sind Innovation und Kreativität für die Wirtschaft wichtiger denn je.

Auch bei dieser Herausforderung setzt man heute zunehmend auf Gruppenarbeit. Einmalige, neue Problemstellungen, die an ein Unternehmen gestellt werden, lassen sich oft nicht im Rahmen der herkömmlichen Organisation oder durch die Arbeit Einzelner lösen, weil das Wissen, das häufig an der Grenze zwischen Unternehmensbereichen oder in außerhalb liegenden Disziplinen zu suchen ist, und die nötigen Mechanismen dafür nicht vorhanden sind. Deshalb gliedert man solche Probleme aus der regulären Organisation aus und stellt individuell angepasste Gruppen zusammen, die auch Experten einladen können, die dann schnell und parallel zur laufenden Arbeit neue Lösungen erstellen und diese im Idealfall auch gleich durch- und umsetzen. Solche Aufgaben werden beispielsweise von Projekt- oder Wertanalysegruppen durchgeführt. Die weitaus höhere Akzeptanz bei den Mitarbeitern der von Gruppen getroffenen Entscheidungen hilft dann bei der schnellen Anpassung des Betriebs an die neuen Herausforderungen.

– Humanfaktoren

Der ursprünglichste Vorteil von Gruppenarbeit ist trotz aller wirtschaftlicher Faktoren das Zugeständnis an die Menschlichkeit, wegen dem schon die Gewerkschaften in den 1970ern das Konzept aufgegriffen hatten.

Wie bereits lange bekannt ist, sind die Mitarbeiter eines Unternehmens, das Teamarbeit anwendet, in ihrer Arbeit oft wesentlich zufriedener als das in den traditionellen Hierarchien der Fall ist.

Studien haben gezeigt, dass Menschen es in zunehmenden Maße für erstrebenswert halten, in ihrer Arbeit Verantwortung zu übernehmen, Abwechslung zu erfahren, gefordert zu werden und möglichst auch mit anderen Mitarbeitern in direktem Kontakt zu stehen.

Gruppen- und Teamarbeit bietet dafür die geeignete Plattform und trägt erfahrungsgemäß auch dazu bei, die soziale Kompetenz der Mitarbeiter zu fördern und die Persönlichkeit zu entwickeln, das bedeutet in der Gruppe wird gelernt, wie man offen kommuniziert, Streitfälle und Konflikte mit anderen Teilnehmern in Diskussionen austrägt bzw. mit unterschiedlichen Meinungen und Emotionen umgeht.

Gekoppelt mit dem Handlungsspielraum der sich durch die angereicherten Arbeitsinhalte bei der Durchführung von Kontroll-, Planungs- und Steuerungsaufgaben ergibt, erhöhen sich Motivation, Arbeitsklima und die Bereitschaft, sich persönlich in die Arbeit einzubringen. In einer Umfrage unter Gruppenarbeitern hielten es 54 Prozent der Befragten für sehr wichtig, „ein guter Partner im Team zu sein". Damit haben sie die für Teamarbeit so entscheidende Bereitschaft bewiesen, die Gruppe als soziales Umfeld zu sehen und räumen ihr durch dieses Statement den Status eines sozialen Raumes ein, in dem auch die eigenen Bedürfnisse nach Anerkennung, Kommunikation, Respekt und Zusammengehörigkeit befriedigt werden können.

Das Zusammenspiel all der genannten wirtschaftlichen und sozialen Faktoren kann also tatsächlich bewirken, dass die sogenannten *Human Resources*, die menschlichen Kräfte, viel tiefgehender ausgeschöpft werden als bisher.

Getroffene Entscheidungen werden dann **schneller und effektiver** umgesetzt, langwierige **Entscheidungsprozesse**, im Vergleich zu herkömmlichen Strukturen, entscheidend **verkürzt** und das Unternehmen kann **flexibler und kreativer** auf veränderte Anforderungen reagieren. Nebenbei steigt in der Regel auch die **Motivation** für die Mitarbeiter, da sie, nachdem ihre Meinung gefragt und aufgegriffen wird, erhöhte **Verantwortung, Einbindung und Verständnis** in Problemlösungsprozesse und Produktionsvorgänge erfahren.

1.4.2 Wo kann Teamwork gezielt eingesetzt werden?

Zum Einstieg ein Beispiel:
Nach ihrer Scheidung hat Frau G. sich mit einem Blumenladen selbständig gemacht.
Sie beschäftigt fünf Angestellte in Teilzeit.
Am Valentinstag herrscht im Geschäft Hochbetrieb, weshalb Frau G. alle Mitarbeiterinnen bittet, zu ihrer Verfügung zu stehen. Da innerhalb der nächsten drei Stunden noch
eine Unmenge an Blumensträußen und Gestecken angefertigt werden müssen, glaubt
Frau G., sie müsse sich eine besondere Strategie ausdenken. Also verteilt sie an jede
ihrer Mitarbeiterinnen spezielle Aufgaben: Luisa und Christina sollen die Rosen schnei-
den, die passenden Gräser auswählen und die Schleifen vorbereiten, Birgit ist zusammen mit Regine und Tanja für das Binden der Sträuße verantwortlich.
Zunächst ist jede in ihre Arbeit vertieft, und sie kommen gut voran. Als aber Birgit bemerkt,
dass Regine die Sträuße nicht so bindet, wie sie es sich vorstellt, und Christina der Meinung ist, dass ihre Schleifen nicht richtig zur Geltung kommen, kommt es zu einer kleinen
Meinungsverschiedenheit, die erst Frau G. wieder schlichten kann. Nach einiger Zeit me-
ckert Luisa, die von Christina geschnittenen Rosen seien zu kurz und der Streit eskaliert
von neuem. Entnervt gibt Frau G. ihre Idee von der Gruppenarbeit auf, und jede der Mitarbeiterinnen bindet ihre Blumenarrangements wie gewohnt für sich alleine.

Was hat Frau G. falsch gemacht?
Im Prinzip war ihre Idee die Angestellten in kleinen Gruppen arbeiten zu lassen nicht
schlecht, und trotzdem hat es nicht funktioniert.
Zunächst einmal könnte es daran liegen, dass die Mitarbeiterinnen einfach nicht dran
gewohnt sind, in Gruppen zu arbeiten, und ausgerechnet in einer Stresssituation unvor-
bereitet mit einer neuen Arbeitsmethode konfrontiert zu werden, ist sicher nicht einfach.
Ein weiterer Grund für die Missstimmung ist nicht ganz so offensichtlich, weshalb er auch
von Unternehmern, die mit weitaus größeren Teams und Firmen zu tun haben, immer

wieder übersehen wird – ebenso wie es Frau G. in dem vergleichsweise trivialen Beispiel erging: Es gibt Aufgaben, die schlichtweg nicht für die Teamarbeit geeignet sind. Aufgrund dessen kann diese Arbeitsform nicht uneingeschränkt angewendet werden.

Obwohl Teamarbeit generell gesehen die bessere Arbeitsform ist, gibt es Aufgaben, für die im Prinzip nur Einzelarbeit in Frage kommt, weil sie einen optimalen Kosten-Nutzen-Faktor aufweist. Dies ist vor allem dann der Fall, wenn es sich um Routinearbeiten handelt, die innerhalb kurzer Zeit erledigt werden sollen, oder wenn die Aufgabe in keinem Zusammenhang mit anderen Arbeitsschritten steht. Ein Unternehmer sollte demnach nicht auf Biegen und Brechen versuchen, Teamarbeit in seiner Firma zu etablieren, sondern sie nur dann einsetzen, wenn sie wirklich sinnvoll ist.

In welchen Situationen kann Teamarbeit funktionieren?

– Komplexe Problemstellungen

Wie wir eben gehört haben, ist Einzelarbeit für Routinearbeiten die bessere Arbeitsform. Demnach ist Teamwork immer dann vorteilhaft, wenn man mit einer komplexen Problemstellung konfrontiert ist. Darunter versteht man Aufgaben, die mehrerer unterschiedlicher Einzelschritte bedürfen, um insgesamt gelöst zu werden. In der Regel kann die Lösung des Problems bei solchen Aufgaben nur dann erfolgen, wenn ein Team, zusammengestellt aus Spezialisten relevanter Fachbereiche, kooperiert.

Nehmen wir an, ein Sportartikel-Hersteller möchte ein neuartiges Gerät auf den Markt bringen. Hierzu bedarf es nicht nur einer zündenden Idee; die Realisierbarkeit hängt von einer Vielzahl von Faktoren ab. So muss beispielsweise eine Marktanalyse erfolgen, die den Bedarf an einem neuen Gerät ermittelt, die Frage nach dem geeigneten Produktionsmaterial muss beantwortet werden, und letzten Endes muss das Design nach optischen und sicherheitstechnischen Gesichtspunkten entwickelt werden. Alles das und noch viel mehr muss durchdacht und miteinander in Einklang gebracht werden – diese komplexen Anforderungen lassen sich am effektivsten in einem Team lösen, das sich aus Kompetenzen der angesprochenen Fachbereiche zusammensetzt.
Würde jeder Spezialist für sich allein an der Lösung des Problems arbeiten, so wäre es hinterher viel schwieriger und zeitaufwändiger, alle Einzellösungen zu einer realisierbaren Idee zu addieren.

– Flexible Problemstellungen

Teams zeichnen sich durch einen hohen Grad an Flexibilität aus. Steht man beispielsweise vor Umstrukturierungen innerhalb eines Unternehmens, die möglichst schnell und ohne große wirtschaftliche und zeitliche Einbußen vor sich gehen sollen, hat es sich bewährt, Teams zu bilden, die diese Umstellung in die Hand nehmen und durch die ihnen eigene Flexibilität den Erfolg des Vorhabens garantieren.

Lassen Sie uns von einem Unternehmen ausgehen, das eine Umstellung der gesamten EDV im Betrieb plant. Es würde viel Zeit und Geld kosten, die einzelnen Mitarbeiter in das neue System einzuarbeiten.
Stattdessen macht es mehr Sinn, ein Team zu bilden, das sich aus Personen zusammensetzt, die die Umstellung in die Hand nehmen, sich mit dem neuen System vertraut machen, den restlichen Mitarbeitern die ungewohnten Anforderungen didaktisch, auf deren

Bedürfnisse zugeschnitten, näher bringen, und für Fragen und Probleme zur Verfügung stehen. Auf diese Weise gibt es keine Ausfälle ganzer Abteilungen, die geschult werden müssen, die einzelnen Mitarbeiter können an ihrem Arbeitsplatz mit dem neuen System vertraut gemacht werden und fühlen sich sicherer, zumal sie wissen, dass das Team bei möglichen Problemen zur Verfügung steht.

– Langwierige Problemstellungen
Wird sich ein Projekt über einen längeren Zeitraum hinweg ziehen, so ist es durchaus sinnvoll, dies durch Teamarbeit zu realisieren. Zum einen handelt es sich allein durch den zeitlichen Faktor meist um ein komplexes Vorhaben, und zum anderen bleibt die Motivation der Mitarbeiter über einen längeren Zeitraum auf hohem Niveau, wenn sie in Teams arbeiten. Durch das Gefühl der Zusammengehörigkeit fühlt sich jeder einzelne zu Aktivität und Leistung ermutigt, was hohe Zufriedenheit und bezeichnenden Leistungswillen zur Folge hat.

Wir alle wissen, dass Werbeagenturen in der Regel gesteigerten Wert auf Teamwork legen. Dies ist vor allem deswegen der Fall, weil Kreativität das Kapital jeder Agentur ist und diese sich nun einmal besser in Team entfaltet.
Nicht ganz so evident ist der Zeitfaktor, der ebenfalls dafür spricht, in Teams zu arbeiten.
Große Kampagnen können sich von der ersten Idee über die Entwicklung bis zur Ausführung und Beendung über viele Jahre hinweg ziehen – denken Sie nur an immer wiederkehrende Motive in der Werbung, wie beispielsweise die lila Kuh, die für ein bestimmtes Produkt stehen. Man kann gut nachvollziehen, dass Einzelarbeit in diesem Fall die Motivation enorm sinken lassen würde, wer hat schon Lust sich Tag für Tag alleine mit neuen Ideen für eine lila Kuh auseinander zusetzen. Arbeitet man dagegen im Team an einem Konzept, stachelt man sich gegenseitig immer wieder zu neuen Einfällen an. So bleibt die Motivation in etwa auf einem konstanten Niveau – und gerade in der Werbebranche stellt ein Motivationstief ein großes finanzielles Risiko dar.

– Wissensorientierte Problemstellungen

Im Zuge des Wandels unserer Gesellschaft zur Wissensgesellschaft ist Fachwissen eine unserer wichtigsten Ressourcen geworden. Aufgaben, die ein hohes Maß an Wissen aus unterschiedlichsten Bereichen fordern, werden am qualitativ hochwertigsten in Teams gelöst. Die Begründung liegt auf der Hand: Dadurch, dass ein Team eine Einheit aus Menschen mit verschiedensten Interessen, Ausbildungen und Charakteren ist, steht jeder Arbeitsgruppe ein hohes Potenzial an Detailwissen, Kreativität, Fertigkeiten und Erfahrung zur Verfügung, dass optimal genutzt werden kann.

Der Erfolg eines Computerherstellers hängt stark von der Funktionalität seiner Teams ab. Durch die Entwicklungen der vergangenen Jahre hat sich die Informationstechnologie zu einem für den Einzelnen unüberschaubaren Bereich entwickelt. Die Ausbildung innovativer Technologien kann somit nur noch innerhalb von Teams erfolgen, die sich aus Mitgliedern zusammensetzen, die über hohes Fachwissen aus speziellen Einzelgebieten verfügen, denn ein Chip-Spezialist oder ein hervorragender Programmierer allein machen noch keinen Rechner.

Generell gilt, dass Teamwork Sinn macht, wenn **Kreativität, Schnelligkeit und Flexibilität** gefragt sind, um **langwierige oder komplexe Aufgaben** optimal lösen zu können. Da die Anforderungen der modernen Arbeitswelt sich immer mehr auf diese Art der Problemstellung reduzieren lässt, ist es nicht weiter verwunderlich, dass Teamarbeit als die Arbeitsform der Zukunft schlechthin gehandelt wird.
Nach einer kurzen Zusammenfassung des ersten Kapitels werden wir uns deshalb näher mit der Teambildung und der Beschaffenheit einer Arbeitsgruppe auseinandersetzen, um unter anderem zu erkennen, welche Voraussetzungen für den Erfolg im Team unabdingbar sind.

Zusammenfassung Kapitel 1

– **Globalisierung**
– **Wandel der Arbeitsstrukturen**
– **Innovationen** und
– **Sozialer Wertewandel**
haben zu einer Entwicklung in der Arbeitswelt geführt, die weggeht von der Einzelarbeit und vom Prinzip der Arbeitsteilung hin zur Teamarbeit.

Unternehmer versprechen sich durch Teamarbeit eine zukunftsorientierte Effizienzsteigerung, denn

Teamarbeit
– richtet sich nach den **Ansprüchen des Kunden,**
– bietet **transparentere Aufgabenabwicklung** und hilft so, Fehler frühzeitig zu erkennen,
– **rationalisiert** Arbeitsprozesse,
– sorgt für **ungehinderten Informationsfluss** zwischen den Beteiligten,
– **steigert** die **Geschwindigkeit** von Arbeitsabläufen,
– sorgt für die **Abflachung der Hierarchien,**
– regt die **Entwicklung gemeinsamer Ziele** an und
– setzt auf **vermehrte Kooperation**

Von einer Gruppe oder einem Team spricht man allerdings nur dann, wenn folgende Faktoren gegeben sind:
- **Anzahl**: Eine Gruppe besteht aus mindestens drei und höchstens 25 Mitgliedern
- **Kooperation**: Jedes Gruppenmitglied agiert so, dass es dem Ziel der Gruppe entspricht
- **Ziel**: Eine Gruppe besteht nur, wenn ihre Mitglieder ein gemeinsames Ziel verfolgen
- **Dauer**: Der Bestand der Gruppe setzt sich über einen längeren Zeitraum hinweg fort
- **Wir-Gefühl**: Es besteht das Gefühl des Zusammenhalts innerhalb einer Gruppe

Von einem Team sprechen Experten meist dann, wenn die eine Gruppe konstituierenden Faktoren in besonderer Ausprägung vorhanden sind. Im Team besteht also
- **ein stark ausgeprägter Zusammenhalt,**
- **die tief etablierte Gruppenstruktur,**
- **gemeinsame Ziele, an die allgemein geglaubt wird und**
- **eine eingeübte Diskussionskultur und Konsensfindung.**

Hinzu kommt noch, dass **ein Team**
- **sich** meist selbst **organisiert,**
- für seine Arbeit **selbst verantwortlich** ist und
- das **Ergebnis** seiner Arbeit **an einen Empfänger** (z.B. Kunden) **liefert.**

Es gibt sowohl wirtschaftliche als auch soziale Faktoren, die für Teamwork sprechen:
- **Leistungsfähigkeit,**
- **Zielorientierung,**
- **Synergieeffekt** und
- **Optimale Kompetenzverteilung**
bezeichnet man als wirtschaftliche Faktoren

- **Kontakt und Kommunikation,**
- **Steigerung der Motivation,**
- **Selbstbewusstsein und Ausdauer,**
- **Vertrauen und Offenheit**
sind die sozialen Faktoren.

Eine Umstellung von herkömmlichen Arbeitsstrukturen wie der Arbeitsteilung sollte vor allem in Betracht gezogen werden, weil
- die **Ergebnisorientiertheit** der Teamarbeit ein wichtiger Aspekt der heutigen Arbeitswelt ist,
- die **Wissensexplosion** auf dem Arbeitssektor neue Formen der Kooperation verlangt,
- die **Akzeptanz von Entscheidungen** steigt, wenn sie von Teams getroffen werden,
- Teamwork aus **kostenrechnerischer** Sicht in vielen Fällen optimal ist,
- **Innovation und Kreativität** am besten von und in Teams verwirklicht werden können, und
- Untersuchungsergebnisse zeigen, dass Teammitglieder sich wohl fühlen (**Humanfaktoren**).

Trotzdem kann Teamarbeit nicht als Allheilmittel eingesetzt werden. Routineabhängige Arbeiten die in keinem Zusammenhang zu anderen Aufgaben stehen werden effizienter in Einzelarbeit gelöst, Teamwork ist vor allem bei **flexiblen, langwierigen, wissens-orientierten und komplexen Problemstellungen** sinnvoll.

2. Grundlagen für erfolgreiches Teamwork

Bisher haben wir über Aufgabenstellungen gesprochen, die sich eignen, um im Team gelöst zu werden. Wir wissen auch, dass Teamarbeit zwar eine der zukunftsträchtigsten Arbeitsformen ist, weil sie den Anforderungen der modernen Wirtschaft in vielen Situationen entspricht, aber trotz ihrer augenscheinlichen Vorteile nicht immer eingesetzt werden soll und kann.

Außerdem wissen wir, welche Voraussetzungen gegeben sein müssen, damit man die Bezeichnung Team auf eine Gruppe von Menschen anwenden kann. Insbesondere sind dies:

- **der überdurchschnittlich ausgeprägte Zusammenhalt untereinander,**
- **die tief im Team verwurzelte Gruppenstruktur,**
- **die gemeinsame Ziele, an die jedes Teammitglied glaubt** und
- **die objektive Diskussionskultur und Konsensfindung**

Doch leider ist es nicht damit getan, eine kleinere Ansammlung von Menschen als Team zu bezeichnen und davon auszugehen, dass sich alles andere von alleine geben wird. Schließlich ist Teamwork keine Arbeitsform, die sich auf die Schnelle in ein Unternehmen integrieren lässt.
Ein Team zu bilden ist ein langwieriger Prozess mit ständigen Wachstums- und Lernmaßnahmen, der erst am Ende eine voll funktionsfähige Struktur mit aufeinander abgestimmten Höchstleistungen hervorbringt. Geduld und Überlegung müssen also ständige Begleiter der Einführung von Gruppenarbeit sein.

Demzufolge wird sich dieses Kapitel in erster Linie mit der Bildung von Teams und die dafür erforderlichen Voraussetzungen beschäftigen.

Lernziele des zweiten Kapitels:
Nach diesem Abschnitt sollten Sie wissen,
- welche Charaktere zum Erfolg eines Teams beitragen,
- in welchen Schritten sich ein Team entwickelt,
- unter welchen Voraussetzungen ein Team gebildet werden kann bzw.
- welchen Faktoren besondere Beachtung geschenkt werden muss.

2.1 Teamdesign – aus welchen Personen sich erfolgreiche Teams zusammensetzen

Jedes Team ist eine Mannschaft, die sich aus versierten Einzelpersonen zu einer gut funktionierenden Gemeinschaft zusammensetzt.
Jede Teameigenschaft resultiert aus der Summe der Eigenschaften der Mitglieder. Deshalb ist die gezielte Auswahl eine grundlegende Voraussetzung für den Erfolg eines Teams.

Steht ein Teamführer vor der Aufgabe, passende Personen für „sein" Team auszuwählen, sollte dies natürlich in erster Linie nach

- **Kompetenz**
- **Fachwissen** und
- **Engagement**
geschehen.

Es versteht sich von selbst, dass es von Vorteil ist, Leute in ein Team zu holen, die auf ihrem Fachgebiet kompetent und gebildet sind.

Ein großes Fachwissen ist ebenfalls von Vorteil, denn oft setzt sich ein Team aus Spezialisten der unterschiedlichsten Wissensgebiete zusammen, und je weniger Teammitglieder man braucht, desto effizienter und Kosten einsparender ist das Team.

Engagement ist ebenfalls eine Eigenschaft, die sich für ein potenzielles Teammitglied von selbst verstehen sollte, denn ein passiver, lustloser Teilnehmer wird kaum andere begeistern können und seinen Beitrag zum Synergieeffekt der Gruppe leisten.

Doch neben diesen drei Grundvoraussetzungen, die jedes Teammitglied mitbringen sollte, gibt es in jedem Team Rollen, die besetzt werden müssen, um eine Gruppe effektiv zusammenzuhalten.

Jeder Teamleiter sollte seine Team nach diesen Gesichtspunkten zusammenstellen, und jedes Teammitglied sollte seine Persönlichkeit und seine Team-Kompatibilität auf eine dieser Rollen hin prüfen, um festzustellen, ob es die passende Rolle im Team eingenommen hat.

Britische Wissenschaftler haben diese Rollen-Verteilung nach der berühmten Verhaltenspsychologie C.G. Jungs entwickelt. Jung ist mit seiner Forschung davon ausgegangen, dass es angeborene Persönlichkeitsmerkmale gibt, die in Verbindung mit Talent und Ausbildung zu ganz bestimmten Arbeitsstilen und -präferenzen führen. Dieses Wissen machten sich die britischen Forscher zu Nutze und entwickelten ein Repertoire von acht verschiedenen Persönlichkeiten, die maßgeblich zum Erfolg eines Teams beitragen.

Sie finden die einzelnen Typen nach Vor- und Nachteilen aufgelistet, wobei die Nachteile einfach die Eigenschaften und Fähigkeiten bezeichnen, die der einzelne Typ nicht aufweist; das bedeutet nicht, dass er für ein Team ungeeignet ist!

1. Der „Reporter"

Vorzüge:
Dieser Typ sammelt viele Informationen zu einem Aufgabengebiet, um Fehlentschei-
dungen so wirksam wie möglich vorzubeugen.
Entscheidungen trifft er durchdacht, ebenso überlegt sind seine Ratschläge.
Er arbeitet genau und eignet sich viel inhaltliches Wissen an.

Nachteile:
Der Reporter ist kein Organisationstalent.

2. Der „Innovator"

Vorzüge:
Er hat viele Ideen und experimentiert mit Althergebrachtem, um Neues zu entwickeln. Er
sorgt für die Motivation im Team.

Nachteile:
Er ordnet sich manchmal nur schwer unter und arbeitet gerne selbständig.

3. Der „Promoter"

Vorzüge:
Er behält immer den Überblick und geht weniger ins Detail, verliert aber deshalb nie das
Ziel aus den Augen.
Er ist aufgeschlossen gegenüber Neuerungen und versteht es, andere dafür zu begeis-
tern.
Er ist kontaktfreudig und kann Ideen präsentieren

Nachteile:
Der Promoter wirkt auf andere oft übermächtig und schüchtert sie mit seinem Verhalten ein.

4. Der „Developer"

Vorzüge:
Er bewertet Ideen auf ihre Realisierbarkeit hin und kann ihre Praxistauglichkeit beurteilen.
Er schätzt Praktikabilität und Marktgängigkeit einer Idee ein und kümmert sich engagiert
um die Verwirklichung praktikabler Einfälle.

Nachteile:
Der Developer hat sehr wenig Phantasie und keinen Sinn für Routinearbeit.

5. Der „Organizer"

Vorzüge:
Er entwickelt konkrete Pläne zur Organisation und Realisierung von Aufgaben.
Der Organizer lässt sich von Krisen nicht einschüchtern und schätzt klare Strukturen.

Nachteile:
Der Organizer ist eher unpersönlich und lässt sich nur schwer überzeugen.

6. Der „Producer"

Vorzüge:
Er hat Durchhaltevermögen und übernimmt deswegen oft Routinearbeit.
Der Producer ist zuverlässig und realistisch, was sein Können betrifft.
Er regt seine Teamkollegen dazu an, Zeit- und Budgetpläne einzuhalten.

Nachteil:
Es kann passieren, dass der Producer sich in seine Aufgabe verbeißt und zu wenig flexibel gegenüber Änderungen ist.

7. Der „Controller"

Vorzüge:
Er spürt Fehler auf, auch wenn sie noch so sehr im Detail liegen, und ist damit hervorragend für die Qualitätsprüfung geeignet.
Er arbeitet mit hoher Konzentration und Gründlichkeit.

Nachteile:
Er ist nicht sehr kommunikativ und kontaktfreudig.

8. Der „Maintainer"

Vorzüge:
Er ist immer zur Stelle, wo Not am Mann ist, und hilft gerne, wo er kann.
Außerdem versteht dieser Typ es, die Gefühle der Teammitglieder nicht zu verletzen und kann so dem gesamten Team emotionalen Rückhalt geben.
Er setzt sich für die Einhaltung der Spielregeln im Team ein.

Nachteile:
Als Teamleiter ist er nicht geeignet. Änderungen steht er grundsätzlich abwehrend gegenüber.

Neben diesen acht Typen gibt es noch den sogenannten **„Linker"**. Er ist kein eigenständiger Typ, da seine Aufgabe von mehren Teammitgliedern gleichzeitig und neben ihrer eigentlichen Rolle übernommen werden kann. Der Linker ist der Koordinator für Informationen, Termine und Treffen und er repräsentiert das Team nach außen hin.

Nach diesen Gesichtspunkten sollte sich ein erfolgreiches Team zusammensetzen. Natürlich können je nach Aufgabe Schwerpunkte gesetzt werden.
Außerdem besteht nicht jedes Team aus mindestens acht Personen – trotzdem kann bei einem kleineren Team jeder Typ vertreten sein, weil manche Menschen ohnehin eine Mischung aus zwei oder mehreren Typen sind. So sind sich beispielsweise der Reporter und der Controller durchaus ähnlich.

2.2 Die vier Phasen der Teamentwicklung

Um die psychologischen Abläufe in einem Team besser verstehen zu können, setzen wir uns im Vorfeld mit den Entwicklungsphasen auseinander, die jedes Team durchläuft.

Da die ungewohnte Situation des Teamaufbaus oft persönliche Probleme aufwerfen kann, finden Sie zu jeder Phase Fragen, die Sie sich beantworten sollten. Mit Hilfe dieser Antworten können Sie sich darüber klar werden, welche Rolle Sie im Team einnehmen wollen und ob Sie bereit sind, sich stark zu engagieren und zu integrieren. Suchen Sie kritisch nach Antworten auf die Fragen und versuchen Sie, sich anhand derer Ihre jeweilige Gefühlssituation zu verdeutlichen.

Auf dem Weg zu einem wirklich funktionierenden Team muss sich die Teamstruktur nach und nach entwickeln.
In der Regel geschieht dies in den vier typischen **TEAM**-Phasen:
- Erste Phase: **T**est- Abschnitt
- Zweite Phase: **E**motionsstadium
- Dritte Phase: Stufe der **A**npassung
- Vierte Phase: Zustand des **M**iteinander

Test- Abschnitt

In der Testphase lernen sich die einzelnen Teammitglieder kennen. Jeder testet erst einmal die Grenzen der Belastbarkeit für sich aus und stuft das Verhalten der anderen Gruppenmitglieder ein. Es wird viel beobachtet, subjektiv bewertet.
Die Mitglieder untereinander verhalten sich in dieser Phase eher vorsichtig, zurückhaltend und unpersönlich distanziert.

Neben der psychologischen Ebene wird während des Test-Abschnitts meist die Aufgabe des Teams definiert, es werden Verhaltensregeln festgelegt und gemeinsame Ziele gesucht.

In dieser Phase sollten Sie sich fragen:
- Was wird von mir erwartet?
- Bin ich bereit diese Erwartungen zu erfüllen?
- Können im Gegenzug dazu meine Erwartungen erfüllt werden?
- Werde ich mich in die Gruppe integrieren können?

Emotionsstadium

In dieser Phase versuchen die Teilnehmer emotionale Barrieren zu überwinden. Von der unpersönlichen ersten Phase geht man über in eine konfliktgeladene Atmosphäre. Erste Sympathien und Antipathien haben sich gebildet und der Kampf um die Rollenverteilung beginnt.

Inhaltlich bemüht die Gruppe in der zweiten Phase sich um einen Ausbau des in der Testphase gefundenen Grundkonsenses: es wird darüber diskutiert, für welchen spezifischen Aufgabenbereich das Team zuständig sein und welche Themen es nur beiläufig tangieren soll und welche Probleme nicht unter seine Kompetenz fallen.

Nicht selten fallen im Emotionsstadium Bemerkungen wie
„Ich habe doch gleich gesagt, dass das so nicht funktioniert."
„Wenn das so weitergeht, steig' ich sofort aus."
„Hätten Sie mal von Anfang an auf mich gehört..."
„Wie geht es jetzt weiter?"

Als Teammitglied sollten Sie in dieser Phase nicht aufgeben. Diese Phase ist die kritischste Stufe der Teambildung, und ist sie erfolgreich gemeistert, kann es richtig losgehen.

Stellen Sie sich folgende Kontrollfragen:
- Wird die Gruppe sich auf ein diskussionsfreundliches Niveau einpendeln können?
- Macht es mir Angst, in dieser Konfliktsituation involviert zu sein?
- Kann ich mit den einzelnen Mitgliedern auf einer zumindest gefühlsneutralen Ebene zusammenarbeiten?
- Gibt es einige Teilnehmer, die mir sympathisch sind?

Stufe der Anpassung

Sobald die emotionsgeladene Phase überwunden ist, besteht eine reelle Chance, dass aus der Gruppe ein echtes Team wird.
In der Anpassungsstufe entspannt sich das Verhältnis untereinander und pendelt sich auf ein neutrales oder gar freundschaftliches Verhältnis ein. Die Bereitschaft zusammenzuarbeiten erhöht sich und jedes Teammitglied kämpft nicht mehr um eine bestimmte Position, sondern passt sich den Gegebenheiten an.
Hat eine Gruppe dieses Stadium erreich, ist eine Basis entstanden, die die Möglichkeit der objektiven Beurteilung von Ideen und des freundlichen und höflichen Austausches untereinander bietet.

Inhaltlich gesehen findet die Gruppe nun ihren endgültigen Themen- und Aufgabenbereich, emotional betrachtet findet jedes Mitglied seine Rolle im Team. Das heißt die Rangordnung ist festgelegt, jedem Mitglied sind Verhaltensregeln und Aufgabenverteilung deutlich vor Augen, Konflikte werden bereits mit einer gewissen Routine gelöst.

Die Eigenarten der anderen Teilnehmer werden nicht mehr subjektiv verurteilt, sondern als Bereicherung empfunden. So wird zum Beispiel einem eher schüchternen Mitglied bewusst, dass die anfangs von ihm als störend empfundene Offenheit eines anderen maßgeblich zum Erfolg des Teams beitragen kann.

Jetzt sollten Sie sich fragen:
- Habe ich noch immer Schwierigkeiten, mich mit der Situation zu identifizieren?
- Empfinde ich das Team als Bereicherung?
- Freue ich mich auf die intensive Kooperation mit der Gruppe?
- Traue ich dem Team Erfolge zu?

Zustand des **M**iteinander

Ist auch die dritte Phase gemeistert, ist aus der Gruppe ein Team geworden.
Inhaltlich kann es jetzt daran gehen, die ihm übertragenen Aufgaben gemeinsam zu bewältigen.
Es kommt nun darauf an, die Rollen und Kommunikations- und Kompetenzbeziehungen, die sich während der vorhergehenden Phasen herausgebildet haben, im Sinne des Teams optimal zu verteilen.

Das Team in seiner Gesamtheit ist nun eine ideenreiche, flexible, leistungsfähige Gemeinschaft, in der sich die Teilnehmer untereinander stützen und helfen. Konflikte und Probleme werden offen ausgetragen und das Zusammengehörigkeitsgefühl ist im Vergleich zur ersten Phase enorm gewachsen.

Sie sollten sich in der vierten Phase diese Fragen beantworten:
- Fühle ich mich wohl in meiner Rolle?
- Fühle ich mich als Mitglied des Teams?
- Gibt es Grundlegendes, das ich unbedingt verändern möchte?

Diese vier Phasen macht – wie bereits erwähnt – jedes Team durch.
Mit diesem Wissen als Grundlage wollen wir uns gleich die Voraussetzungen anschauen, die erfüllt sein müssen, damit ein Team funktionieren kann.

2.3 So wird Ihr Team zum Erfolgsteam

Die Frage was ein Team erfolgreich macht, dürfte wohl eine der entscheidendsten sein, wenn man sich dazu entschließt, Teamarbeit in einem Unternehmen zu etablieren.

Da sich eine Gruppe von Einzelpersonen unter keinen Umständen aus dem Nichts in ein erfolgsversprechendes Team verwandeln lässt, müssen einige Grundvoraussetzungen beachtet werden.

Im Idealfall ist ein Team ein Gefüge aus Einzelpersonen, die sich so ergänzen, dass ihre Ziele effizient und qualitativ hochwertig erreicht werden. Was hier so utopisch klingt, ist in der Praxis durchaus in die Realität umzusetzen, sofern man sich bewusst macht, dass ein Team aus Menschen besteht und es deshalb nicht beliebig formbar ist, sondern jedes Team durchaus eine Eigendynamik entwickelt, die sich nicht berechnen lässt.
Gerade wegen dieser Eigendynamik sind Teams so effizient und kreativ, doch gleichzeitig ist dieser Faktor – nimmt er überhand – ein Risiko, das es zu minimieren gilt. Aus diesem Grund sollten wenigstens die weitgehend beeinflussbaren Voraussetzungen für ein erfolgreiches Team optimal erfüllt werden.
Eine dieser Grundlagen haben wir bereits kennen gelernt: Ein Team sollte immer eine Mischung aus verschiedenen Persönlichkeiten sein, um seine Vielseitigkeit zu steigern.

Die weiteren Voraussetzungen teilen wir in zwei Gruppen ein.

Die erste Gruppe enthält diejenigen Vorgaben, die in hohem Maß vorauszusehen und beeinflussbar sind. Wir bezeichnen sie deshalb als stabile Faktoren.

Die zweite Gruppe dagegen besteht aus den sogenannten instabilen Faktoren. Dazu gehören Phänomene, die zwar in jedem Team eine entscheidende Rolle spielen, aber oft nur bis zu einem gewissen Grad berechenbar sind, weil sie ständigen Schwankungen unterliegen. Die Stimmung der Teamteilnehmer zählt beispielsweise zu den instabilen Faktoren.

Zu jedem Faktor finden Sie außerdem einige Kontrollfragen, die es Ihnen ermöglichen, die Situation Ihres Teams zu durchschauen. Beantworten Sie diese Fragen folgendermaßen:

1 = nein, trifft überhaupt nicht zu
2 = trifft manchmal zu, stimmt teilweise
3 = ja, trifft voll und ganz zu

2.3.1 Die stabilen Faktoren

➢ **Ziele**

Warum Ziele wichtig sind
Von einem Team erwartet man im allgemeinen **Motivation, Dynamik, Elan und Aktivität**. Diese typischen Eigenschaften kann ein Team allerdings nur dann aufweisen, wenn es weiß, wofür es sich abmüht.

Sobald kein Ziel vorhanden ist, oder es aus den Augen verloren wurde, sinkt die Motivation auf einen Nullpunkt; oder können Sie sich vorstellen, Tag für Tag an einem Projekt zu arbeiten, ohne eigentlich zu wissen, wofür dieses Projekt ins Leben gerufen wurde?

Nur wenn es ein alle Gruppenmitglieder verbindendes Ziel gibt, wird der Arbeitsauftrag als gemeinsame Herausforderung verstanden.

Das Teamziel ist also ein wichtige Voraussetzung für den Erfolg eines Teams, denn es trägt zur Motivation und zum Interesse am Team bei.

Welche Bedingungen Ziele erfüllen müssen
Um diese Voraussetzung für den Erfolg eines Teams zu erfüllen, muss ein Ziel besondere Bedingungen erfüllen:

– **Ziele eindeutig formulieren**
Jedes Teammitglied muss wissen, was mit der Zielformulierung gemeint ist. Es dürfen durch ein zu vage formuliertes Ziel keine Missverständnisse entstehen.

Falsch ist: „Wir wollen den Umsatz steigern!"
Richtig dagegen: „Wir wollen den Umsatz innerhalb der nächsten sechs Monate um
mindestens 10 % steigern."

– **Ziele nicht zu hoch stecken**
Das Ziel eines Teams darf durchaus hoch gesteckt sein, doch sollte es dann in er-
reichbare Einzelziele unterteilt werden, damit auch kleine Erfolge ersichtlich sind und
so die Motivation auf einem konstanten Niveau bleibt.

Falsch wäre deshalb: „Wir werden durch unsere Konzept alle Konkurrenten vom
Markt vertreiben."
Besser: „Mit unserem Konzept werden wir uns Schritt für Schritt zum Marktführer
entwickeln." Diese Schritte sollten dann noch einzeln aufgegliedert werden.

– **Ziele akzeptabel und erstrebenswert setzen**
Jedes Teammitglied sollte sich mit dem zu erreichenden Ziel identifizieren können,
denn nur wer an ein Ziel glaubt, kann es auch erreichen.

Hier hängt die Wirkung weniger von der Formulierung ab als vom Mitspracherecht
der Teammitglieder. Wenn jeder sich an der Zielsuche beteiligt, kann er sich auch im
Nachhinein damit identifizieren. Aus diesem Grund sollte ein Team möglichst nicht
fremdbestimmte Ziele vorgesetzt bekommen, sondern sie immer – nach vorgegebenen Richtlinien – selbst ausarbeiten.

– **Ziele schriftlich fixieren**
Damit niemand das Ziel aus den Augen verliert, sollte es schriftlich festgehalten und
für jedes Teammitglied einsehbar gemacht werden.

Kontrollfragen
– Kennen Sie die Ziele Ihres Teams?
– Sind diese Ziele und Teilziele klar formuliert und schriftlich festgehalten?
– Erscheinen Sie Ihnen akzeptabel und erstrebenswert?
– Fühlen Sie sich für die Erreichung der Ziele verantwortlich?
– Glauben Sie, zur Erreichung der Ziele beitragen zu können?

> **Teamführung**

Warum Teamführung wichtig ist
Ein weiterer stabiler Faktor ist die Teamführung.
So sehr der Teambegriff in manchen Ohren nach Antiautorität und Selbstbestimmung klingen mag, ist Teamarbeit in der Realität ein Konzept vom dem viel Leistung erwartet wird.
Damit die **Leistungsfähigkeit** eines Teams optimiert wird, sollte es einen Teamführer geben, der das Team zusammenhält, lenkt, Probleme anspricht, motiviert und strukturiert.

Wie Teamführung aussehen soll
Bei dem Wort Teamführung schrecken viele zurück und fragen sich, wo letzten Endes der Unterschied zwischen der herkömmlichen hierarchischen Arbeitsmethode und dem Teamwork liegen soll.
Keine Sorge, Teamführung bedeutet nicht, dass es einen "Boss" gibt, der den Ton angibt, und dem alle zu gehorchen haben.

Teamorientierter Führungsstil zeichnet sich durch folgende Faktoren aus:
- **Organisatorische Verantwortung**
  Ein guter Teamführer organisiert Teammeetings, verteilt Aufgaben und organisiert Arbeitsmaterial oder Räume.
  Er hält sozusagen die Fäden in der Hand, ohne maßgeblich daran zu ziehen, sondern vielmehr, um die Kompetenzverteilung innerhalb des Teams zu regeln. Er achtet also in erster Linie darauf, dass jeder die Aufgaben erfüllt, die ihm am besten liegen. Auf diese Weise bleibt ein Team leistungsfähig.
- **Methodische Verantwortung**
  Die methodische Verantwortung der Teamführung besteht darin, sich über Arbeitsmethoden, Problemlösestrategien und ähnliches zu informieren, und diese dem Team vorzustellen.
  Der Teamleiter gibt also methodische Anregungen, keine verbindlichen Anleitungen für die optimale Zielerreichung.
- **Soziale Verantwortung**
  Selbstverständlich darf auch die soziale Ebene im Team nicht zu kurz kommen. Ein Teamleiter ist demzufolge auch für Problemlösung auf persönlicher Ebene zuständig. Er sollte Konflikte ansprechen, sofern die Teammitglieder dies nicht tun, und soziale Kontakte innerhalb des Teams fördern, indem er beispielsweise gemeinsame Mittagspausen oder Treffen außerhalb des Unternehmens organisiert. Denn ein Team, in dem die sozialen Kontakte gepflegt werden, ist leistungsfähiger und belastbarer als eine Gruppe, die ausschließlich aus beruflichen Gründen zusammenkommt.

Kontrollfragen
- Wird Ihr Team zu streng geführt?
- Gibt es eindeutige Hierarchien in Ihrem Team?
- Ist das Team auch ohne den Teamleiter handlungsfähig?
- Können die Teammitglieder selbständig handeln und entscheiden?

➤ **Zeitmanagement**

Warum Zeitmanagement eine große Rolle spielt
Auf den ersten Blick scheint die Zeit ein relativ harmloser Faktor zu sein, doch wird die einem Team zur Verfügung stehende Zeit nicht vernünftig verplant, kann das Fortbestehen einer Gruppe extrem gefährdet werden.
Vernünftige Zeitplanung verhindert Machtkonflikte, selbsterzeugten Zeitdruck, Terminversäumnisse und Schlampigkeit in der Arbeitsausführung.
Gutes Zeitmanagement sichert dem Team **Erfolgserlebnisse** und hat positive Auswirkungen auf die Leistungsfähigkeit und Motivation im Team.

Wie optimales Zeitmanagement aussieht
– Bevor ein Team sich überhaupt an die Arbeit macht, sollte ein genauer Zeitplan festgelegt werden.
  Dabei müssen Organisation, Ablauf, Kosten, Termine und Kapazitäten miteingerechnet werden. Legen Sie fest, wie viel Zeit Ihnen zur Verfügung steht, welche Kosten dadurch entstehen, welche Termine unbedingt eingehalten werden müssen und wann welches Teilziel erreicht sein soll.

– Außerdem sollte ein gewisser zeitlicher Spielraum eingeplant werden, damit eventuelle Verzögerungen das Konzept nicht ins Wanken bringen.

– Wichtig ist auch, dass Meetings so geplant werden, dass keines der Mitglieder unter allzu großen Zeitdruck gerät; dies ist vor allem dann zu berücksichtigen, wenn ein Team sich aus fachbereichsübergreifenden Mitgliedern zusammensetzt. Gutes Zeitmanagement berücksichtigt daher auch, dass nicht immer die selbe Personengruppe wichtige Zeit opfern muss, sondern jeder einmal seine persönlichen Interessen hinten anstellt.

Kontrollfragen
– Wird die Zeit im Team effizient genutzt?
– Haben Sie das Gefühl, auf die Zeitplanung Einfluss nehmen zu können?
– Gibt es im Team zeitlichen Spielraum?

➤   **klare Aufgabenverteilung**

Aus welchen Gründen eine klare Aufgabenverteilung wichtig ist
Der letzte stabile, also planbare Faktor, der an dieser Stelle besprochen werden soll, ist gleichzeitig einer der wichtigsten.
Die Aufgabenverteilung im Team muss klar und transparent sein, damit die größtmögliche **Effektivität** erreicht werden kann.
Sind dagegen Aufgaben und Funktionen nicht klar verteilt, fühlen sich einzelnen Mitglieder schnell über- oder unterfordert, und es gehen wertvolle Energien verloren.

Wie Aufgaben im Team am besten verteilt werden
Zunächst einmal muss die Aufgabenverteilung vor der eigentlichen Arbeit im Team stattfinden. Am besten ermittelt man in einer eigens dafür anberaumten Teamsitzung die

– **Kenntnisse**
– **Fertigkeiten**
– **Kompetenzen** und
– **Neigungen**
jedes Teammitglieds, und versucht dann gemeinsam, jedem die bestmögliche Aufgabe zuteil werden zu lassen.

Gleichzeitig sollte jedem Teilnehmer klar sein, dass Teamwork auch heißt, dass persönliche Interessen zum Wohl des Teams vernachlässigt werden müssen. Es macht schließlich wenig Sinn, mehrere Personen für ein und die selbe Aufgabe vorzusehen und ungeliebte Arbeiten unbesetzt zu lassen. Durch Diskussionen und Kompromisse sollte es jedoch möglich sein, jeden Einzelnen seinen Fähigkeiten entsprechend einzusetzen.

Kontrollfragen
– Sind die Aufgaben klar nach Kompetenz und Fähigkeiten verteilt?
– Kennen Sie Ihre Aufgabe im Team?
– Kennen Sie die Aufgaben der anderen Teammitglieder?

2.3.2 Die instabilen Faktoren

Die stabilen Faktoren der Teamarbeit können konsequent vorhergesehen und infolgedessen auch rational geplant werden.
Die instabilen Faktoren dagegen bergen immer ein gewisses Potenzial an Risiko in sich, weil sie zwar von Beginn an bekannt sind, sich aber trotzdem als nicht statisch erweisen. Durch das Verhalten einzelner Teammitglieder unterliegen diese Faktoren der ständigen Veränderung.
Gerade aus diesem Grund sollten auch sie sorgsam in Betracht gezogen werden, um vorzeitig bösen Überraschungen aus dem Weg zu gehen.

➢ **Kommunikation**

Schnelle, reibungslose Kommunikation ist ein bedeutender Pfeiler des Teamerfolgs.
Erfolgreiche Teams kommunizieren untereinander offen und ehrlich.
Das heißt es gibt in jedem Team Kommunikationsregeln, die eingehalten werden müssen, um einen reibungsloses Zusammenarbeiten zu gewährleisten:
– **Kommunikatives Verhalten**
  Jedes Teammitglied legt ein gesprächsförderndes Verhalten an den Tag. Das bedeutet, dass gemeinsam festgelegte Regeln, wie etwa einander zuhören oder den anderen aussprechen lassen, eingehalten werden. (Nähere Informationen zur idealen Kommunikation finden Sie im Systemteil *Kommunikation*)
– **Zwischenmenschliche Probleme offen ansprechen**
  Mobbing sollte in einem funktionierendem Team kein Thema sein, denn sobald Probleme auftauchen, werden diese offen und direkt angesprochen, um dann nach effektiven Lösungen für diese Probleme zu suchen.

– **Meinungen akzeptieren**
Jeder hat das Recht auf seine Meinung und sollte keine Angst haben, diese auch zu äußern. In einem Team sind Meinungsverschiedenheiten keine Streitpunkte und Störfaktoren, sondern werden als kreative Anregungen und Informationsquellen verstanden.

– **Informationsgefälle ausschalten**
Sobald neue Informationen Aspekte des Aufgabengebiets tangieren oder Abweichungen vom Gruppenziel verursachen, wird dies ausnahmslos allen Teilnehmern mitgeteilt. Nur so wird gewährleistet, dass ein Team zu jedem Zeitpunkt gemeinsam in eine Richtung arbeitet.

Kontrollfragen
– Werden Meinungsverschiedenheiten als Informationsquelle betrachtet?
– Werden Informationen schnell weitergegeben?
– Werden Probleme offen angesprochen?

➢   **Interaktion**

Ähnlich wie die Kommunikation sollte auch die Interaktion im Team einigen Spielregeln unterworfen sein, um einen möglichst entspannten Umgang miteinander sicherzustellen:

– **Jeder mit jedem**
Alle Teammitglieder treten in Interaktion, das heißt, es darf keinen Teilnehmer geben, der von anderen gemieden oder ausgeschlossen wird.

– **Jeder für jeden**
Jedes Teammitglied handelt im Sinne des Teams.
Persönliches Weiterkommen und ich-bezogener Ehrgeiz haben in einem Team nichts zu suchen. Erfolge erreicht man im Team nur miteinander, niemals allein.
Deshalb sind alle Teammitglieder füreinander da und unterstützen sich gegenseitig mit ihren Fähigkeiten und Kenntnissen.

– **„Wir" vor „Ich"**
Um ein Teil eines erfolgreichen Teams sein zu können, muss man die Bereitschaft, seine persönlichen Interessen in den Hintergrund zu stellen, mitbringen.
Das bedeutet natürlich nicht die völlige Selbstaufgabe um der Gruppe willen, Sie haben nach wie vor eigene Ansichten und Interessen – und sollen diese sogar haben –, aber jedes Teammitglied muss unter Umständen bereit sein, seine Interessen außen vor zu lassen um beispielsweise auch einmal Aufgaben zu erledigen, die ihm nicht liegen oder für andere bei Bedarf einzuspringen.

Kontrollfragen
– Sind alle Mitglieder voll in das Team integriert?
– Fühlen Sie sich in das Team integriert?
– Helfen Sie sich gegenseitig im Team?

> **Emotion**

Jedes Team besteht aus Menschen, und jeder Mensch hat Gefühle. Diese Tatsache ist nicht abzustreiten.
Viele Teamleiter machen gerade im Bezug auf den Faktor Emotionen Fehler, weil dies ein sehr sensibler Bereich ist. Der eine versucht unter dem Vorwand, das Team sei eine Arbeitsgemeinschaft, Gefühle aus der Gruppe zu verbannen, der andere dagegen fordert die Teammitglieder dazu auf, jede Emotion im Team auszuleben. Beide wissen wohl, dass ein Team mit seinen Emotionen steht und fällt, doch keine der Lösungen entspricht dem Ziel, aus einer Zweckgemeinschaft ein echtes Team zu machen.

Es gibt keine allgemeingültigen Tipps, die ein Team davor bewahren, auf der emotionalen Ebene keine Fehler zu begehen.
Wir wollen Ihnen an dieser Stelle nur bewusst machen, dass ein Team – und funktioniert es noch so gut – keine Maschine ist, die unermüdlich Leistung bringt.
Es bedarf einer gewissen Sensibilität, um ein gutes Teammitglied zu sein. Vergessen Sie nie, dass hinter den Leuten, die in erster Linie Ihre Arbeitskollegen sind, Menschen stehen, die neben der Arbeit auch ein Privatleben haben. Versuchen Sie, auf persönliche Probleme Rücksicht zu nehmen, solange sie den Fortbestand des Teams nicht gefährden, und bemühen Sie sich, eigene Probleme weitgehend aus dem beruflichen Leben herauszuhalten, um nicht selbst die Energie des Teams zu schmälern.

Handelt es sich um emotionale Probleme innerhalb des Teams, sprechen Sie dies offen an, denn nur so kann ihr Hintergrund verstanden und das Problem aus der Welt geschafft werden.
Zeigen Sie aber auch hier immer Sensibilität!
"Mensch, Deine miese Laune verdirbt uns allen die Freude am Arbeiten!" ist garantiert der falsche Weg! Nehmen Sie die betreffende Person lieber beiseite und fragen Sie sie, was los ist, oder sprechen Sie den Teamleiter auf das Problem an.

Kontrollfragen
- Werden Probleme offen angesprochen und diskutiert?
- Werden Gefühle im Team ausgelebt?
- Haben Sie den Eindruck, Ihr Team besteht nicht nur zum Zweck der Kooperation?

> ## Engagement und Motivation

Anfangs treten die meisten Teams mit Elan an ihre Aufgabe heran, doch durch Misserfolge oder einfach durch die Dauer eines Projekts kann das Engagement schnell verloren gehen.
Eine wesentliche Voraussetzung für ein erfolgreiches Team ist jedoch ein hoher und kontinuierlicher Motivationsgrad.
Um diesen zu realisieren gibt es einige Grundregeln:

- **Gleichberechtigung**
  Im Gegensatz zu hierarchisch strukturierten Arbeitsformen lebt ein Team von der Gleichberechtigung seiner Mitglieder.
  Bei Besprechungen etwa hat jedes Mitglied das Recht zu Wort zu kommen, sich aktiv zu beteiligen und seine Argumente auszuführen.
- **Vorbereitung**
  Damit das Team, sobald es sich trifft, effizient arbeiten kann, sollte jedes Mitglied es als seine Pflicht sehen, sich ausreichend auf das Meeting vorzubereiten, um unnötige Verzögerungen, die jede Kreativität hemmen würden, zu vermeiden.
- **Transparenz**
  Wenn jedes Teammitglied immer über den aktuellen Stand der Dinge Bescheid weiß, kann es engagiert und motiviert an der Arbeit teilnehmen. Aus diesem Grund sollten Änderungen rechtzeitig bekannt gegeben werden und Unterlagen für alle einsehbar sein.
- **Visualisierung**
  Um sich Ziele verbildlichen und die Ergebnisse von Besprechungen einprägen zu können, ist es hilfreich, bei Teamsitzungen visuelle Hilfsmittel und Kreativmethoden einzusetzen. (Vgl. Systemteile *Kreativität und Problemlösung* bzw. *Präsentieren*)

Kontrollfragen
- Sind Sie mit Ihrer Aufgabe zufrieden?
- Fühlen Sie sich gegenüber anderen Teammitgliedern gleichberechtigt?
- Bereiten sich alle Teilnehmer immer ausreichend vor?
- Können Sie die Vorgänge im Arbeitsablauf über längere Zeit hinweg rekapitulieren?

Addieren Sie nun die Anzahl der Punkte, die sich aus der Beantwortung der Kontrollfragen ergeben haben.
28 – 42 Punkte: Der Erfolg Ihres Teams ist noch enorm steigerungsfähig.
43 – 70 Punkte: Ihr Team ist gutes Mittelmaß, kann aber noch erfolgreicher sein.
71 – 84 Punkte: Ein gut funktionierendes Team!

Sie kennen jetzt die Grundvoraussetzungen zur Zusammenstellung eines optimalen Teams. Es sollten sowohl die wichtigsten Team-Typen vertreten sein als auch die bezeichnendsten stabilen und instabilen Faktoren bei der Teambildung in Betracht gezogen werden.

Außerdem sind Ihnen nun die vier Phasen der Teamentwicklung vertraut, die Ihnen helfen, Vorgänge im Team leichter zu durchschauen.

Fassen wir noch einmal in aller Kürze zusammen:

Zusammenfassung Kapitel 2

Die drei Grundvoraussetzungen, die jeder in ein Team mitbringen sollte sind:
- **Kompetenz**
- **Fachwissen** und
- **Engagement**.

Darüber hinaus unterscheidet man acht verschiedene Typen, die ein Team bereichern. Es sind dies:
Reporter, Innovator, Promoter, Developer, Organizer, Producer, Controller und Maintainer.

In der Regel durchläuft jedes Team in seiner Entwicklung vier Phasen.
Man unterscheidet:
- Erste Phase: Test- Abschnitt
- Zweite Phase: Emotionsstadium
- Dritte Phase: Stufe der Anpassung
- Vierte Phase: Zustand des Miteinander.

Es gibt sowohl stabile als auch instabile Faktoren, die den Erfolg eines Teams maßgeblich beeinflussen.
Die stabilen Faktoren sind:
- **Ziele**
- **Teamführung**
- **Zeitmanagement**
- **klare Aufgabenverteilung**

Die instabilen Faktoren lauten:
- **Kommunikation**
- **Interaktion**
- **Emotion**
- **Engagement und Motivation**

3. Formen der Teamarbeit

Nachdem wir im ersten Kapitel geklärt haben, was ein Team eigentlich ist und welche Möglichkeiten und Grenzen ihm gesetzt sind, und wir im zweiten Kapitel erfahren haben, welche Faktoren Teamarbeit entscheidend verbessern oder verschlechtern können, wollen wir uns nun noch mit unterschiedlichen Formen des Teamworks auseinandersetzen.

Gruppenarbeit wird mittlerweile in vielen Unternehmen in den verschiedensten Bereichen und unter mannigfachen Begriffen und Bedingungen durchgeführt.
Der Forderung vieler Experten folgend wird Gruppenarbeit heute meist nicht mehr einzeln in unterschiedlichen Bereichen eingeführt, sondern man benutzt sie als Faktor innerhalb eines ganzen Maßnahmenpakets zur modernen Umformung aller Bereiche, angefangen vom Top Manager bis hin zur Produktion. Im Rahmen solcher Prozesse sind normalerweise auch die Schulungsmaßnahmen für Gruppenarbeiter beinhaltet, auf die auf keinen Fall verzichtet werden darf und die den Erfolg des Konzepts garantieren sollen.

Experten, wie etwa Soziologen oder Sozialpsychologen, haben mittlerweile zu einem Begriffkonsens gefunden, der die verschiedenen Formen von Teamarbeit voneinander unterscheidet.
Im Folgenden schauen wir uns die gängigsten Ausprägungen der Gruppenarbeit und ihre Funktionen und Wirkungsweise an.

3.1 Teilautonome Arbeitsgruppen

Eine der häufig verwendeten und auch ältesten Formen der Gruppenarbeit ist die teilautonome Arbeitsgruppe, die dauerhaft in ein Unternehmen integriert wird.

Die teilautonome Arbeitsgruppe hat ihre Ursprünge in den 20er-Jahren, als Forscher unter dem Begriff Gruppenfabrikation ein Konzept erarbeiteten, das die Grundlage für diese Gruppenarbeitsform bildete. Später, um 1950, wurden die ersten teilautonomen Arbeitsgruppen unter diesem Namen in englischen Bergwerken eingeführt. Das entscheidende Ereignis aber, das sie in unter Führungskräften beliebt machte, war ihre erfolgreiche Einführung in den Volvo-Werken in den 70er-Jahren. Damals machte man außerordentlich positive Erfahrungen mit der Arbeitsleistung dieser neuen Strategie und hoffte, das Erfolgskonzept der auf den Markt drängenden Japaner ausgemacht zu haben.
Ein weiterer Boom dieser Gruppenarbeitsform wurde in den 90ern von einem Jointventure Unternehmen zwischen General Motors und Toyota ausgelöst, die damit ebenfalls große Erfolge erzielten.

Kennzeichen teilautonomer Gruppen
Ein Kennzeichen teilautonomer Gruppen ist zunächst ihre Größe, die sich zwischen **sechs und maximal 20 Teilnehmern** bewegt.

Entscheidend bei der teilautonomen Arbeitsgruppe ist allerdings ihre, wie der Name schon schließen lässt, **hohe Selbständigkeit.**

Der Gruppe wird in der Regel die **gesamte Erstellung einer Kernaufgabe**, also eines Produkts/Teilprodukts oder anderer Leistungen, übertragen, und zwar oft einschließlich der sogenannten indirekten, **mit der Kernaufgabe verbundenen Aufgaben**. Indirekte Aufgaben sind alle Bereiche, die mit der eigentlichen Aufgabe in Zusammenhang stehen. Das bedeutet, die Arbeitsgruppe bekommt zusätzliche Befugnisse für das Produkt, **organisiert selbst** nötige Maßnahmen und übernimmt die Planungs-, Steuerungs- und Kontrollaufgaben. Damit liegt der gesamte Produktionsprozess mit seinen Teilbereichen in den Händen der Gruppe, die dann selbständig die Bereiche abstimmen und konzipieren kann.

Die **Erweiterung des Handlungsspielraums, Eigenverantwortung und Selbstregulation** sind die Grundpfeiler einer teilautonomen Arbeitsgruppe.

Ihr oberstes Ziel ist es, einen gesamten Prozess im Unternehmen, zum Beispiel auch das betroffene Personal oder die Instandhaltung einer Produktionsanlage, selbständig zu verwalten. Wichtig ist dabei der nötige Informationsfluss von Seiten des Unternehmens, so dass die Kompetenz der Mitglieder steigen kann und sie in der Lage sind, **innovative, kompetente und praxisbezogene Entscheidungen** zu treffen.

In der Regel ist die Einführung teilautonomer Arbeitsgruppen heute auch mit weitreichenden Veränderungen der Organisation von Aufgabengestaltung und -verteilung verbunden, so dass die Gruppen über ihre Kernaufgaben hinaus ein noch breiteres Aufgabenspektrum übertragen bekommen, zum Beispiel die Personalpolitik für den verwalteten Bereich oder die Qualitätsprüfung.

3.2. Qualitätszirkel (QZ)

Ab dem Ende der 70er-Jahre wurde von japanischen Modellen das Konzept der Qualitätszirkel, kurz QZ, übernommen.

Auch in Deutschland gab es Anfang der 70er ein den QZ ähnliches, eigenständiges Modell, das unter dem Namen Lernstatt bekannt wurde. Die am Arbeitsplatz aufgebaute Lernstatt versuchte, ausländische Fremdarbeiter anhand kleiner Gruppen direkt vor Ort schnell mit den Maschinen, Methoden und der deutschen Sprache der Unternehmen vertraut zu machen. Der vom Meister durchgeführte, fachorientierte Sprachunterricht vermittelte schnell und problemorientiert die nötigen Kenntnisse und führte gleichzeitig zu Fachwissen und Verständnis betrieblicher Zusammenhänge bei den Arbeitern. Ebenso stieg die soziale Kompetenz, bezogen auf den Umgang miteinander, bei Meistern und Fremdarbeitern.

Aufgrund des Erfolgs mit diesem Modell begann man bald, es auch auf Problemlösungsprozesse und deutsche Arbeiter auszuweiten. Auch heute finden sich in Unternehmen noch QZ.

Kennzeichen der QZ
Bei Qualitätszirkeln handelt es sich um **Gesprächsrunden**, bestehend aus **fünf bis zehn Mitarbeitern** aus **unteren Hierarchieebenen** eines Unternehmens.

Qualitätszirkel sind eine Form von Teamarbeit, die **regelmäßig** abgehalten wird, um **arbeitsbezogene Probleme** zur Sprache zu bringen und diese möglichst **eigenverantwortlich** zu **lösen**.
Die Mitglieder stammen normalerweise **aus einem Arbeitsbereich**, die Praxis hat allerdings gezeigt, dass sich auf Dauer oft auch bereichsübergreifende QZ bilden.

Die Sitzungen finden unter Leitung eines sogenannten **Zirkelleiters** statt, der die Gesprächsrunde moderiert. Diese Aufgabe kann ein Vorgesetzter oder auch ein Kollege sein, er sollte jedoch in jedem Fall Moderations- und Problemlösetechniken anwenden können (vgl. Systemteil *Kreativität und Problemlösung* und *Präsentieren*)

Die **Dauer** einer QZ-Sitzung beträgt **etwa eine Stunde** und findet **während der Arbeitszeit** statt. Der Zirkelleiter gibt die **gefundenen Problemlösungen** an höhere Instanzen weiter, die Vorschläge, die in die Tat umgesetzt werden können nicht selten entsprechend **honorieren.**

3.3 Wertanalysegruppen

Qualitätszirkel werden in leicht abgeänderter Form auch im Management von Unternehmen eingesetzt, wo sie dann als Wertanalysegruppe bezeichnet werden. Die wesentlichen Unterschiede bestehen in der Zielsetzung, der Zusammensetzung und ihren Entscheidungskompetenzen.

Kennzeichen von Wertanalysegruppen
Sie bestehen meist aus **sechs bis neun Führungskräften** des mittleren und unteren Managements aus **unterschiedlichen Unternehmensbereichen** und befassen sich mit **Verbesserungen in Verwaltung oder Produktion**, um bei **gleichbleibender Qualität** erhebliche **Kostensenkungen** zu erreichen.

Vorraussetzung für den Erfolg dieser Gruppe ist, dass die Fachleute **interdisziplinäres Wissen** erarbeiten und bei der Erreichung eines gemeinsamen Zieles auch anwenden. Diese Form der Teamarbeit hat den Vorteil, dass die Teilnehmer sich **Wissen aus anderen Bereichen** aneignen und sie ein **neues Verständnis für die eigenen Aufgaben** entwickeln können.
Oftmals wird auch die Möglichkeit der **Kanalisierung von Interessen** und Ideen als große Chance empfunden.

3.4 Projektgruppen

Die in den USA entstandenen Projektgruppen, Projektteams oder Task-Forces werden zur Bearbeitung **komplexer und neuartiger Aufgabenstellungen** eingesetzt. Sie werden seit den 60er-Jahren in zahlreichen Unternehmen verwendet.
Projektgruppen **arbeiten nur solange zusammen, bis das Projekt beendet ist** und beinhalten eine **spezielle Zielvorgabe**, an die ihre Organisation und Zusammensetzung angepasst werden muss.
Meist sind es **Führungskräfte und Experten**, die zur Ausarbeitung einer **effizienten und schnellen Lösung** eines kurzfristig aufgetretenen Problems für kurze Zeit zusammenarbeiten, um sich dann auch gleich wieder aufzulösen.

Das klassische Konzept der Projektgruppen steht außerhalb des Unternehmens und nimmt auf dessen Struktur keinen Einfluss. Aus diesem Grund besitzen sie häufig **weniger Entscheidungskompetenzen** als QZ oder teilautonome Arbeitsgruppen.

In vielen Unternehmen haben ihre **Lösungskonzepte** häufig nur **Vorschlagscharakter** und müssen von den Zuständigen in der herkömmlichen Hierarchie genehmigt werden. Das bringt natürlich wiederum die angesprochenen Probleme von mangelnder Akzeptanz und Durchsetzungskraft mit sich. **Inhalt, Zielsetzung, Teilnehmer und Projektleiter** werden ebenfalls **vom Management festgelegt**, obwohl Projektgruppen in ihrem Basiskonzept durchaus in der Lage wären, entsprechende Entscheidungen selbst zu treffen. In der Regel wird ihnen dieser Status aber leider vorenthalten. Erfolg oder Niederlage von Projektgruppen hängt deshalb oft von den Unternehmen und deren Management ab.
Die Basis des Konzeptes ist recht vielseitig und neuere Entwicklungen unterscheiden zwischen zwei bis vier Typen von Projektgruppen, die teils innerhalb der Organisation stehen, teils außerhalb und sowohl zeitlich begrenzt als auch dauerhaft eingerichtet werden können.

4. Teamwork – das Konzept der Zukunft?

Gruppenarbeit birgt, nach dem Stand der bisherigen Erfahrung und Forschung, große Möglichkeiten in sich.
Angefangen bei den vielen verschiedenen Konzepten, mit denen Gruppenarbeit umgesetzt werden kann, die alle unterschiedliche Ergebnisse liefern, bis hin zu der Tatsache, dass Teamwork unbestreitbar den Anforderungen des modernen Unternehmensalltags entspricht, spricht vieles für die Etablierung von Teamwork.

Teamarbeit wird jedoch nur dann funktionieren, wenn sie sinnvoll eingesetzt wird.
Sinnvoll bedeutet in diesem Zusammenhang, dass sie nur für geeignete Aufgabenstellungen angewandt wird und ihre unterschiedlichen Bedingungen, wie wir sie im zweiten Kapitel kennen gelernt haben, weitgehend erfüllt, zumindest jedoch beachtet werden.

Außerdem muss sich jeder, der ein Team führen oder Teil eines Teams sein will, im klaren darüber sein, dass dieses Konzept nur dann aufgeht, wenn jeder Einzelne dazu bereit ist, mit allen an einem Strang zu ziehen.

Sind diese Voraussetzungen gegeben, hat Teamwork durchaus die Chance, als Arbeitsform der Zukunft bezeichnet zu werden. Im Zuge der Wandlung unserer Gesellschaft zu einer vom Rohstoff Wissen abhängigen globalen Gemeinschaft hat sich das Denken und Handeln grundlegend geändert.
Dies bedeutet eine Veränderung

- vom linearen zum **vernetzten Denken**,
- zur **dynamischen Wahrnehmung** unserer Umwelt,
- vom hierarchischen Leiten zur **abgeflachten Selbstorganisation**,
- von der bedingungslosen Aufrechterhaltung von Normen zum **flexiblen Neudenken und Umlernen**,
- von der Konfliktmeidung zur **Schöpfung aus Konfliktpotenzialen.**

All diesen schon vollzogenen Änderungen scheint Teamwork als notwendige Konsequenz zu folgen.
Deshalb sollten sich Unternehmen, genauso wenig wie sie sich gegen die technischen Neuerungen unserer Zeit gewehrt haben, gegen diese neue Form der Arbeitsstruktur wehren, sondern sie nutzen, um Wirtschaftlichkeit und Wettbewerbsfähigkeit eines Unternehmens mit den Bedürfnissen ihrer Mitarbeiter in Einklang zu bringen.

Multiple-Choice-Fragen

1. Anhand welcher Kennzeichen erkennt der Experte eine Gruppe?
   a) Anzahl, Zusammenhalt, Ziel, Spaßfaktor, Dauer
   b) Anzahl, Dauer, Ziel, Ehrgeiz, Selbstbestimmung
   c) Anzahl, Kooperation, Dauer, Ziel, Wir-Gefühl

2. Welche wirtschaftlichen Vorteile sprechen für den Einsatz von Teamwork?
   a) Leistungsfähigkeit, Synergieeffekt, Zielorientierung, optimale Kompetenzverteilung
   b) Leistungsfähigkeit, Spaßfaktor, Synergieeffekt, Personaleinsparung
   c) Kontaktfreude, Motivation, Selbstbewusstsein, Offenheit

3. Welche sozialen Vorteile sprechen für Teamarbeit?
   a) Steigerung der Motivation, Gemeinschaftsgefühl, Diskussionsfreude
   b) Leistungsfähigkeit, Synergieeffekt, Zielorientierung, optimale Kompetenzverteilung
   c) Motivationssteigerung; Selbstbewusstsein und Ausdauer; Kontakt und Kommunikation; Vertrauen und Offenheit

4. Kann Teamwork in allen Bereichen bedenkenlos eingesetzt werden?
   a) Ja, Teamwork trägt unbedingt zur Verbesserung der Wirtschaftlichkeit eines Unternehmens bei
   b) Nein, Teamarbeit kann nur bedingt eingesetzt werden, wenn die Aufgabengebiete sich dazu eignen.
   c) Nein, Teamwork funktioniert dann, wenn man in einer Zukunftsbranche wie einem Softwareentwickler arbeitet.

5. Welche Problemstellungen eignen sich für Teamarbeit?
   a) Flexible, vernetzte, wissensorientierte und routinierte Problemstellungen
   b) Komplexe, flexible, langwierige und wissensorientierte Problemstellungen
   c) Langwierige, wissensorientierte, unzusammenhängende und langweilige Problemstellungen

6. Was passiert in der ersten Phase der TEAM-Entwicklung?
   a) Die potenziellen Teammitglieder müssen sich einer Reihe von Tests unterziehen um ihre Eignung unter Beweis zu stellen.
   b) Die Teammitglieder lernen sich langsam kennen, man verhält sich noch zurückhaltend und jeder Teilnehmer versucht die anderen zu bewerten.
   c) Ein richtiges Team stürzt sich von Anfang an in die Arbeit.

7. Was passiert im Emotionsstadium?
   a) Die Mitglieder sprechen in einer Sitzung ausschließlich über ihre Emotionen
   b) Die Teammitglieder lernen alle Emotionen außen vor zu lassen, schließlich ist Teamwork harte Arbeit, in der Gefühle fehl am Platz sind.
   c) Emotionale Barrieren werden überwunden. Erste Sympathien und Antipathien haben sich gebildet und der Kampf um die Rollenverteilung beginnt.

8. Was geschieht in der dritten Phase, der Stufe der Anpassung?
   a) In der Anpassungsstufe entspannt sich das Verhältnis untereinander und pendelt sich auf ein neutrales oder gar freundschaftliches Verhältnis ein.
   b) Es hat sich ein eindeutiger Teamchef gefunden, dessen Wünschen und Vorstellungen sich nun alle anpassen um den Frieden im Team nicht zu gefährden.
   c) In dieser Stufe versucht das Team mit den Vorgesetzten zu verhandeln, was das Aufgabegebiet betrifft; beide Seiten versuchen ihre Bedürfnisse einander anzupassen.

9. Welche Vorkommnisse sind für die vierte Phase der TEAM-Entwicklung bezeichnend?
   a) Die Teammitglieder kennen sich nun so gut, dass sie auch ihre Freizeit miteinander verbringen.
   b) Das Team in seiner Gesamtheit ist nun eine ideenreiche, flexible, leistungsfähige Gemeinschaft in der sich die Teilnehmer untereinander stützen und helfen. Konflikte und Probleme werden offen ausgetragen.
   c) Das Team ist nun voll einsatzfähig und arbeitet ohne Probleme miteinander an seinem ersten Projekt.

10. Welches sind die instabilen Faktoren der Teambildung?
   a) Kommunikation, Intervention, Assoziation, Rotation
   b) Interaktion, Motivation, Innovation, Engagement
   c) Kommunikation, Interaktion, Motivation, Emotion

11. Nach welchen Eigenschaften sollten die Aufgaben innerhalb eines Teams verteilt werden?
   a) Nach Kenntnissen, Fertigkeiten, Kompetenz und Neigung
   b) Ausschließlich nach Neigung, im Team hat der Spaßfaktor Priorität
   c) Nach Kenntnissen, Kompetenz und Sympathie

Wissensfragen

1. Welche zentralen Faktoren haben in den vergangenen Jahren zu einer Veränderung der Wirtschafts- und Arbeitswelt beigetragen?

2. Auf welche Eigenschaften legen Unternehmen deswegen immer mehr Wert?

3. Warum wird ausgerechnet Teamwork als erfolgsversprechende Arbeitsform der Zukunft betrachtet?

4. Welche grundlegenden Kennzeichen trägt ein Team?

5. Nennen Sie Gründe, die für die Umstellung herkömmlicher Arbeitsstrukturen auf Teamarbeit sprechen!

6. Welche drei grundlegenden Voraussetzungen sollte jeder in ein Team einbringen?

7. Welche acht Grundtypen tragen nach den Forschungen britischer Wissenschaftler zum Erfolg eines Teams bei?

8. Wie bezeichnet man eine neunte Typform, deren Aufgabe von mehreren Teammitgliedern gleichzeitig übernommen werden kann, und welche Aufgaben sind dies?

9. Welche teamfördernden Eigenschaften hat der „Innovator"?

10. Welche positiven Faktoren bringt der „Organizer" in ein Team ein?

11. Benennen Sie die vier Phasen der TEAM-Entwicklung.

12. In welche zwei Gruppen teilt man die Erfolgsvoraussetzungen für ein Team ein?

13. Nennen Sie die stabilen Faktoren der erfolgreichen Teambildung.

14. Welche Bedingungen muss ein gutes Ziel erfüllen?

15. Welche drei Arten von Verantwortung hat ein Teamführer?

16. Wie sieht die gelungene Kommunikationsweise in Teams aus?

17. Wie kann der hohe Motivationsfaktor im Team gewährleistet werden?

18. Welche Formen der Teamarbeit haben Sie im dritten Kapitel kennen gelernt?

19. Ist Teamwork ein Konzept, das in der Zukunft bestehen kann?

Musterlösungen

Kommunikation

Lösungen zu den Multiple-Choice-Fragen

1. a	2. c	3. b	4. a
5. b	6. b	7. d	8. a
9. c	10. d	11. a	12. b
13. c	14. b	15. c	16. b
17. d	18. a	19. a	20. b
21. a	22. b	23. b	24. b
25. b	26. b	27. a	28. b
29. c			

Lösungen zu den Wissensfragen

1 Weil wir praktisch ständig in irgendeiner Form kommunizieren müssen. Im Berufsleben ist eine gelungene Kommunikation besonders wichtig, da unsere Leistungen, Begabungen und Fähigkeiten, aber auch unsere Schwächen durch die Art, wie wir kommunizieren, deutlich werden. Kommunikation ist aus dem beruflichen Alltag im Allgemeinen nicht wegzudenken. Wir müssen mit Kollegen zusammenarbeiten, mit Vorgesetzten sprechen, mit Geschäftspartnern verhandeln und immer wieder unseren Standpunkt klarmachen, wobei wir versuchen, unsere Interessen durchzusetzen. Einfach ausgedrückt: Wer im Berufsleben erfolgreich sein will, muss auf erfolgreiche Kommunikation setzen.

2 Zwischenmenschliche Kommunikation besteht aus einem Sender, der Nachricht sowie dem Empfänger. Der Sender möchte etwas mitteilen und verschlüsselt sein Anliegen in erkennbare Zeichen – nämlich der Nachricht. Der Empfänger muss die Zeichen dieser Nachricht entschlüsseln, wenn er sie vollständig und richtig verstehen will.

3 Eine Nachricht besitzt vier verschiedene Aspekte, nämlich

    1) den Sachinhalt,
    2) die Selbstoffenbarung des Senders,
    3) die Beziehung zwischen Sender und Empfänger und
    4) den Appell, den der Sender an den Empfänger richtet.

Im **Sachinhalt** informiert der Sender den Empfänger über eine bestimmte Sachlage. Die **Selbstoffenbarung** des Senders gibt etwas von seiner Person preis, z. B. welchem Geschlecht und welcher Nationalität er angehört, vielleicht auch in welcher Stimmung er gerade ist etc.

Die **Beziehung** zeigt an, wie die beiden Kommunikationspartner zueinander stehen und was der Sender vom Empfänger hält. Oft sendet man diese Beziehungssignale auf einer unbewussten Ebene.

Der **Appell** ist schließlich das, wozu der Sender den Empfänger veranlassen möchte. Diese Seite der Nachricht ist manchmal offensichtlich, manchmal aber auch versteckt. Wenn der Sender den Appell mit Absicht verstecken will, sprechen wir von *Manipulation*.

4   Die sechs Grundregeln für die Kommunikation lauten:

1.) *Alles, was man tut, ist Kommunikation*
Wir senden ständig verbale, nonverbale, beabsichtigte und unbeabsichtigte Botschaften aus. Schon Kleidung, Mimik, Gestik und Körperhaltung beeinflussen die Kommunikation mit dem Gegenüber. Daneben ist die Wortwahl und die Art, wie man spricht, besonders wichtig.

2.) *Die Art, wie eine Nachricht übermittelt wird, ist ebenso wichtig wie die Nachricht selbst*
Lautstärke, Tonfall, Blickkontakt, Körperhaltung und viele weitere Faktoren, die über den Inhalt der Nachricht hinausgehen, tragen erheblich zur Interpretation der Nachricht durch andere bei.

3.) *Für eine erfolgreiche Kommunikation ist nicht die gesendete, sondern die richtig empfangene Botschaft ausschlaggebend*
Tatsächliche Kommunikation besteht aus der empfangenen Information – ganz gleich, was man beabsichtigt hatte auszudrücken. Die richtig empfangene Botschaft ist das A und O der erfolgreichen Kommunikation.

4.) *In den allermeisten Fällen bestimmt der Beginn das Gesprächsergebnis*
Der Erfolg eines Gesprächs hängt fast immer davon ab, wie gut sein Einstieg ist.

5.) *Erfolgreiche Kommunikation ist immer auf ein Du gerichtet*
Erfolgreiche Kommunikation lässt sich mit einem einfachen Satz definieren: gute Informationen zu geben und gute Informationen zu erhalten. Wenn das Gespräch erfolgreich sein soll, gilt es, dem anderen aufmerksam zuzuhören.

6.) *Kommunikation ist ein gemeinsamer Tanz*
Gute Kommunikation beruht immer auf Wechselseitigkeit. Sie findet erst dann statt, wenn die gesendete Botschaft ihren Empfänger erreicht. Kommunikation ist deshalb wie ein gemeinsamer Tanz. Erst wenn man mit – nicht nur zu – jemandem spricht, ist die Kommunikation geglückt.

5 Die beiden Faktoren lauten:
   a) die Stimme (Stimmlage, Sprechtempo, Betonung, Lautstärke, Klangfarbe)
   b) die (richtige) Betonung

6 Kommunikationshürden, die auch Kommunikationsfilter genannt werden, sind Hindernisse, die die Wirksamkeit der Kommunikation einschränken. Das können zum einen Blockaden und Widerstände, die in jedem von uns stecken, oder Hindernisse in unserer äußeren Umgebung (wie starke Nebengeräusche oder sonstige Ablenkung, Stress, Zerstreutheit oder Müdigkeit) sein. Sie sind maßgeblich von Kulturkreis, Elternhaus, Erfahrungen, Denkstrukturen und Weltanschauung jedes Einzelnen geprägt. Außerdem gibt es zwischen den Kommunikationspartnern persönliche Gegensätze, die leicht Missverständnisse entstehen lassen.
Darüber hinaus strebt unser Gehirn immer danach, eine gewisse Ordnung herzustellen. So werden neue Erlebnisse nach alten Denkstrukturen interpretiert. Je älter wir werden und je größer damit unser Erfahrungsschatz wird, desto mehr werden unsere Denkstrukturen verfestigt. Jeder von uns tendiert dazu, Informationen zu ignorieren, die sich mit den eigenen Denkstrukturen nicht in Einklang bringen lassen.

7 Weil dann die Kommunikation mit anderen Menschen um so leichter fällt. Wenn das Gegenüber merkt, dass man Verständnis für seine Situation hat, wird er auch eher gewillt sein, Verständnis für Ihre eigene Perspektive aufzubringen – und nur so ist der Rahmen für eine positive Kommunikation gewährleistet.

8 Die elf Todsünden der Kommunikation lauten:

1.) Andere bewerten
Wenn man sich ein Urteil über einen anderen erlaubt, kann das leicht arrogant wirken. Die Botschaft, die eigentlich gesendet werden sollte, kommt beim Empfänger nicht an, weil er sich von oben herab behandelt fühlt. Deswegen sollte man immer konkret sagen, was einem gefällt bzw. nicht gefällt, und dies auch ausreichend begründen.

2.) Trösten, ohne auf das Problem des anderen wirklich einzugehen
Ein missglückter Tröstungsversuch wirkt oft überheblich, ignorant oder gar beleidigend. Man signalisiert dem Kommunikationspartner, dass man meint, in der Lage zu sein, über ihn und seine Situation besser Bescheid zu wissen als er selbst.

3.) Alles psychologisch analysieren und andere etikettieren
Aussagen wie: „Du hast doch ein Problem mit Deinem Ego!" oder ähnliches sind für eine erfolgreiche Kommunikation tödlich und darüber hinaus meistens ohnehin unzutreffend. Auch hier maßt man sich an, über das Leben eines anderen Menschen Bescheid zu wissen als er selbst. Deshalb sollte man sich auch bei Kritik immer auf die Tatsachen beziehen, da die Argumentation sonst leicht unfair werden kann.

4.) Ironische Bemerkungen machen
Ironie kann Menschen leicht verletzen. Oft werden ironische Bemerkungen zu Sticheleien und verhindern ein offenes Gespräch.

5.) *Unangebrachte Fragen stellen*
Unangebrachte Fragen, die in der jeweiligen Situation nichts zu suchen haben, da sie nicht zum Thema gehören, zu persönlich oder sogar beleidigend sind, sollten unbedingt vermieden werden.

6.) *Anderen Befehlen*
Wenn man jemandem befiehlt, bedeutet das, dass man ihm keine Möglichkeit zur weiteren Diskussion gibt, ihn einengt und ihn nicht genug beachtet. Die bessere Variante ist, den anderen nicht in seine Richtung zu zwingen oder ihn einzuschüchtern. Man sollte immer darauf bedacht sein, gemeinsam zu arbeiten.

7.) *Andere bedrohen*
Drohungen sind wahre Kommunikationskiller. Man kann auf verschiedene Arten drohen. Entweder direkt („Machen Sie das gefälligst sofort fertig, sonst ...!"), oder versteckter, z.B. durch „Entweder-Oder-Botschaften". Oft erreicht man mit Drohungen nur das Gegenteil.

8.) *Ungebetene Ratschläge geben*
Wenn man seine Sätze mit „Sie sollten ...", „Sie müssten ..." oder „Probieren Sie doch ..." beginnen lässt, läuft man leicht Gefahr, ungebetene Ratschläge zu erteilen und andere damit zu bevormunden. Deshalb sollte man Ratschläge nur erteilen, wenn man ausdrücklich darum gebeten wird.

9.) *Vage sein*
Nur wenn man sich klar ausdrückt, verdeutlicht man seinem Kommunikationspartner, dass man wirklich hinter dem steht, was man meint.

10.) *Informationen zurückhalten*
Um erfolgreich zu arbeiten, muss der Informationsfluss immer gut funktionieren. Nur so kann eine gute Teamleistung zustande kommen. Wer bewusst Informationen zurückhält, muss damit rechnen, dass auch ihm bald wertvolle Informationen vorenthalten werden.

11.) *Ablenken*
Wer ablenkt, verlagert das Problem und dessen Lösung auf etwas anderes, anstatt ein erfolgreiches Gespräch über ein gewisses Thema zu führen. Deshalb ist es besser, Einfühlungsvermögen zeigen, wenn jemand etwas sehr Persönliches besprechen will. Ablenken wäre das falsche Mittel, da der andere sich sonst schnell nicht ernstgenommen fühlt.

9 Man sollte sich zunächst genau überlegen, wie man ein Gespräch beginnen möchte. Fragen wie: Was will ich erreichen? Warum führe ich das Gespräch? Wie soll das Gespräch verlaufen? sind dabei behilflich.
Mit diesen Fragen gibt man dem Gespräch einen Rahmen. Er sorgt dafür, dass man das Ziel nicht aus den Augen verliert und von vornherein auf Fragen oder Anregungen des Gegenübers vorbereitet ist. Außerdem sollte man mit seinen Sätzen ebenfalls Rahmen schaffen, die genau festlegen, was bzw. was nicht angesprochen werden soll, was beabsichtigt wird und was man als problematisch empfindet. Dabei gilt die goldene Regel, sich immer kurz und deutlich fassen.

10 Wenn man nicht aufpasst, läuft man leicht Gefahr, Wörter wahllos und gewohnheitsmäßig zu gebrauchen. Optimal ist es, dem Gespräch zunächst den passenden Rahmen zu geben und dann eine *Beschreibung*, also *keine Wertung*, der Situation vorzunehmen. Man sollte immer versuchen, neutrale und objektive Wörter zu verwenden. (Dabei ist auch der Tonfall wichtig.) Nur so kann man einigermaßen sichergehen, dass die Botschaft ihren Empfänger erreicht, da negative, ver- und beurteilende Formulierungen genau das Gegenteil von dem erreichen, was man eigentlich beabsichtigt hatte.

Beispiele:

Du hast Unrecht.	Ich bin da anderer Meinung.
Diese Tabelle ist kompletter Mist!	Ich möchte gerne wissen, wie diese Tabelle entstanden ist.

11 Die sechs Scheinfragen-Typen sind:

1.) Suggestivfragen: *„Finden Sie nicht, dass ..."*
Mit Suggestivfragen drückt der Sprecher aus, was er meint und welche Ansichten er vertritt.

2.) Schuldandeutende Fragen: *„Hatten Sie nicht behauptet, dass ..."*
Damit weist der Sprecher indirekt auf eine Schwäche seines Gegenübers oder einen Fehler, den dieser gemacht hat, hin.

3.) Hypothetische Fragen: *„Wenn du Abteilungsleiter wärst, würdest du nicht ..."*
Hypothetische Fragen sind eigentlich Aussagen: „Wenn ich Abteilungsleiter wäre, würde ich ...."

4.) Imperativfragen: *„Haben Sie schon mit ... angefangen?"*
Damit verkleidet man Befehle und Forderungen in scheinbare Fragen.

5.) Verschleiernde Fragen: *„Wohin möchten Sie zum Mittagessen gehen?"*
Oft genug fragt man, wenn man seine eigenen Ansichten und Wünsche verschleiern will, was der andere denkt oder tun möchte.

6.) „Doppelte" Suggestivfragen: *„Finden Sie nicht auch, dass der gekonnte Umgang mit Computerprogrammen wichtig ist?... Warum haben Sie dann über eine Stunde für diese Tabelle gebraucht?"*
Das ist die wahrscheinlich unfairste Frageart: Zunächst fragt man (mit Hilfe der ersten Suggestivfrage) etwas, wozu der Angesprochene ohne Weiteres zustimmen kann oder man macht ihm scheinbar ein Kompliment. Dann schiebt man eine weitere Suggestivfrage nach, die eine eindeutige Anklage, einen Befehl etc. beinhaltet.

12 Zunächst unterscheidet man drei Arten von Feedback: positives, negatives oder gar keines.
Positives wie negatives Feedback kann sowohl allgemein als auch spezifisch sein. Also ergeben sich die folgenden Untergruppen: Allgemein-positives bzw. spezifisch-positives Feedback und allgemein-negatives bzw. spezifisch-negatives Feedback.

Allgemein-negatives Feedback sollte grundsätzlich vermieden werden. Spezifisch-negatives Feedback sollte man immer ruhig und sachlich vortragen und gut begründen.

13 Weil man dadurch seine eigene Arbeit weniger vernachlässigt und so nicht so oft unter Zeitdruck gerät. Für die anderen ist es bequem, wenn sie immer alles haben können, doch man tut ihnen als Ja-Sager keinen Gefallen, weil man sie daran hindert, selbst Verantwortung zu übernehmen und nach eigenen Lösungen zu suchen. Einer, der ab und zu mal „nein" sagt, wird sicherlich mehr respektiert als ein ewiger Ja-Sager.

14 Zunächst spricht man von offenen und geschlossenen Fragen. Geschlossene Fragen können mit „ja" oder „nein" oder einer kurzen faktischen Angabe (z.B. „heute" oder „sieben") beantwortet werden. Geschlossene Fragen sollte man nur dann einsetzen, wenn man sehr klare, knappe Fakten als Antwort haben oder das Gespräch in eine bestimmte Richtung lenken will.
Ansonsten sind offene Fragen, die keine feste Form haben, meistens aber mit Fragewörtern wie „Wie", „Wo", „Was" oder „Wer" beginnen, die bessere Alternative. So werden oft wertvolle Informationen vermittelt. Es ist also besser zu fragen „Was gefällt Ihnen am besten und was gefällt Ihnen weniger gut an unserem Werbekonzept?" als „Gefällt Ihnen unser Werbekonzept?"

15 Eine allgemeine Frage führt in ein Thema ein bzw. legt dieses fest: „Kathrin, du hast neulich von den Problemen bei der Auftragsabwicklung gesprochen. Könntest du sie uns bitte noch einmal ins Gedächtnis zurückrufen?"
Sondierende Fragen vertiefen das Thema: „Was ist dann passiert?"
Nonverbale Fragen sind Fragen, die „ohne Worte" gestellt werden, also z.B. Augenbrauen hochziehen, ein fragendes „Mmh" oder eine abwartende Pause, die den Kommunikationspartner ermuntern, fortzufahren.

16 Hier gilt das Gleiche wie bei der mündlichen Kommunikation: Kurz, klar, konkret und gut verständlich seine Anliegen formulieren. Hauptargumente besonders herausstellen und dabei nie das Ziel aus den Augen verlieren. (Perfekte Grammatik und Rechtschreibung sind dabei selbstverständlich). Grundsätzlich sollte man auf die Dreiteilung Einleitung, Hauptteil, Schluss zurückzugreifen.
Insofern es der Texttyp gestattet, bietet es sich an, das Wesentliche in einem eigenen Absatz voranzustellen bzw. Zusammenfassungen in Form eines Untertitels oder eines Memos einzufügen.

17 Sie werden angerufen.

18 Stift und Notizblock.

19 Sie sollten sich eine Checkliste anfertigen.

20 Damit Sie nichts vergessen, besser auf das Gespräch eingehen und fachgerechte Fragen stellen können.

21 Am Telefon sollte man sich langsam und deutlich melden.

22 Mit einen positiven Statement oder einer Gemeinsamkeit.

23 Das passive Zuhören bezieht sich lediglich auf die reine Informationsaufnahme ohne jegliche Einbringung in das Telefonat. Wohingegen sich das aktive Zuhören durch Impulse der Kommunikation auszeichnet.

24 Am besten bringen Sie sich durch gelegentliches Zustimmen: „aha" oder „ich verstehe" in das Gespräch mit ein.

Rhetorik

Lösungen zu den Multiple-Choice-Fragen

1. b	2. c	3. c	4. b
5. c	6. b	7. a	8. c
9. c	10. b	11. a	12. c
13. b	14. a	15. c	16. c
17. d	18. a	19. b	20. c
21. a	22. b	23. c	24. a
25. b	26. c	27. b	28. a
29. b	30. c	31. a	

Lösungen zu den Wissensfragen

1 Die vier Grundregeln lauten:
1.) *Sich immer gründlicher vorbereiten als die Gegenseite:* Schriftliche Vorbereitung zwingt zu detaillierter Ausarbeitung. Außerdem hat man so schon einmal wichtige Fakten, die die eigenen Argumente untermauern, in der Hand und ist auf Argumente der Gegenseite besser vorbereitet.
2.) *Auf eine stressfreie und angenehme Atmosphäre achten:* Alles, was den Verhandlungspartner ärgern oder provozieren könnte, sollte unbedingt vermieden werden. Dem anderen den rhetorischen Vortritt zu lassen, fördert die positive Stimmung.
3.) *Argumentationsführung bedacht anstellen:* Am besten fängt man weder mit dem stärksten noch mit dem schwächsten Argument an. Die Argumente sollten so gestaltet werden, dass der andere darin einen Nutzen für sich selbst sieht.
4.) *Das Ergebnis der Verhandlung schriftlich festhalten:* So lässt sich das Ergebnis auch vor Dritten leichter rechtfertigen. Man sollte das Verhandlungsergebnis auch für den Partner so darstellen, dass er es an andere als Erfolg verkaufen kann.

2 Sie könnten z. B. folgende Punkte nennen:

– Dauerhaftigkeit und Qualität des ausgehandelten Ergebnisses,
– positive Konsequenzen für die Beziehungen zwischen den verschiedenen Verhandlungsparteien (besonders langfristig!!)
– treffsichere, logische Argumentation, folgerichtig und überzeugend,
– knappe und treffsichere Ausdrucksweise, Verzicht auf umständliche Abschweifungen und Monologe
– Steuerung des Gesprächs durch geschickte Fragetechnik,
– Beeinflussung der Gegenseite, um zum eigenen Ziel zu kommen,
– aufmerksames Zuhören und Mitdenken,
– Fähigkeit, Probleme und Menschen getrennt voneinander zu sehen; Gelassenheit, Kontrolle der eigenen Emotionen,
– optimales Einsetzen von Stimme (Tonlage, Klangfarbe, Sprechtempo, Betonung) und gleichermaßen nonverbalen Signalen (auch Körpersprache, Blick, fragendes oder zustimmendes „Mmmh"); und vor allem
– befriedigende Lösung, von der beide Parteien profitieren!

3 Bei rational-analytischen Gesprächspartnern sollte man immer absolut sachlich bleiben und stets Zahlen und Fakten vorlegen.
Mit einer dominierend-unterwerfenden Personen gilt es, sofort auf den Punkt zu kommen. Scherze sollten vermieden und körperlicher Abstand gewahrt werden. Dieser Verhandlungspartner legt besonders viel Wert darauf, dass seine Macht und Autorität vollkommen akzeptiert wird.
Mit dem selbstdarstellenden Gesprächspartner kann man ruhig locker und humorvoll umgehen. Fragen ermuntern ihn, noch mehr von seinem interessanten Leben zu erzählen. Man sollte es aber tunlichst vermeiden, mit ihm in Konkurrenz zu treten, da er das besonders übel nimmt.
Wenn das kooperative Verhalten echt ist, sollte man mit dieser Art Mensch besonders engen Kontakt pflegen und ebenso freundlich sein wie er selbst.

4 Das *Wenn-dann-Argument* ist besonders angebracht, wenn die Wenn-Bedingung besonders zwingend oder zumindest eine wichtige Voraussetzung ist.
Das *Dann-ist-nicht-Argument* ist optimal, wenn man beweisen kann, dass die Dann-Konsequenz nicht eintreten wird (bzw. nicht eingetreten ist).
Mit dem *85%-Argument* kann man versuchen, durch (angeblich) errechnete Zahlen seine Behauptung zu untermauern oder zu beweisen. Zahlen sprechen den rationalen Verstand an, deswegen wird dieses Argument besonders wenig hinterfragt.
Mit dem *Entweder-oder-Argument* lässt man dem Verhandlungspartner die Wahl zwischen zwei für sich günstigen Alternativen.
Das *Amerikanische-Wissenschaftler-Argument* ist besonders dann ratsam, wenn ein Verhandlungspartner möglicherweise an der sachlichen Kompetenz eines anderen zweifelt. Auf Rückfragen sollte man aber immer vorbereitet sein.
Das *Das-ist-wie-Argument* stellt den eigenen Standpunkt durch einen geschickt gewählten Vergleich besonders anschaulich dar.
Das *Weil-Argument* sollte im Allgemeinen vermeiden werden, weil man sich sonst ständig rechtfertigen muss und ganz schnell von einer Erklärung zur nächsten schlittert.

5 Wer fragt, führt das Gespräch und kann es in eine für ihn günstige Richtung lenken. Er hat die Kontrolle über das, über das der andere nachdenkt und erhält ganz nebenbei wertvolle Informationen.

Er gibt seinem Gegenüber Gelegenheit, seine Wünsche und seinen Standpunkt zu äußern, um dann gezielt darauf einzugehen. Er lernt den Verhandlungspartner, seine Person und Meinung Schritt für Schritt kennen und schafft damit eine positive Gesprächsatmosphäre

Er zeigt dem anderen an, dass er ihn respektiert und dass ihm seine Meinung wichtig ist.

Außerdem erfüllen Fragen eine wichtige psychologische Funktion: Sie sind Streicheleinheiten für die Seele und helfen gerade dann, wenn der andere einmal einen schlechten Tag hat, das Gespräch zu einem positiven Abschluss zu bringen.

Darüber hinaus kann sich niemand durch eine Frage angegriffen fühlen. Wenn man etwas als Aussage formuliert, das dem Gesprächspartner nicht passt, kann er leicht mit Abwehr oder Angriff reagieren. Wenn man aber fragt, lädt man den anderen ein, seine Meinung kundzutun – und das kann einem nun wirklich niemand übelnehmen. Schließlich gibt es keine bessere Denk- und Argumentationstechnik als Fragetechnik.

6 Wer zu lange selber redet, verliert die Kontrolle über das Gespräch und über das, über das der andere nachdenken muss. Sagetechnik verhindert so gut wie immer ein für beide (auch langfristig) positives Gesprächsergebnis und baut zwischenmenschliche Spannungen auf. Besonders Menschen, denen wir zum ersten Mal begegnen, erhalten einen sehr schlechten Eindruck von uns, wenn wir minutenlang monologisieren und den anderen nicht zu Wort kommen lassen.

Durch Sagetechnik werden oft (unbewusste) Kampfsignale ausgesendet, die der andere ebenso unbewusst aufnimmt. Dadurch wird eine erfolgreiche Kommunikation unmöglich.

Oft werden Geschäftspartner durch zu lange monologisierende Berater so ärgerlich, dass sie deswegen – nicht wegen des Angebots ! – die Verhandlung abbrechen.

7 Diese Methode wendet man an, wenn man selbst etwas erreichen will. Bei dieser Methode nennt man seinem Verhandlungspartner zunächst die Notlösung, mit der beide auf keinen Fall einverstanden sein können. Dann schlägt man die unbefriedigende Lösung vor und nennt schließlich die Ideallösung, also die, die einem selbst am liebsten ist. Wenn man Glück hat, nimmt der andere diesen Vorschlag jetzt schon an. Wenn nicht, präsentiert man zum Schluss die akzeptable Lösung, mit der beide Parteien leben können.

8 Die Waagschalen-Methode ist ideal, wenn es darum geht, Leistungen und Gegenleistungen auszuhandeln. Dabei lässt man den Verhandlungspartner alle seine (vielleicht unverschämt hohen) Forderungen offen auf den Tisch legen. Man kommentiert nichts, sondern nickt zu jeder Forderung freundlich. Alles wird auf einem großen Blatt Papier festgehalten, das der andere mühelos lesen kann. Wenn dieser sich leer und müde gefordert hat, sagt man, dass man selbst auch Forderungen hat und Gegenleistungen erwartet. Diese werden auf einem zweiten Blatt Papier schriftlich festgehalten. Der, der soviel gefordert hat, wird einsehen, dass die Waagschalen deutlich zu seinen Gunsten ausgefallen ist. Nun muss er dem anderen entgegenkommen, und beide können durch gegenseitiges Geben und Nehmen ein positives Ergebnis erarbeiten.

Körpersprache

Lösungen zu den Multiple-Choice-Fragen

1. b	2. b	3. c	4. a
5. c	6. b	7. a	8. b
9. c			

Lösungen zu den allgemeinen Fragen

1 Sämtliche Aspekte und Bewegungen des Körpers, mit denen Informationen an andere weitergeben werden, d. h. Mimik, Gestik, Bewegungen von Armen und Beinen, die gesamte Körperhaltung, der Gang, das gesamte Auftreten und die räumliche Nähe bzw. Distanz, in der wir uns zueinander befinden.

2 Wissenschaftler haben herausgefunden, dass non-verbale Signale mindestens zwei Drittel eines kommunikativen Aktes ausmachen und dass mit jedem gesprochenem Wort etwa 700 sprachbegleitende Informationen übermittelt werden, ein Großteil davon körpersprachliche Signale. Zudem hat man herausgefunden, dass der erste Eindruck, den wir uns vom einem Menschen machen, zu mehr als zwei Dritteln von körpersprachlichen Signalen abhängt.

3 Da es sich um ein recht komplexes Verhältnis hält, lassen sich nur einige grundlegende Aussagen treffen. Wichtig ist jedoch, dass jegliche verbale Kommunikation von körpersprachlichen Signalen begleitet wird und einen Trennung dieser Bereiche nicht ohne weiteres möglich ist. Vorsichtig formuliert kann man beiden Bereichen auch einen unterschiedlichen Schwerpunkt zuordnen: Während verbale Kommunikation vornehmlich der Übermittlung von Informationen und Tatsachen dient, drücken körpersprachliche Signale in der Regel Gefühle und Haltungen bezüglich des Gesagten aus.

4 Neben der wichtigen kommunikativen Funktion besitzt Körpersprache auch eine sozial-konstitutive Funktion.

5 Körpersprache ist grundsätzlich relativ universell und von Individuum zu Individuum nur geringfügig verschieden. Unterschiede prinzipieller Natur sind vor allem geschlechts- oder kulturspezifisch oder können auch zwischen Altersgruppen oder sozialen Schichten auftreten.

6 Unterschiede in der Körpersprache z. B. zwischen den Geschlechtern oder Menschen verschiedener Nationalitäten sind nicht biologisch-genetisch bedingt, sondern Ausdruck der Erziehung und der Verankerung in verschiedenen Kulturkreisen und Traditionen.

7 Stehen das, was man sagt, und das, was mit körpersprachlichen Signalen vermittelt wird, nicht im Einklang, können wir unseren Gesprächspartner irritieren und uns unter Umständen sogar unglaubwürdig machen. Besteht ein Widerspruch zwischen verbaler und non-verbaler Sprache, kann dies auch ein Hinweis darauf sein, daß unser Gegenüber nicht völlig von dem, was er sagt, überzeugt ist und eventuell sogar lügt.

8 Ein körpersprachliches Signal gleicht nicht dem anderen; grob kann man zwischen bewußt erzeugten und unbewußt angewandten non-verbalen Signalen unterscheiden. Zur ersten Kategorie zählen Bewegungen, die bewußt zur Unterstützung des Gesagten eingesetzt werden, und erlernte körpersprachliche Signale, die geradezu gesellschaftliche Konvention sind. Zur zweiten Kategorie können vor allem körpersprachliche Reflexe und der Großteil der beim Sprechen unbewußt erzeugten non-verbalen Signale gerechnet werden.

9 Natürlich kann man selbst bei fundiertem Wissen über Körpersprache non-verbale Signale nicht stets eindeutig erkennen und interpretieren. Aber es gibt es einige Regeln, die man bei der Deutung beachten sollte, zum Beispiel sollte man körpersprachliche Signale nur in ihrem Kontext deuten und möglichst eine Interpretation nicht an einem Signal festmachen, sondern stets darauf achten, ob mehrere Signale in eine Richtung deuten.

10 Bei einigen körpersprachlichen Signalen handelt es sich um angeborenen Mechanismen, der andere Teil wird im Laufe unseres Entwicklungsprozesses erlernt. Dieser Prozess ist jedoch nicht zwangsläufig mit dem Eintritt ins Erwachsenenalter abgeschlossen, sondern kann durch gezieltes Lernen zu besseren Fähigkeiten hinsichtlich des Deutens non-verbaler Signale führen.

11 Die Kinesik, die Lehre der Körpersprache, beschäftigt sich mit der Deutung der Bewegungen und Haltungen des Körpers und unterscheidet sich grundlegend von der Physiognomie, die aus der Beschaffenheit fester Körperformen Rückschlüsse auf persönliche Eigenschaften zieht.

Konfliktlösung und Mediation

Lösungen zu den Multiple-Choice-Fragen:

1. c	2. a	3. b	4. b
5. c	6. b	7. a	8. c
9. a	10. b	11. b	12. c
13. c	14. a	15. a	16. c
17. b	18. c	19. a	20. a
21. b	22. c	23. a	24. c
25. b			

Lösungen zu den Wissensfragen:

1 Ein Konflikt ist die Gegensätzlichkeit oder Unvereinbarkeit zweier oder mehrerer Elemente. Er wird meist durch unterschiedliche Verhaltensweisen und Handlungen, aber auch Einstellungen, Werte, Interessen etc. hervorgerufen.

2 Durch persönliche Konflikte können Mitarbeiter zu sehr mit sich selbst und den eigenen Problemen beschäftigt sein, um sich voll und ganz der Arbeit zu widmen. Außerdem kann sich durch diese Konflikte das eigene Verhalten im Umgang mit Kollegen ändern.

3 Loyalitäts- und Verteidigungskonflikte sind den Gruppenkonflikten zuzuordnen. Sie treten auf, wenn ein Gruppenmitglied von außen angegriffen wird. Die übrigen Mitglieder der Gruppen stehen nun vor der Wahl, den Angegriffenen zu unterstützen oder nicht.

4 Systemkonflikte beruhen meist auf unterschiedlichen Denksystemen oder verschiedenen kulturellen Werten. Sie können größtenteils über Mehrheitsentscheidungen überwunden werden. Dadurch werden sie allerdings nicht gelöst!

5 Durch die fortschreitende Spezialisierung haben die Mitarbeiter in bestimmten Bereichen des öfteren mehr Fachwissen und Kompetenz als ihre Vorgesetzten. Wenn diese den Autoritäts- und Kompetenzverlust in Sachfragen nicht akzeptieren können, kann dies zu Konflikten führen.

6 Die Meinungen und Ratschläge der Kollegen helfen oft bei der eigenen Arbeit weiter. Zudem muss auch der Umgang mit anderen Mitarbeitern gelernt werden: Wenn man stets alleine arbeitet, kann man nicht „teamfähig" werden.

7 Diese Konfliktursache äußert sich v. a. in Streitigkeiten, die unzureichende Weiterbildungsmöglichkeiten und ungenügende Arbeitsbedingungen betreffen. So kann etwa eine zu geringe Ausstattung mit Computern oder Telefonen das Betriebsklima belasten.

8 Konflikte haben ihren Sinn v. a. darin, dass wir uns durch die unterschiedlichen Meinungen, Ansichten, Einstellungen, Werte etc., die durch sie zum Vorschein treten, persönlich weiterentwickeln können. Wir lernen sozusagen durch Konflikte.

9 Die Vermeidung von Konflikten ruft oft viel heftigere Konflikte hervor. Entstandene Meinungsunterschiede werden dadurch nicht geklärt sondern schwelen unter der Oberfläche und kommen dann meist umso heftiger zum Ausbruch.

10 Zum einen sollten die sozialen Rahmenbedingungen, d. h. das Zusammenspiel von Beruf, Familie und Freizeit, zweckmäßig gestaltet sein. Zum anderen sollte man versuchen, auf die eigene Persönlichkeitsbildung zu achten – etwa auf ein freundliches Sozialverhalten.

11 Durch diese Art der Konfliktlösung wird den Beteiligten die Konfliktkompetenz genommen. Dadurch können sie nicht lernen, mit Konflikten umzugehen und sie selbständig zu lösen. Des Weiteren ist die jeweilige persönliche Identifikation mit der Lösung wesentlich geringer, als wenn der Konflikt selbst gelöst wird.

12 Bei der Bewältigung eines persönlichen Konfliktes geht es immer darum, ob man bereit ist, etwas oder jemanden aufgeben oder annehmen zu können, und zwar vollständig und mit aller Konsequenz.

13 Verschiedene Verhaltensweisen, unterschiedliche Gefühle, verschiedene Wahrnehmungen sowie unterschiedliche Einstellungen.

14 Durch einen zu großen Modernisierungsanspruch kann es zu Problemen für Mitarbeiter und mit ihnen kommen. Diese wollen sich nicht unbedingt ständig neu orientieren und werden die Geringschätzung von traditionellen Werten und Objekten u. U. nicht akzeptieren.

15 Gefühle wiegen in Konfliktsituationen oft mehr als rationales Denken. Kluge Entscheidungen werden durch einen Wutanfall jedoch kaum möglich sein. Um einen Konflikt sachlich und objektiv angehen zu können, muss man die Gefühle unter Kontrolle bringen.

16 Die Beziehung muss als eigenständiger Prozess betrachtet werden, da sie sonst den Sachproblemen untergeordnet wird. Beziehungsziele müssen unabhängig von Sachzielen verfolgt werden.

17 Wenn in einer Beziehung kein Vertrauen besteht, kann man die Aussagen des anderen akzeptieren und sich auf seine Versprechungen verlassen.

18 Vor Entscheidungen sollte stets Rücksprache gehalten werden. Natürlich sollte man dann auch zuhören, was der andere einem zu sagen hat.

19 Antworten:
- Trennung von Beziehungs- und Sachproblemen
- vorbehaltlose Konstruktivität
- Gleichgewicht zwischen Gefühl und Vernunft
- Verständnis
- Vertrauenswürdigkeit
- Kommunikation
- Überzeugung statt Druck
- Akzeptanz

20 Durch einen effektiven Umgang mit Konflikten werden die Arbeitsbeziehungen gefestigt. Zudem wird es den Beteiligten möglich, mit zukünftigen Meinungsunterschieden besser fertig zu werden.

Teamwork

Antworten zu den Multiple-Choice-Fragen

1. c	2. a	3. c	4. a	5. c
6. b	7. b	8. b	9. c	10. c
11. a				

Antworten zu den Wissensfragen

1 Globalisierung, Wandel der Arbeitsstrukturen, Innovationen, sozialer Wertewandel.

2 Flexibilität, Innovationsgeist, Schnelligkeit, hohe Qualitätsanforderungen und Kundenorientierung.

3 Teamarbeit ist optimal auf die Anforderungen der modernen Arbeitswelt ausgerichtet, denn sie richtet die Arbeit nach den Ansprüchen des Kunden aus; sorgt für transparentere Aufgabenabwicklung und hilft so, Fehler frühzeitig zu erkennen; sie rationalisiert Arbeitsprozesse; gewährleistet ungehinderten Informationsfluss zwischen den Beteiligten; steigert die Geschwindigkeit von Arbeitsabläufen; macht die Organisation für alle Beteiligten steuerbar und motiviert damit den Einzelnen.

4 Die Kennzeichen eines Teams sind der stark ausgeprägte Zusammenhalt, die tief etablierte Gruppenstruktur, gemeinsame Ziele und eine eingeübte Diskussionskultur und Konsensfindung.

5 Die Wissensexplosion der letzten Jahre erfordert neue Arbeitsstrukturen; die Akzeptanz von Entscheidungen ist größer, wenn sie im Team getroffen wurde, die Kosten können durch eine Verbesserung der Arbeitsleistung gesenkt werden; Innovationsgeist und Kreativität der Mitarbeiter wird gefördert, und es der Faktor der Menschlichkeit, der in Teams gefördert wird, spielt ebenfalls eine Rolle.

6 Kompetenz, Fachwissen und Engagement

7 Reporter, Innovator, Promoter, Developer, Organizer, Producer, Controller und Maintainer.

8 Man nennt diesen Typ „Linker", seine Aufgaben sind: Koordination von Informationen, Terminen und Treffen und Repräsentation des Team nach außen hin.

9 Er hat viele Ideen und experimentiert mit Althergebrachtem, um Neues zu entwickeln. Er sorgt für die Motivation im Team.

10 Er entwickelt konkrete Pläne zur Organisation und Realisierung von Aufgaben. Der Organizer lässt sich von Krisen nicht einschüchtern und schätzt klare Strukturen.

11 Test-Abschnitt, Emotionsstadium, Stufe der Anpassung, Zustand des Miteinander.

12 Man unterscheidet stabile und instabile Faktoren.

13 Ziele, klare Aufgabenverteilung, Zeitmanagement und Teamführung.

14 Ziele sollten eindeutig formuliert sein, nicht zu hoch gesetzt werden, akzeptabel und erstrebenswert für alle Teammitglieder sein und schriftlich, für jeden einsehbar, fixiert werden.

15 Ein Teamleiter hat eine organisatorische, methodische, und soziale Verantwortung zu erfüllen.

16 Man sollte sich generell kommunikativ verhalten, zwischenmenschliche Probleme offen ansprechen, die Meinung anderer akzeptieren und das Informationsgefälle durch schnelle und ausführliche Nachrichtenverbreitung ausschalten.

17 Durch Gleichberechtigung aller Teammitglieder, einer ausreichenden Vorbereitung aller vor Sitzungen, und durch Transparenz und Visualisierung der Arbeitsvorgänge kann der Motivationsgrad im Team auf Dauer erhalten bleiben.

18 Die teilautonome Arbeitsgruppe, Qualitätszirkel (QZ), Wertanalysegruppen und Projektgruppen.

19 Ja, sofern sie richtig eingesetzt wird, denn Teamarbeit ist hervorragend an die gesellschaftlichen Veränderungen (Veränderung vom linearen zum vernetzten Denken, zur dynamischen Wahrnehmung unserer Umwelt, vom hierarchischen Leiten zur abgeflachten Selbstorganisation, von der bedingungslosen Aufrechterhaltung von Normen zum flexiblen Neudenken und Umlernen und von der Konfliktmeidung zur Schöpfung aus Konfliktpotenzialen) angepasst.

Soziale Beziehungen

Lösungen zu den Multiple-Choice-Fragen

1. b	2. d	3. c	4. c
5. a, c, d	6. c	7. b	8. b
9. b	10. a	11. b	12. c
13. b	14. c	15. b	16. b
17. c	18. c	19. c	20. a

Lösungen zu den Wissensfragen

1 Fortschreitende Urbanisierung, sexuelle Liberalisierung (Bedeutungsverlust der Ehe), verbesserter Wohlstand und mehr Wohnraum.

2 Der vermehrte Einsatz moderner Informations- und Kommunikationstechnologien und der Verlust des Arbeitens im Team lösen den Trend zur Anonymität am Arbeitsplatz aus.

3 Soziale Beziehungen sind zwischenmenschliche Interaktionen. Einfache, kurze, einmalige Kommunikationssituationen zwischen mindestens zwei Personen zählen ebenso dazu wie komplexe Beziehungen (Partnerschaft, Freundschaft, Eltern, ...).

4 Die Familie. Die Bindung an die Eltern und vor allen Dingen zur Mutter ist prägend für das Sozialverhalten.

5 Nachlässige Erziehung, mangelnde Zuwendung und Aufmerksamkeit, Enttäuschungen im Freundes- und Bekanntenkreis.

6 Das soziale Netz ist ein Geflecht aus Familienmitgliedern, Freunden, Bekannten und Kollegen innerhalb dessen man eine bestimmte Rolle einnimmt. Als „dicht" bezeichnet man das soziale Netz, wenn eine hohe Intensität und Quantität an sozialen Beziehungen vorhanden ist.

7 Es gibt die Rückzug und Aggression als mögliche Reaktionen auf den Verlust sozialer Beziehungen. In der Praxis treten meist Mischformen auf.

8 Unkooperative Vorgesetzte, negatives Betriebsklima, Neid unter Kollegen, Angst vor Rügen wegen kleiner Fehler, schlechte Leistungen.

9 Zeitersparnis, Minimierung des Arbeitsaufwandes, Reduzierung der Personalkosten und Effektivitätssteigerung.

10 Stress äußert sich in Nervosität, Angespanntheit und unkontrolliertem Verhalten.

11 Stress wird durch Situationen der Be- und Überlastung hervorgerufen.

12 Die Grundregel lautet: Sei aufgeschlossen und freundlich anderen gegenüber, auch wenn die Laune an einem Tiefpunkt angelangt ist. Wirke optimistisch, denn was anderen gegeben wird, geben sie zurück.

13 Beziehungen aufbauen, bevor man sie braucht. Den Geschäftspartner kritisch auswählen. Sich nicht vor Kontakten zu erfolgreichen Menschen scheuen. Intensiv zuhören und dankbar sein und es zeigen.

14 Teamarbeit, da durch die Zusammenarbeit und die Ideen anderer meist schneller innovative Lösungswege gefunden werden.

15 Firmen in den USA bieten kostenlose Flüge und Unterkunft auf Hawaii zur Betriebsversammlung an und versuchen ihre Mitarbeiter mit einem ausgebauten Freizeitangebot auf dem Firmengelände zu mehr Kollegialität zu bringen.

16 Mobbing kann Schlafstörungen, Migräne, Magenprobleme und allgemeine Störungen des vegetativen Nervensystems verursachen.

17 Psychische Probleme bei Mobbing-Opfern sind häufig Gedächtnisstörungen, Depressionen, Übersensibilität, Verfolgungswahn und Suizidgedanken.

18 Der Arbeitgeber kann Prävention durch Information und Aufklärung bieten und professionelle Hilfe für Opfer bereit stellen.

19 Einzelkämpfertum verursacht eine Hemmung der Kreativität, die Senkung der Motivation, den Verlust sozialer Kompetenz und die Auslösung von Mobbing.

20 Die wahren Freunde bewusst und gut aussuchen, ein guter Zuhörer sein, Kompromissbereitschaft zeigen und die Initiative ergreifen.

21 Die Regel vom Festhalten und rechtzeitigen Loslassen befolgen, die BASIS-Regeln einhalten, sich gesellig zeigen und wenn nötig Auszeiten wie Urlaub oder Sabbaticals nehmen.

DEUTSCHER MANAGER-VERBAND E. V.
Bundesverband des Top- und Middlemanagements

Internationales Handelszentrum
Friedrichstraße 95
10117 Berlin (Mitte)

Tel 01805 836 835
Fax 01805 626 329

info@managerverband.de
www.managerverband.de

Im gleichen Verlag erhältlich:

Deutscher Manager-Verband e. V. (Hrsg.)

Handbuch Soft Skills

Band 2: Psychologische Kompetenz

- – Motivation und Selbstmotivation
- – Konzentrations- und Entspannungstechniken
- – Denktechniken und Denkgewohnheiten
- – Effiziente Lerntechniken
- – Effiziente Lesetechniken

Reihe Soft Skills, Bd. 2
2003, ca. 324 Seiten, zahlreiche Abbildungen,
Format 17 x 24 cm, gebunden, ISBN 3 7281 2879 1
erscheint im 3. Quartal

Deutscher Manager-Verband e. V. (Hrsg.)

Handbuch Soft Skills

Band 3: Methodenkompetenz

- – Zeitmanagement und Zielplanung
- – Kreativität und Problemlösung
- – Entscheidungsfindung
- – Arbeitsmethodik und Projektmanagement
- – Präsentation und Moderation

Reihe Soft Skills, Bd. 3
2004, ca. 416 Seiten, zahlreiche Abbildungen,
Format 17 x 24 cm, gebunden, ISBN 3 7281 2880 5
erscheint Anfang 2004

Im gleichen Verlag erhältlich:

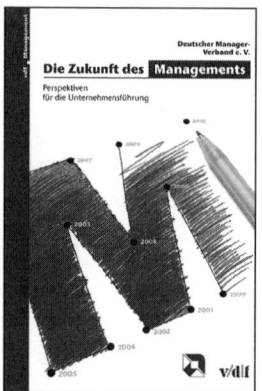